U0334476

总主编 伍 江 副总主编 雷星晖

甄广印 赵由才 著

城市污泥强化深度脱水资源化利用及卫生填埋末端处置关键技术研究

Enhanced Dewaterability, Resource Utilization and Sanitary Landfill of Municipal Sewage Sludge

内容提要

本书紧密围绕"污泥强化深度脱水与规模化资源利用"这一科学目标，系统开展了基于末端处理处置的技术研发与应用工作，以期为污泥安全管理和无害化消纳奠定理论基础、提供技术支撑。论述从以下四个方面展开：① 剖析污泥脱水主控因素，研发强化脱水新技术，通过 3D－EEM、SEM－EDS 等手段，揭示胞外聚合物、絮体结构等在污泥脱水中扮演的角色，阐明强化脱水机制；② 通过水热合成-低温焙烧研发新型铝基凝胶、铝酸钙-波特兰水泥复合固化剂；剖析污泥力学性能获得机理，构建污泥固化、稳定化新工艺；③ 以污泥和垃圾焚烧炉渣为基材，硫铝酸盐水泥为黏合剂，探索污泥-炉渣-水泥三元控制性低强度材料 CLSM 的制备可行性；④ 优化卫生填埋设计与施工技术，形成污泥卫生填埋原位处置集成技术新体系。

本书可为从事污泥深度脱水研究的专业人员提供参考。

图书在版编目(CIP)数据

城市污泥强化深度脱水资源化利用及卫生填埋末端处置关键技术研究/甄广印，赵由才著. —上海：同济大学出版社，2017.8
(同济博士论丛/伍江总主编)
ISBN 978－7－5608－6975－9

Ⅰ. ①城…　Ⅱ. ①甄…　②赵…　Ⅲ. ①城市－污泥处理－研究－中国　Ⅳ. ①X703

中国版本图书馆 CIP 数据核字(2017)第 090917 号

城市污泥强化深度脱水资源化利用及卫生填埋末端处置关键技术研究

甄广印　赵由才　著

出 品 人　华春荣　　责任编辑　熊磊丽　　助理编辑　翁　晗
责任校对　徐春莲　　封面设计　陈益平

出版发行　同济大学出版社　　www.tongjipress.com.cn
(地址：上海市四平路 1239 号　邮编：200092　电话：021－65985622)
经　　销　全国各地新华书店
排版制作　南京展望文化发展有限公司
印　　刷　浙江广育爱多印务有限公司
开　　本　787 mm×1092 mm　1/16
印　　张　16.75
字　　数　335 000
版　　次　2017 年 8 月第 1 版　　2017 年 8 月第 1 次印刷
书　　号　ISBN 978－7－5608－6975－9

定　　价　88.00 元

“同济博士论丛”编写领导小组

“同济博士论丛”编辑委员会

总　序

在同济大学110周年华诞之际，喜闻“同济博士论丛”将正式出版发行，倍感欣慰。记得在100周年校庆时，我曾以《百年同济，大学对社会的承诺》为题作了演讲，如今看到付梓的“同济博士论丛”，我想这就是大学对社会承诺的一种体现。这110部学术著作不仅包含了同济大学近10年100多位优秀博士研究生的学术科研成果，也展现了同济大学围绕国家战略开展学科建设、发展自我特色，向建设世界一流大学的目标迈出的坚实步伐。

坐落于东海之滨的同济大学，历经110年历史风云，承古续今、汇聚东西，秉持“与祖国同行、以科教济世”的理念，发扬自强不息、追求卓越的精神，在复兴中华的征程中同舟共济、砥砺前行，谱写了一幅幅辉煌壮美的篇章。创校至今，同济大学培养了数十万工作在祖国各条战线上的人才，包括人们常提到的贝时璋、李国豪、裘法祖、吴孟超等一批著名教授。正是这些专家学者培养了一代又一代的博士研究生，薪火相传，将同济大学的科学研究和学科建设一步步推向高峰。

大学有其社会责任，她的社会责任就是融入国家的创新体系之中，成为国家创新战略的实践者。党的十八大以来，以习近平同志为核心的党中央高度重视科技创新，对实施创新驱动发展战略作出一系列重大决策部署。党的十八届五中全会把创新发展作为五大发展理念之首，强调创新是引领发展的第一动力，要求充分发挥科技创新在全面创新中的引领作用。要把创新驱动发展作为国家的优先战略，以科技创新为核心带动全面创新，以体制机制改革激发创新活力，以高效率的创新体系支撑高水平的创新型国家建设。作为人才培养和科技创新的重要平台，大学是国家创新体系的重要组成部分。同济大学理当围绕国家战略目标的实现，作出更大的贡献。

大学的根本任务是培养人才，同济大学走出了一条特色鲜明的道路。无论是本科教育、研究生教育，还是这些年摸索总结出的导师制、人才培养特区，"卓越人才培养"的做法取得了很好的成绩。聚焦创新驱动转型发展战略，同济大学推进科研管理体系改革和重大科研基地平台建设。以贯穿人才培养全过程的一流创新创业教育助力创新驱动发展战略，实现创新创业教育的全覆盖，培养具有一流创新力、组织力和行动力的卓越人才。"同济博士论丛"的出版不仅是对同济大学人才培养成果的集中展示，更将进一步推动同济大学围绕国家战略开展学科建设、发展自我特色、明确大学定位、培养创新人才。

面对新形势、新任务、新挑战，我们必须增强忧患意识，扎根中国大地，朝着建设世界一流大学的目标，深化改革，勠力前行！

万　钢

2017 年 5 月

论丛前言

承古续今，汇聚东西，百年同济秉持“与祖国同行、以科教济世”的理念，注重人才培养、科学研究、社会服务、文化传承创新和国际合作交流，自强不息，追求卓越。特别是近20年来，同济大学坚持把论文写在祖国的大地上，各学科都培养了一大批博士优秀人才，发表了数以千计的学术研究论文。这些论文不但反映了同济大学培养人才能力和学术研究的水平，而且也促进了学科的发展和国家的建设。多年来，我一直希望能有机会将我们同济大学的优秀博士论文集中整理，分类出版，让更多的读者获得分享。值此同济大学110周年校庆之际，在学校的支持下，“同济博士论丛”得以顺利出版。

“同济博士论丛”的出版组织工作启动于2016年9月，计划在同济大学110周年校庆之际出版110部同济大学的优秀博士论文。我们在数千篇博士论文中，聚焦于2005—2016年十多年间的优秀博士学位论文430余篇，经各院系征询，导师和博士积极响应并同意，遴选出近170篇，涵盖了同济的大部分学科：土木工程、城乡规划学(含建筑、风景园林)、海洋科学、交通运输工程、车辆工程、环境科学与工程、数学、材料工程、测绘科学与工程、机械工程、计算机科学与技术、医学、工程管理、哲学等。作为“同济博士论丛”出版工程的开端，在校庆之际首批集中出版110余部，其余也将陆续出版。

博士学位论文是反映博士研究生培养质量的重要方面。同济大学一直将立德树人作为根本任务，把培养高素质人才摆在首位，认真探索全面提高博士研究生质量的有效途径和机制。因此，“同济博士论丛”的出版集中展示同济大学博士研究生培养与科研成果，体现对同济大学学术文化的传承。

“同济博士论丛”作为重要的科研文献资源，系统、全面、具体地反映了同济大学各学科专业前沿领域的科研成果和发展状况。它的出版是扩大传播同济科研成果和学术影响力的重要途径。博士论文的研究对象中不少是“国家自然科学基金”等科研基金资助的项目，具有明确的创新性和学术性，具有极高的学术价值，对我国的经济、文化、社会发展具有一定的理论和实践指导意义。

“同济博士论丛”的出版，将会调动同济广大科研人员的积极性，促进多学科学术交流、加速人才的发掘和人才的成长，有助于提高同济在国内外的竞争力，为实现同济大学扎根中国大地，建设世界一流大学的目标愿景做好基础性工作。

虽然同济已经发展成为一所特色鲜明、具有国际影响力的综合性、研究型大学，但与世界一流大学之间仍然存在着一定差距。“同济博士论丛”所反映的学术水平需要不断提高，同时在很短的时间内编辑出版110余部著作，必然存在一些不足之处，恳请广大学者，特别是有关专家提出批评，为提高同济人才培养质量和同济的学科建设提供宝贵意见。

最后感谢研究生院、出版社以及各院系的协作与支持。希望“同济博士论丛”能持续出版，并借助新媒体以电子书、知识库等多种方式呈现，以期成为展现同济学术成果、服务社会的一个可持续的出版品牌。为继续扎根中国大地，培育卓越英才，建设世界一流大学服务。

伍　江

2017年5月

前言

随着我国城市化进程的加快，产生大量城市污泥，环境污染日益加剧。污泥组成复杂，高度亲水，脱水性能极差。而无论是资源化利用还是卫生填埋，均对污泥含水率做出了严格的技术界定，高含水率特质已成为制约污泥无害化处置的关键控制因子。污泥问题不仅与当今社会资源与环境可持续发展这一科学主题相悖，亦会对我国和谐社会构建的顺利进行构成严峻挑战。因此，针对“含水率高、脱水性能差、资源化难度大”等技术难题，本书紧密围绕“污泥强化深度脱水与规模化资源利用”这一科学目标，系统开展了基于末端处理处置的技术研发与应用工作，以期为污泥安全管理和无害化消纳奠定理论基础，提供技术支撑。本书主要从以下4个方面展开：① 剖析污泥脱水主控因素，研发强化脱水新技术；以3D－EEM、SEM－EDS等为手段，揭示胞外聚合物(EPS)、絮体结构等在污泥脱水的角色扮演，阐明强化脱水机理机制；② 通过水热合成-低温焙烧研发新型铝基胶凝、铝酸钙-波特兰水泥复合固化剂；剖析污泥力学性能获得机理，构建污泥固化/稳定化新工艺；③ 以污泥(DS_s)和垃圾焚烧炉渣(MSWI BA)为基材，硫铝酸盐水泥(C$\bar{S}$A)为黏合剂，探索污泥-炉渣-水泥三元控制性低强度材料(CLSM)的制备可行性；借助XRD、TG－DSC、FT－IR、SEM－EDS等分析技术，揭示CLSM复合材料的水化机制；④ 优化卫生填埋设计与施工技术，形成污泥卫生填埋原位处置集成技术新体系。主要研究结论如下：

(1) 采用RSM法和CDD设计对Fenton氧化强化脱水条件进行优化，

获得的最佳脱水条件为：H_2O_2 浓度 178 mg/g VSS、Fe^{2+} 浓度 211 mg/g VSS、初始 pH 3.8；ANOVA 分析揭示脱水效率受 H_2O_2 影响最为显著（t-value=2.854，p=0.017），其次为 Fe^{2+} 和初始 pH；Fenton 氧化能加快降解 EPS 生物高聚物，削弱微生物细胞黏附力，促进污泥颗粒的整体失稳和破解。SDBS-NaOH 耦合预处理有效加速污泥 VSS 和 TSS 溶解，提高液相 SCOD 浓度；当 SDBS 和 NaOH 投加量分别为 0.02 g/g DS 和 0.25 g/g DS 时，污泥脱水性能最佳，脱水滤饼含水率可降到 72 wt.%，减量化率达 42.9%。

（2）Fe(II)/$S_2O_8^{2-}$ 氧化能显著改善污泥脱水性能，当[$S_2O_8^{2-}$]=1.2 mmol/g VSS、[Fe(II)]=1.5 mmol/g VSS、pH 为 3.0～8.5 时，经1 min 预处理后，污泥 CST 可由起初的 210 s 快速降至 18 s，CST 消减率达 88.8%；Fe(II)/$S_2O_8^{2-}$ 氧化受污泥源和种类控制较小，3 种污泥的模化 CST 均可在 1 min 内削减 80.2%～86.4%。CST 与黏度呈显著正相关（R_p=0.883，p=0.00），黏度越高，脱水难度越大；EPS 黏聚于污泥胶体和微生物细胞表面，高度亲水，含量越高，污泥与液相黏附力越大，EPS 结合水越多。Fe(II)/$S_2O_8^{2-}$ 体系通过形成 SO_4^- ·，促进 EPS 特征官能团的破坏和高聚物骨架结合键的断裂，造成胶体整体失稳和细胞团结构破解。此外，SO_4^- ·通过破坏 EPS 防护层，阻碍厌氧消化过程中 EPS 的分泌和再生，加速微生物细胞的破裂与失活，抑制厌氧消化进程；水解过程导致大量细小荷电胶体和生物高聚物分离与释放，造成固液分离效率变差和模化 CST 回升；当[Fe(II)]≥1.0 mmol/g VSS、[$S_2O_8^{2-}$]≥0.8 mmol/g VSS 时，H_2S 累积产量削减约 34.6%～60.5%。

（3）低温热(25℃～80℃)-Fe(II)/$S_2O_8^{2-}$ 氧化耦合预处理下，CST 削减率可在 5 min 之内达到 94.2%～96.6%；耦合预处理通过 SO_4^- ·氧化途径促进B-EPS和胞内类蛋白类高聚物的降解与释放，实现 S-EPS 和 B-EPS 同步矿化；EPS 遭到破坏，絮体结构彻底瓦解，颗粒和微生物细胞支离破碎，

“高度破解”为EPS结合水、间隙水和胞内水的释放提供通道。此外，产生于$Fe(II)/S_2O_8^{2-}$体系的Fe(II)和Fe(III)通过电中和作用，降低颗粒Zeta电位和静电斥力，改善胶体可压缩性，为絮体碎片“再度聚凝”和固液分离强化创造条件。3D-EEM分析进一步揭示了EPS中的类酪氨酸和类色氨酸蛋白荧光物对污泥脱水起主控效应，类蛋白荧光物的降解是污泥脱水性能获得提升的核心机制。

(4) 电化学(5～25 V)-$Fe(II)/S_2O_8^{2-}$氧化耦合作用最佳脱水条件为：电压5 V、[Fe(II)]=0.5 mmol/g VSS、[$S_2O_8^{2-}$]=0.4 mmol/g VSS。此时，水分脱除率为96.7%，滤饼含固率(SC)达17.5 wt.%。污泥脱水性能与LB-EPS和TB-EPS中的PN、PS和T-EPS密切相关(LB-EPS: R_p分别为−0.491(p=0.015)、−0.403(p=0.050)和−0.459 (p= 0.024)；TB-EPS: R_p分别为−0.640(p<0.001)、−0.606(p=0.002)和−0.631(p<0.001))，但与S-EPS相关性较差(R_p分别为−0.106(p=0.624)、0.228(p=0.172)和0.110(p=0.609))；沉降性能(SV)受S-EPS中PN(R_p=−0.789, p<0.001)、PS(R_p=−0.584, p=0.003)和T-EPS(PN+PS)(R_p=−0.774, p<0.001)影响显著，但与LB-EPS、TB-EPS无关；VSS与TB-EPS中的T-EPS高度相关(R_p=0.510, p=0.011)，“骨架”TB-EPS的溶解是污泥破损与减量的直接原因；UV-Vis光谱分析证实了耦合预处理对LB-EPS和TB-EPS内特征官能团(COOH、C═O和C═C等)的高效降解；低电压(5 V)下，棒状微生物清晰可见，细胞体结构完整，与TB-EPS紧密结合，TB-EPS为絮体稳定、细胞完整提供庇护；电渗析效应和$Fe(II)/S_2O_8^{2-}$氧化导致TB-EPS彻底崩溃，大量细胞体游离、暴露，并被攻击破裂，EPS结合水和细胞结合水获得释放。

(5) 通过水热合成-低温焙烧开发出以$12CaO \cdot 7Al_2O_3$为主成分的铝基胶凝固化驱水剂(AS)。以AS为骨料、10 wt.% $CaSO_4$为促凝剂时，污泥经5 d养护，含水率即可降至60 wt.%；7 d后，UCS可达51.32±2.9 kPa；

XRD、SEM 和 TG－DSC 分析显示针状或蜂窝状 $CaAl_2Si_2O_8 \cdot 4H_2O$ 和 $CaCO_3$ 的结晶是污泥强度获得的重要机理。$CaAl_2Si_2O_8 \cdot 4H_2O$ 具有强凝结和绑定性能，可交叉填充于污泥间隙，胶结禁锢污泥颗粒，形成结构致密、质地坚硬的固化体，促进强度发展。以 AS 为改性剂、PC 为骨料开展固化/稳定化试验，AS/PC 复掺比为 4∶6、投加量 10 wt.％时，试样 28 d UCS 最大，约 157.2 kPa；而以纯 PC 为固化剂时，试样 UCS 仅 25.1 kPa。AS 可加速 PC 内 Si、Al 等的溶解和高晶度棱镜状 AFt 晶相的形成，AFt 覆盖于污泥表面，消除有害有机物的干扰和阻碍，为 PC 水化创造安全环境。AS 的掺入对污泥 ANC 影响甚小，含不同 AS/PC 配比的固化试样均具有良好的抗强酸侵蚀能力。重金属通过共沉淀反应、同晶置换作用以及水化产物的表面吸附和物理绑定等途径实现固定。

(6) 当 $1:0.4:3.6 < DS_s : BA_{65} : C\bar{S}A < 1:3.2:0.8$ 时，CLSM 的 28 d 抗压强度(UCS)在 3.6～7.8 MPa 之间，为不可开挖型 CLSM；DS_s 和 BA_{65} 通过晶体化学途径被包裹和禁锢于 AFt 内，并在 AFt 表面形成细小“突起”，增强颗粒间黏合力和摩擦力，促进材料强度获得；重金属通过与 AFt 中母离子(Ca 等)的同晶置换，取代离子位点，形成重金属水化结晶相，实现自封。热煅烧预处理加速 BA_{65} 中 $CaCO_3$ 等高温分解，促进 $Ca_2Al_2SiO_7$、$Ca_5(PO_4)_3(OH)$ 以及铝酸一钙(CA)的形成；以 BA_{65} 为骨料、$1.0:0.1:0.9 < DS_s : BA_{65} : C\bar{S}A < 1.0:0.8:0.2$ 时，CLSM 的 1 年 UCS 在 2.0～6.2 MPa 之间；而以 BA_{900} 为骨料时，UCS 仅为 0.7～4.6 MPa。在自然存放过程中，BA_{65} 表面侵蚀风化，疏松多孔，在 $C\bar{S}A$ 的碱激发作用下，液相离子穿透表面疏松层转至 BA_{65} 内部与 SiO_2、Al_2O_3 和 CaO 等表面游离的不饱和活性键接触并反应，形成有利于强度发展的胶凝产物；而在热煅烧作用(900℃)下，BA_{900} 发生熔融重组，颗粒表面收缩，并在外围形成致密的玻璃状硬壳，导致液相离子向 BA_{900} 内部传递的路径受阻，因而反应活性和水化速度受到抑制，CLSM 强度随之变差。

(7) 以 *Darcy* 定律为理论基础，优化污泥填埋气竖井收集系统，确定收集竖井的影响半径 R_{oi} 为 10～11.5 m；建设 2 座万吨级污泥改性卫生填埋示范工程，通过填埋库区防渗、渗滤液收集、填埋气导排与收集、填埋作业施工过程以及封场覆盖等设计优化，系统建立污泥卫生填埋集成技术新体系。示范工程监测揭示，与 Mg 系固化剂相比，矿化垃圾在加快污泥稳定化进程、降低渗沥液 COD 和 NH_3-N 浓度方面优势更为明显。以 VS 为稳定化评价指标的模型预测显示，矿化垃圾改性污泥的稳定化时间约为 2.2 年，固化污泥稳定化时间相对较长，约为 3.4 年。

目 录

术语缩写

AS：　　煅烧铝酸盐(calcined aluminium salts)
ANC：　　酸中和容量(acid neutralization capacity)
CST：　　毛细吸水时间(capillary suction time)
C$\bar{S}$A：　　硫铝酸盐水泥(calcium sulfoaluminate cement)
CLSM：　　控制性低强度材料(controlled low-strength materials)
DS_s：　　脱水污泥(dewatered sewage sludge)
DS：　　干污泥(dry sludge)
3D-EEM：　　三维荧光光谱(three-dimensional excitation-emission matrix fluorescence spectroscopy)
EPS：　　胞外聚合物(extracellular polymeric substance)
FT-IR：　　傅里叶变换红外光谱(Fourier transforms infrared spectra)
HS：　　腐殖质类物质(humic substances)
HDPE：　　高密度聚乙烯(high-density polyethylene)
LB-EPS：　　疏松附着型胞外聚合物(loosely bound EPS)
MSWI BA：　　城市生活垃圾焚烧炉渣(municipal solid waste incineration bottom ash)
PS：　　多糖(polysaccharides)
PN：　　蛋白质(proteins)
PC：　　波特兰水泥(Portland cement)
SCOD：　　溶解性化学需氧量(soluble chemical oxygen demand)
S-EPS：　　溶解/黏液型胞外聚合物(soluble/slime EPS)
SC：　　固体含量(solids content)
S/S：　　固化/稳定化(solidification/stabilization)

SEM－EDS：　扫描电子显微镜－能谱分析(scanning electron microscopy combined with an energy dispersive X-ray spectroscopy)
TSS：　总悬浮固体(total suspended solids)
TCOD：　总化学需氧量(total chemical oxygen demand)
TB－EPS：　紧密附着型胞外聚合物(tightly bound EPS)
TG－DSC：　热重(thermogravimetry-differential scanning calorimetry)
UCS：　无侧限抗压强度(unconfined compressive strength)
VSS：　挥发性悬浮固体(volatile suspended solids)
XRD：　X－射线粉末衍射(X-ray powder diffraction)

第1章 绪论

1.1 课题背景

自20世纪90年代末以来，随着我国城市化的迅速发展，环境污染的日益加剧，城市污水处理厂的数量不断增加，继而产生大量的城市污泥。根据我国住房和城乡建设部城市建设司的统计资料，截至2012年底，全国设市城市、县累计建成城镇污水处理厂3 340座，污水处理能力约1.42亿m^3/d；在657个设市城市中，已有642个城市建有污水处理厂，占设市城市总数的97.7%，累计建成污水处理厂1 928座，形成处理能力约1.16亿m^3/d。以全国65%的废水采用生物法处理，每万吨生物处理废水产生2.7 t干污泥估算，2012年我国城市污水厂干污泥产量达909.6万t(换算成含水率80 wt.%的湿污泥约4 548.1万t)，预计至“十二五”末期将达到5 000万t。

我国污泥处理起步较晚，污水处理厂存在严重的“重水轻泥”现象，污泥的安全处理处置成为我国水污染控制领域的薄弱环节。在发达国家，一个完善的污泥处理处置系统的运行成本往往占整个污水厂总运行成本的50%～70%[1]，而在我国用于污泥处理处置的投资仅占污水处理厂总投资的24%～45%[2]。据《城镇污水处理厂污染物排放标准》(GB 18918—2002)的要求，污水处理厂的污泥应进行脱水处理，脱水后含水率应小于80 wt.%，并应进行稳定化处理。然而，在我国已经建成的城市污水处理厂中，污泥稳定化处置设施在现有污水处理中的应用还不到1/4，而污泥处理工艺以及配套设备较为完善的不足10%[3-4]。有些即使有较为完备的污泥处理设施，但由于资金、技术等因素的制约，很多都无法正常运行，污泥的处理十分有限。由于我国污泥处理处置技术严重滞后，大量污泥未经处理直接排放到环境中。中国城镇排水与污水处理状况公报

(2006—2010)显示(图 1-1),2010 年我国污泥无害化处理处置率仅为 25.1%,70%以上的污泥未得到有效处理或直接弃置。污泥的肆意排放和不合理处置不仅与当今社会资源与环境可持续发展这一科学主体相悖,亦对我国和谐社会构建的顺利进行构成严峻挑战。因此,为进一步加强城市污泥的管理和处理处置,建城〔2009〕23 号《城镇污水处理厂污泥处理处置及污染防治技术政策(试行)》明确规定:"城镇污水处理厂新建、改建和扩建时,污泥处理处置设施应与污水处理设施同时规划、同时建设、同时投入运行。污泥处理必须满足污泥处置的要求,达不到规定要求的项目不能通过验收;目前污泥处理设施尚未满足处置要求的,应加快整改、建设,确保污泥安全处置。"

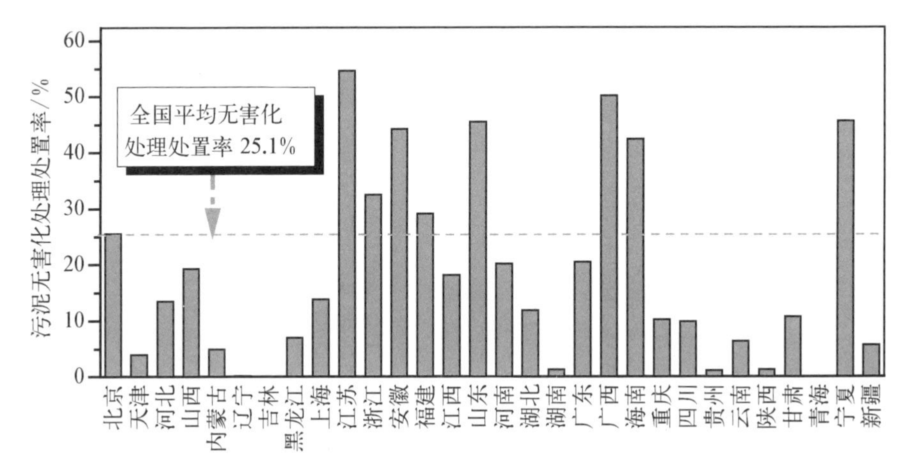

图 1-1 2010 年我国各省(区、市)污泥无害化处理处置率(摘自:中国城镇排水与污水处理状况公报 2006—2010)

污泥组成复杂,呈胶体状的絮体结构,具有高度的亲水性和持水性,脱水性能极差,因此含水率通常高达 95 wt.%~99.5 wt.%(脱水污泥含水率仍在 80 wt.%左右)[5]。而无论是卫生填埋、干化焚烧、厌氧发酵,还是堆肥都对污泥含水率做出了严格的技术界定(图 1-2)。对于卫生填埋(事实上,我国目前绝大部分污泥都采用卫生填埋),含水率必须低于 50 wt.%才能确保安全填埋(国家标准是含水率<60 wt.%);对于堆肥,含水率也应该低于 60 wt.%,否则,要添加大量木屑等辅助材料;对于厌氧发酵,残渣脱水仍然没有解决,需要脱水到 50 wt.%~60 wt.%才能卫生填埋;对于干化焚烧,烟气干化预处理极大耗能(>350℃),处理成本达 300~400 元/t 污泥。目前,欧盟、美国等发达国家污泥的处理处置方式主要是干化焚烧,焚烧不但是污泥减量化的最有效的手段,而且可资源化利用，使其产能发电。我国在污泥的深度脱水焚烧技术方面，仍处于起步阶段。污泥含水率高、热值低，是造成污泥焚烧运行成本高的重要原因。只有污泥含水率小于 50 wt. %，热值大于 1 200 kcal/kg 时，焚烧处理才具可行性。可以看出，高含水率特性是制约污泥无害化处理处置的控制因子，因此深度脱水是实现污泥高效、低成本处理与资源化的重要前提与关键步骤。

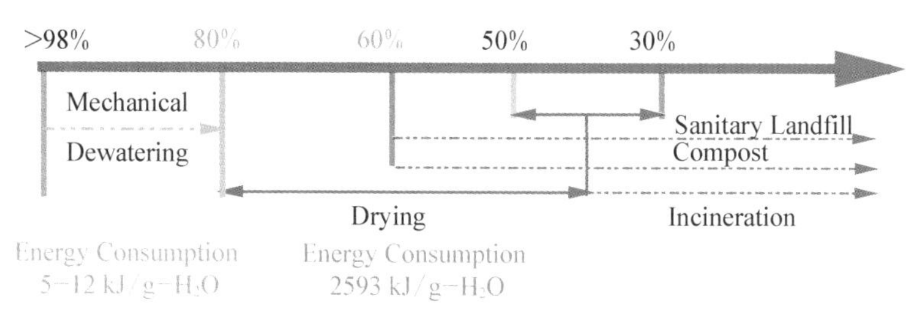

图 1-2 污泥无害化处理处置含水率界定

目前，常用的脱水预处理技术如高分子聚合物（聚丙烯酰胺 PAM、聚合氯化铝 PAC 等）预处理技术[6-7]等，主要依靠改变污泥胶粒表面的电荷特性来提高污泥的脱水性能，以达到污泥脱水的目的。虽然一定程度上实现污泥间隙水的去除，但是，并未为吸附水和内部结合水的释放与驱除提供有利条件。绝大部分城市污水厂污泥，采用传统调理剂调理后，再进行板框（或离心机）压滤，在设计上含水率可降低到 80 wt. %，而事实上，含水率只能降至 81 wt. %～84 wt. %，这些高含水率的污泥，运输工作与后续利用十分困难，必须进一步脱水后才能资源化利用或卫生填埋。近年来，新型的污泥预处理技术如微波[8]、超声[9]、加热[10-11]、冻融[12]、Fenton 氧化[13-15]、酸碱预处理[16-18]等得到了迅速发展，虽可有效地破坏污泥结构，实现部分污泥结合水的释放和去除，但终因成本高、实际操作难度大等原因，未能在实际工程中得到推广和应用；另外，对于脱水污泥而言，目前最主要的深度脱水工艺是固化/稳定化（solidification/stabilization, S/S），但固化剂添加量一般为污泥湿重的 20 wt. %～30 wt. %[19]，增容比较大。原因在于，含水率80 wt. %左右的污泥呈粘浆状，其水分子被一层胞外聚合物胶体（extracellular polymeric substances，简称 EPS）包裹，一般机械挤压方法（如板框压滤、带式压滤、离心分离等）很难将这部分水脱除。因此，针对“含水率高、脱水性能差、资源化难度大”等技术难题，在兼顾环境生态、社会和经济效益平衡的前提下，开展污泥调理深度脱水与高效生态资源化利用研究，已成为污泥无害化处理处置技术发展和应用的必然要求和主要趋势。

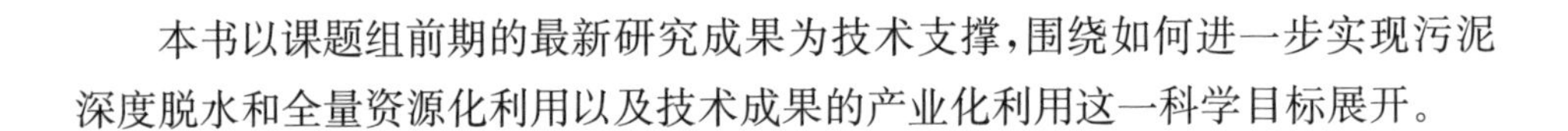

本书以课题组前期的最新研究成果为技术支撑，围绕如何进一步实现污泥深度脱水和全量资源化利用以及技术成果的产业化利用这一科学目标展开。

1.2 课题来源

本课题以前期国家教育部科学技术重大项目（NO. 305005）、上海市科委重大项目等最新研究成果为基础，以2008年上海市科委重点项目——《城市污水处理厂污泥卫生填埋场沼气收集处理与发电集成技术与示范》（No. 08DZ1202802）、2009年上海市科委重大项目——《污水厂污泥安全处置与资源化关键技术研究》（No. 09DZ1204105）和2009年上海市城市排水有限公司与上海市科委重大项目——《污水厂污泥生物反应器填埋技术与工程示范》（No. 09DZ2251700）为支撑，在兼顾环境、社会和经济效益的前提下，围绕“污泥强化脱水、高效资源化利用与卫生填埋安全处置”这一关键科学目标展开。

1.3 研究内容、创新点和技术路线

1.3.1 研究内容

本书以城市污水处理厂污泥为研究对象，针对其“含水率高、脱水性能差、资源化难度大”等关键技术难题，系统开展污泥强化脱水、规模化生态循环再利用和可持续卫生填埋等关键技术的研究。

(1) 调理与强化深度脱水关键技术研究

阐明污泥脱水主控因素（EPS、分子量分布、粒度分布、Zeta电位、黏度等），研发污泥调理强化脱水新技术；以三维荧光光谱（3D－EEM）、激光粒度分析仪、扫描电子显微镜-能谱分析（SEM－EDS）等为手段，揭示胞外聚合物（EPS）分布特征、絮体结构、微生物细胞形态等在污泥脱水的角色扮演，透彻阐明污泥强化脱水的机理机制。

(2) 固化/稳定化（S/S）关键技术研究

通过水热合成-低温焙烧开发新型铝基胶凝、铝酸钙-硅酸盐水泥复合固化驱水剂。借助X射线粉末衍射（XRD）、热重（TG－DSC）、傅里叶变换红外光谱（FT－IR）、扫描电子显微镜-能谱分析（SEM－EDS）等分析手段，研究原料配

伍、固化剂投加量、固化养护时间等对水化进程、微观形貌、矿物晶体构成的特征影响，揭示污泥力学性能(UCS)的获得机理；探讨固化驱水剂对重金属的嵌套与固定机制，深入分析环境条件(pH)对重金属浸出特性的影响及作用原理，建立最优化污泥固化/稳定化工艺路线，为污泥规模化卫生填埋安全处置提供技术支持。

(3) 控制性低强度材料(CLSM)制备可行性研究

以脱水污泥(DS_s)和城市生活垃圾焚烧炉渣(MSWI BA)为基材、高性能硫铝酸盐水泥($C\bar{S}A$)为黏合剂，探索基材配比、投加量、炉渣高温改性等工艺条件对污泥-炉渣-水泥三元控制性低强度材料(CLSM)长期力学特性和微观形貌的影响；借助 XRD、TG - DSC、FT - IR、SEM - EDS 等微观分析手段，揭示 CLSM 复合材料的水化机制，确定 CLSM 最佳制备工艺；系统评价该三元复合材料的重金属浸出行为和释放规律(US EPA Test Method 1311 - TCLP)。

(4) 深度脱水污泥生物反应器卫生填埋安全处置集成技术研究

建立实验室级固化污泥安全填埋小试和工艺验证装置，实时监测和记录填埋堆体特征演变；建设两座万吨级污泥卫生填埋示范工程，优化渗沥液导排、防渗系统、沼气导排、覆盖等措施，验证和确定深度脱水污泥卫生安全处置最佳施工工艺，研发一整套生物反应器构型、沼气管道设计与施工技术、衍生沼气高效收集技术，形成深度脱水污泥生态原位卫生填埋安全处置集成技术体系；通过现场试验和系统监测，系统阐明堆体的稳定化规律(VS、渗滤液 pH、COD、NH_3 - N、CH_4、CO_2等)；建立污泥固相参数(VS)随填埋时间的定量化关系，确定污泥稳定化时间。

1.3.2 创新点

(1) 探索了 Fe(II)/$S_2O_8^{2-}$ 氧化、低温热(25℃～80℃)/低压电化学(5～25 V)-Fe(II)/$S_2O_8^{2-}$ 氧化衍生耦合预处理的污泥脱水强化效应及作用机制。以毛细吸水时间(CST)和滤饼含固率(SC)为评价指标，系统考察了 Fe(II)、$S_2O_8^{2-}$、Fe(II)投加方式、pH、温度(25℃～80℃)、电压(5～25 V)等对污泥脱水性能的影响，全面剖析了污泥理化特性(黏度、Zeta 电位、粒径分布、SV、TSS、VSS 等)、EPS(S - EPS、LB - EPS 和 TB - EPS)组成、胶体微观形貌等在污泥脱水的角色扮演。构建了 Fe(II)/$S_2O_8^{2-}$ 氧化及衍生耦合污泥脱水技术，提出了 Fe(II)/$S_2O_8^{2-}$ 氧化污泥脱水新思路。

(2) 探讨了以污泥(DS_s)和垃圾焚烧炉渣(MSWI BA)为基材，以硫铝酸盐水泥(C$\bar{S}$A)为黏合剂,污泥-炉渣-水泥三元控制性低强度材料(CLSM)的制备可行性,借助 XRD、TG - DSC、FT - IR、SEM - EDS 等分析技术,揭示了 CLSM 复合材料的水化机制,确定了 CLSM 最佳制备工艺,提出了污泥资源化与规模化消纳新途径。

(3) 通过水热合成-低温焙烧研制出新型铝基胶凝(AS)、铝酸钙-波特兰水泥(PC)复合固化驱水剂;系统剖析了污泥力学性能的获得机制,全面构建了污泥固化/稳定化工艺技术新路线;并在此基础上,通过工程示范优化和验证了卫生填埋与施工工艺,形成了污泥固化-卫生填埋安全处置集成技术新体系。

1.3.3 技术路线

技术路线见图 1 - 3。

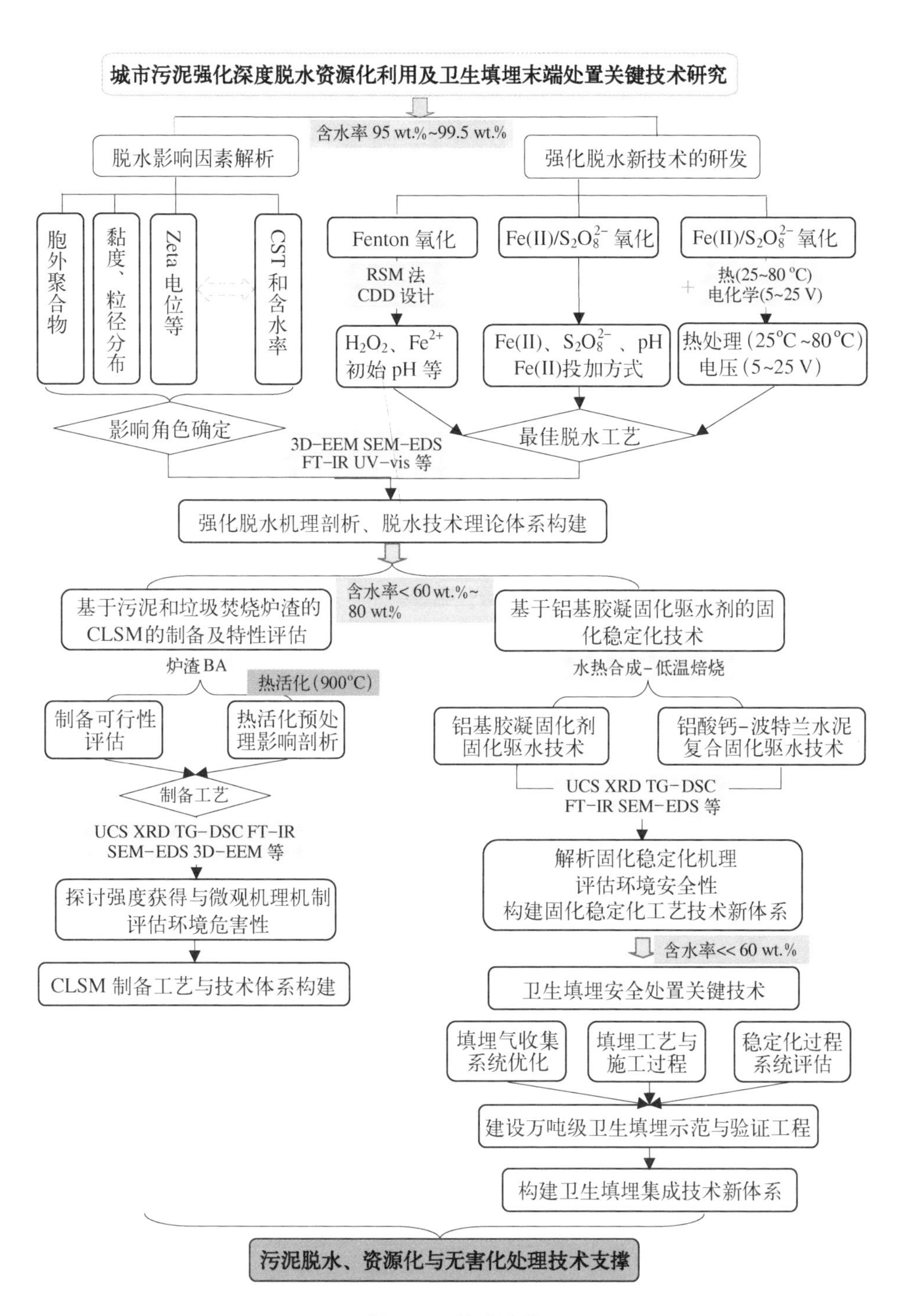

城市污泥强化深度脱水资源化利用及卫生填埋末端处置关键技术研究
含水率 95 wt.%~99.5 wt.%
脱水影响因素解析
强化脱水新技术的研发
胞外聚合物
黏度、粒径分布
Zeta 电位等
CST 和含水率
Fenton 氧化
$Fe(II)/S_2O_8^{2-}$ 氧化
$Fe(II)/S_2O_8^{2-}$ 氧化
RSM 法
CDD 设计
热(25~80 °C)
电化学(5~25 V)
H_2O_2、Fe^{2+}
初始 pH 等
Fe(II)、$S_2O_8^{2-}$、pH
Fe(II)投加方式
热处理(25°C ~80°C)
电压(5~25 V)
影响角色确定
最佳脱水工艺
3D-EEM SEM-EDS
FT-IR UV-vis 等
强化脱水机理剖析、脱水技术理论体系构建
含水率< 60 wt.%~80 wt.%
基于污泥和垃圾焚烧炉渣的CLSM的制备及特性评估
基于铝基胶凝固化驱水剂的固化稳定化技术
炉渣 BA
热活化(900°C)
水热合成-低温焙烧
制备可行性评估
热活化预处理影响剖析
铝基胶凝固化剂固化驱水技术
铝酸钙-波特兰水泥复合固化驱水技术
制备工艺
UCS XRD TG-DSC
FT-IR SEM-EDS 等
UCS XRD TG-DSC FT-IR
SEM-EDS 3D-EEM 等
解析固化稳定化机理
评估环境安全性
构建固化稳定化工艺技术新体系
探讨强度获得与微观机理机制
评估环境危害性
含水率<< 60 wt.%
CLSM 制备工艺与技术体系构建
卫生填埋安全处置关键技术
填埋气收集系统优化
填埋工艺与施工过程
稳定化过程系统评估
建设万吨级卫生填埋示范与验证工程
构建卫生填埋集成技术新体系
污泥脱水、资源化与无害化处理技术支撑

图 1-3 技术路线

第2章

污泥调理强化脱水与综合处理处置现状及研究进展

2.1 污泥调理强化脱水技术现状与研究进展

2.1.1 污泥概述

1. 我国污泥产生现状

城市污水污泥(municipal sewage sludge)是指城市污水处理厂在污水处理过程中产生的固态、半固态及液态废弃物[20],不包括栅渣、浮渣和沉砂。依据污水处理工艺可分为初沉污泥(primary sludge)、剩余污泥(waste activated sludge)、消化污泥(digested sludge)和化学污泥(chemical sludge)(图 2-1)。

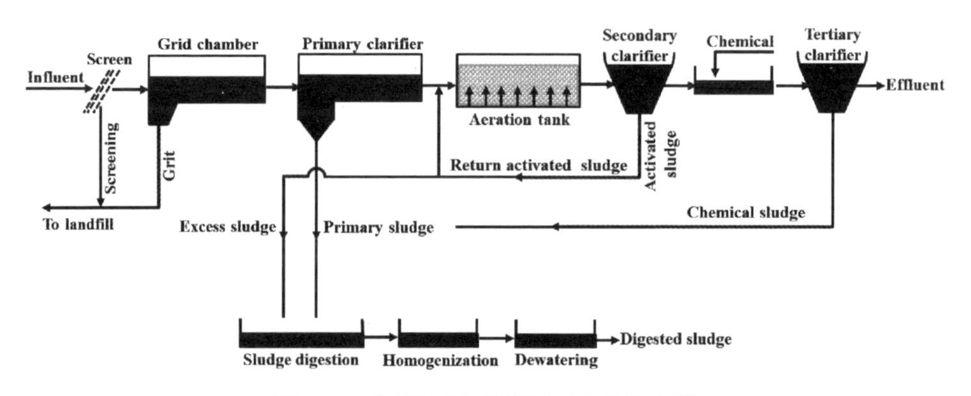

图 2-1 典型污水厂污泥的产生源和分类

污泥通常成分复杂,除含有大量的水分(脱水污泥含水率亦高达 80%)外,还含有丰富的可以为植物生长所利用的氮(N)、磷(P)、钾(K)等宏量营养元素,以及多种微量元素和土壤改良剂(有机腐殖质),同时,也含有大量病原体、寄生虫卵、一定量的重金属汞(Hg)、镉(Cd)、铬(Cr)、铅(Pb)、砷(As)、锌(Zn)、铜(Cu)和镍(Ni)等(表 2-1)和多种有毒有害的有机污染物,如多氯联苯(PCBs)、二噁英(PCDD/Fs)、多环芳烃(PAHs)等[21-22],且伴有恶臭的产生。因此,不合理的利用、处理和处置不仅破坏生态环境,甚至对人体健康构成潜在威胁。

2. 污泥水分分布特征

根据水分与污泥颗粒的物理绑定位置不同,Tsang 和 Vesilind[39] 将污泥水分分为四种形态:间隙水或自由水(free water)、毛细结合水(interstitial water)、表面吸附水(surface/vicinal water)和内部结合水(hydration water)(图 2-2)。

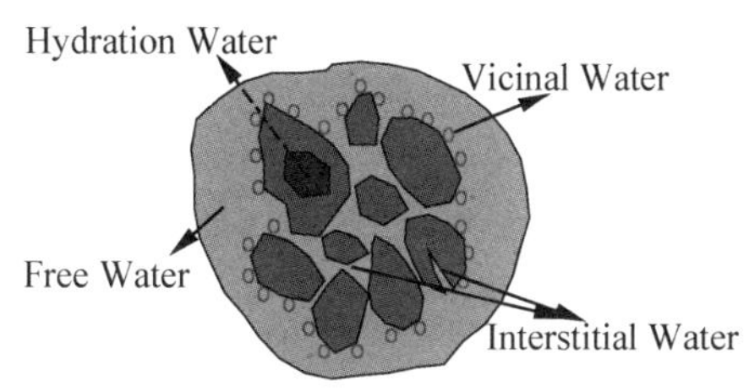

图 2-2　污泥颗粒水分分布特征

(1) 间隙水,存在于污泥颗粒间隙,约占污泥总含水量的 65 wt. %～85 wt. %。由于未与污泥颗粒直接绑定、不受毛细力约束,采用重力浓缩或机械力即可分离。

(2) 毛细结合水,存在于污泥颗粒、微生物细胞间的裂纹和楔形毛细管中,占污泥总含水量的 15 wt. %～25 wt. %。重力浓缩无法去除毛细结合水,必须施加较高的机械作用力,如真空过滤、压力过滤和离心分离等才可实现该水分的分离和去除。

(3) 表面吸附水,存在于污泥颗粒表面,通过表面张力作用吸附的水分,约占污泥总含水量的 7 wt. %。由于受表面张力的束缚和绑定,该部分水分无法通过普通的重力浓缩或机械作用力驱除,需通过添加起混凝作用的电解质,以强化和促进污泥颗粒黏附与共沉淀,实现污泥的固液分离。

(4) 内部结合水,存在于污泥颗粒内部或微生物细胞体内的水分,与污泥颗粒中有机质含量和微生物细胞体所占的比例密切相关,约占污泥总含水量的 3 wt. %。该部分水分的去除难度极大,必须通过破坏微生物细胞膜,使细胞液渗出,才可实现内部结合水的释放。内部结合水的去除主要依靠高温加热、冷冻[40]等预处理才能实现。

可以看出,提高污泥脱水效率的关键在于强化颗粒表面吸附水和内部结合水的释放与去除,而精确测定污泥颗粒水分分布特征及变化规律则是揭示污泥脱水机制的核心与前提。近年来,研究人员相继采用低温干燥法(drying test)[9,39]、抽滤法(filtration test)、压滤法(expression test)[41]、离心沉淀法

表 2-1 污泥中典型重金属的含量与相关污染控制标准(mg/kg DS)

污泥种类	Mn	Cd	Cr	Pb	As	Zn	Cu	Ni	参考文献
市政污泥		<16	335.8	336	<510	1 937.8	531.9	177.9	[23]
市政污泥	77～120	2.3～3.9	107～1 120			350～3 541	184～1 383	39～271	[24]
市政污泥		0.19～42.20	1.13～436.5	55.1～937.40			101～426		[25]
市政污泥		16.0		340.5		2 164.0	1 434.5	168.0	[26]
市政污泥		73.02	150.18	122.14		750.65	415.0	638.56	[27]
市政污泥		0.94	43.18	38.50		658.74	146.96	29.32	[28]
市政污泥	495	2.83	74.8	21.7	5.0	408	190	90.3	[29]
市政污泥		1.28		136		900	151	25	[30]
市政污泥		0.78	23.86	91.23	—		176.51	22.86	[31]
净水污泥		<5.0	76.4	29.3		144	43.9	37.6	[32]
制革厂污泥	500	3	20 490	280		380	70		[33]
电子工业污泥	250	<50	240	6 260		740		4 880	[34]
电镀污泥			63 000			450 000	16 000	73 000	[35]
制革厂污泥	958 211.3	2 661.7	10 646.8	532 339.6		43 944 636.7	79 850.9	26 617.0	[36]
处置/利用标准									
城镇污水处理厂泥质		20	1 000	1 000	75	4 000	1 500	200	GB 24188—2009
城镇污水处理厂污泥处置		5[a]	600	300	75	2 000	800	100	GB/T 24600—2009
土地改良用泥质		20[b]	1 000	1 000	75	4 000	1 500	200	
污泥处理利用标准（US EPA）		85	3 000	840	75		4 300	420	[37]
Directive 86/271（EU）		20～40	—	750～1 200		2 500～4 000	1 000～1 750	300～400	[38]

注:“—”为未检出;a 为酸性土壤(pH<6.5);b 为中性和碱性土壤(pH≥6.5)。

(centrifugal settling test)[42]、差热分析(differential thermal analysis, DTA)、差热扫描量热分析(differential scanning calorimetry, DSC)[43]和膨胀计法(dilatometic test)[44-45]等,试图通过测定污泥颗粒中不同形态水分的含量及分布特征,从微观角度阐明污泥持水和脱水机理。由于污泥胶体网络结构的复杂和多变性以及研究者在污泥水分分类与分布特征的分歧,分析结果差异显著,甚至大相径庭。

2.1.2　污泥脱水性能的影响因素

污泥脱水(sludge dewatering)是污泥处理与资源化过程不可或缺的前处理步骤,也是一种十分有效的减量化手段。然而,污泥脱水性能通常受胞外聚合物(extracellular polymeric substance, EPS)含量/组分、粒径分布(particle distribution)、Zeta 电位(Zeta potential, ζ)和黏度(viscosity)等多重因素影响,因此,浓缩和脱水难度极大,脱水机制复杂。

1. 胞外聚合物

胞外聚合物(EPS)是一种聚集在污泥胶体微生物细胞外的高分子有机聚合体,主要源自微生物新陈代谢、细胞自溶和进水基质,其有机组分为多糖(polysaccharides, PS)、蛋白质(proteins, PN)以及少量的脂类(lipids)、核酸(deoxy ribonucleic acids, DNA)和腐殖质类物质(humic substances, HS)(图 2-3)。有关研究表明,在活性污泥中 EPS 通常占污泥有机组分的 50 wt.%～60 wt.%,其中 70%～80%的 EPS 由多糖和蛋白质组成[9,46]。EPS 因与污泥颗粒的束缚和附着程度不同可分为溶解性胞外聚合物(soluble/slime EPS, S-EPS)、疏松附着型胞外聚合物(loosely bound EPS, LB-EPS)和紧密附着型胞外聚合物(tightly bound EPS, TB-EPS)[47](图 2-4)。S-EPS 分布于污泥上清液中;LB-EPS 与 TB-EPS 相连,并由 TB-EPS 向周围液相扩散,其结构松散,无明显边缘,与水分接触充分;TB-EPS 则附着于微生物细胞外部,与细胞壁紧密结合,具有一定的外形。

EPS 聚集在污泥颗粒外部形成保护层(protective barrier)是微生物营养缺失期间重要的碳源和能源储备库[50]。同时,可协助微生物抵抗苛刻的外部环境压力[51]。鉴于 EPS 在污水污泥处理系统中所发挥的重要作用,而备受各国研究人员的关注。如 Hessler 等[52]发现,EPS 含量的增加可有效抑制 UV/TiO_2对微生物细胞的溶解和破坏;Mu 等[53]在研究污水生物处理厌氧污泥颗粒对纳米 ZnO 颗粒(ZnO NPs)的耐受性过程中也发现,EPS 可吸附和络合为

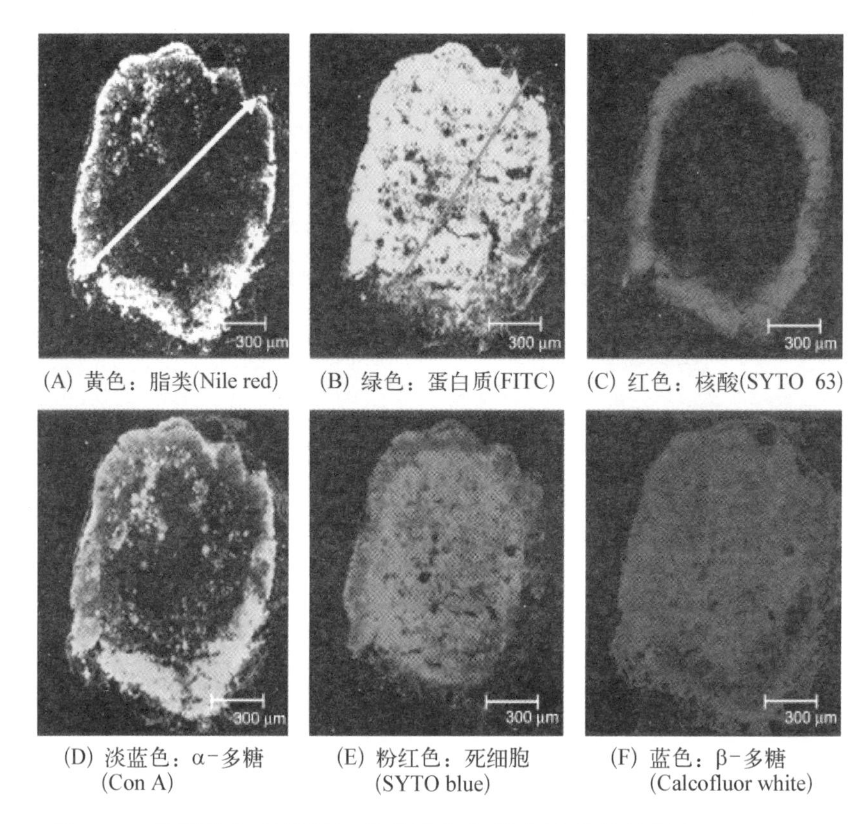

(A) 黄色：脂类(Nile red)　(B) 绿色：蛋白质(FITC)　(C) 红色：核酸(SYTO 63)

(D) 淡蓝色：α-多糖 (Con A)　(E) 粉红色：死细胞 (SYTO blue)　(F) 蓝色：β-多糖 (Calcofluor white)

图 2-3　苯酚降解颗粒污泥的共聚焦扫描电子显微镜图(Confocal laser scanning microscopy, CLSM)[48]

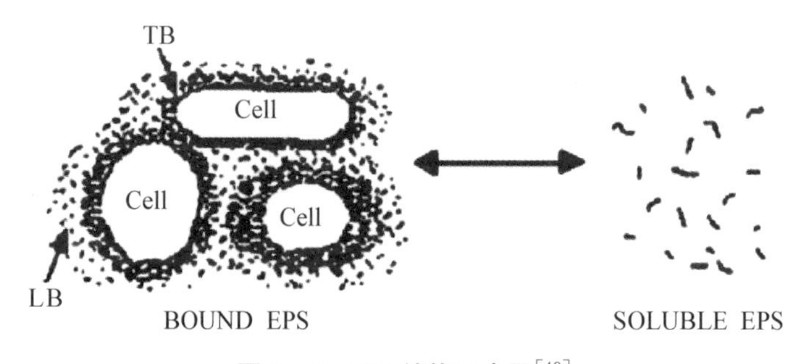

图 2-4　EPS 结构示意图[49]

ZnO NPs溶解所释放的 Zn^{2+}，从而降低其向微生物细胞内的扩散和渗透量，缓解 ZnO NPs 对厌氧污泥颗粒的毒性作用。由此可见，EPS 的存在为污泥絮体的形成和稳定、微生物的正常生长提供了基本条件，发挥了不可或缺的重要作用。

EPS 的存在为微生物细胞提供了良好的保护作用，但其高度的亲水性和持水性也成为污泥脱水的巨大障碍。由于复杂的菌胶团网状结构和亲水性官能团（如羟基）的存在，EPS 可改变污泥颗粒的表面特性，增加其黏度和亲水性能，故而被视为影响污泥脱水效率的最重要因素之一[54]。近年来，研究人员针对不同类型 EPS 对污泥脱水效率的影响展开了大量的研究工作[47,55-57]，部分学者的研究结论如表 2－2 所示。由表 2－2 可知，目前的研究工作并未明确揭示不同类型 EPS 在污泥脱水中所扮演的角色，EPS 的作用机理常因提取方法、污泥种类等的不同而存在差异，甚至相互矛盾。一些研究表明，污泥脱水性能与 EPS 含量呈正相关[58]或负相关[54,59]，甚至毫无相关性存在[60]。也有学者认为，脱水性能由 EPS 中 PS/PN 的比例而非含量决定[61]。在 EPS 中，PS 和 PN 分别为正电荷和负电荷的提供者，PS 中含有较高比例的亲水性基团如羟基，PN 则主要由疏水性氨基酸物质组成，因此，PS/PN 比例决定了污泥的表面电荷和疏水性，进而影响了污泥脱水。而 Feng 等学者[9]声称脱水性能与 S－EPS 含量并非存在简单的线性关系。低含量 S－EPS 有助于提高污泥的混凝效应，促进污泥细小颗粒的聚沉和脱水性能的提高，最优的 S－EPS 含量为 400～500 mg/L。然而 S－EPS含量一旦高于最优范围，便会因引入大量 EPS 结合水而导致脱水性能严重恶化。Yuan 等[62]也报道了相似的研究结论，但最优的 S－EPS 含量仅为 15～18 mg/L。他们进一步揭示，对污泥脱水性能起决定性作用的为 LB－EPS，而非 TB－EPS。LB－EPS 位于污泥颗粒外部，是一种开放的疏松结构，因此，更易吸附和携带自由水进入颗粒内部，造成污泥絮体与水分分离难度增大。刘阳等[70]在论述 EPS 对膜污染影响机理中亦指出，尽管 LB－EPS 较 TB－EPS含量低，仅占结合态 EPS 的 6.4%～22.4%，但对膜污染的贡献远大于 TB－EPS。

作为污泥胶体颗粒的重要组成部分，EPS 结构与特性复杂多变，作用机制尚无明确定论，技术体系仍待完善。因此，进一步探索和揭示 EPS 精确角色，对于强化污泥脱水效率、促进污泥安全管理和生态处置、研发和革新污泥脱水新技术具有重要的指导意义。

2. 粒径分布

粒径分布被认为是影响污泥脱水性能的另一关键因素。一般来讲，细小污泥颗粒所占比例越大，污泥脱水性能就越差。Higgins 和 Novak[71]指出粒径为 1～100 μm 的超胶体颗粒（supracolloidal flocs）对污泥脱水影响最为显著，超胶体颗粒极易堵塞污泥滤饼或过滤介质，进而影响污泥过滤和脱水效率。此外，

表 2 - 2　污泥脱水性能与 EPS 的相关关系(括号内: p 值)

EPS提取方法	CST/SRF	S-EPS	LB-EPS	TB-EPS	总 EPS(Total EPS, T-EPS)	参考文献
阳离子交换树脂	CST				PS: $R_p=-0.6018$ (<0.0428); PN: $R_p=-0.5616$ (<0.0359); HS: $R_p=-0.6072$ (<0.0348); T-EPS: $r_p=-0.6803$ (<0.0299)	[58]
阳离子交换树脂	SRF				PS: $R^2=(-)\ 0.05$; PN: $R^2=(-)\ 0.09$; HS: $R^2=(-)\ 0.03$; T-EPS: $R^2=(-)\ 0.07$	[63]
热提取	SRF		$R_s=0.863$ (<0.05)	$R_s=0.013$ (<0.05)		[64]
热提取	SRF		$R_s=0.843$ (<0.05)	—		[59]
热提取	CST				PS: $R^2=0.79$; PN: $R^2=0.94$; PS+PN: $R^2=0.96$	[65]
超声-热提取	CST		—	—	—	[66]
超声-热提取	CST		PS: $R_p=0.998$ (0.01); PN: $R_p=0.967$ (0.01); PN/PS: $R_p=0.031$ (0.13)	PS: $R_p=-0.278$ (0.18); PN: $R_p=-0.954$ (0.01); PN/PS: $R_p=-0.685$ (0.11)		[67]
超声-离心分离	CST	PS: $R_p=-0.080$ (0.837); PN: $R_p=0.875$ (0.046)	PS: $R_p=0.325$ (0.394); PN: $R_p=0.877$ (0.002)	PS: $R_p=0.130$, $p=0.740$; PN: $R_p=0.501$, $p=0.169$		[68]
超声-离心分离	CST	PS: $R_p=0.811$ (<0.01); PN: $R_p=0.700$ (<0.01); PS+PN: $R_p=0.722$ (<0.01)	PS: $R_p=-0.097$ (>0.05); PN: $R_p=0.180$ (>0.05); PS+PN: $R_p=0.155$ (>0.05)	PS: $R_p=-0.826$ (0.01); PN: $R_p=0.906$ (<0.01); PS+PN: $R_p=0.906$ (<0.01)		[69]

注: CST—毛细吸水时间(s); SRF—比阻(specic resistance to ltration, m/kg); R_p—Pearson 相关系数; R_s—斯皮尔曼秩相关系数(spearman rank correlation coefcient); R—多次相关系数; R^2—线性相关系数。

高比例的超胶体颗粒也能大幅提高颗粒表面积/体积比[72]，这不仅会增强污泥颗粒的水合程度，削弱其脱水性能，同时也会造成脱水调理剂剂量的明显增加。

颗粒的凝聚和增大有利于改善污泥脱水性能已成共识，如 Ning 等[73]人采用制革污泥焚烧灰和阳离子聚丙烯酰胺(CPAM)耦合调理污泥，发现两者的联合作用可有效中和颗粒表面负电荷，压缩和破坏双电层结构，促进污泥颗粒的聚沉，胶体粒径 dp90 值升高至 5 120 μm(dp90 是指粒径分布中累积体积占 90%所对应的粒径值，μm)，脱水性能明显改善。当深入分析污泥水分分布规律时不难发现，增加污泥粒径仅可减小毛细结合水和表面吸附水含量，内部结合水并未受到明显影响。事实上，有效的污泥脱水不仅需要毛细结合水和表面吸附水的去除，亦必须实现内部结合水的释放，但此过程常伴随着污泥胶体的破坏和细小颗粒的释放。Raynaud 等[74]在探索 NaCl 和 pH 强化污泥压滤脱水的实验研究中曾证实，NaCl 的投加和 pH 的改变虽可实现污泥胶体结构的失稳和破坏，促进内部结合水的析出，提高压滤滤饼含固率，但污泥胶体的破坏也会增加细小颗粒含量，堵塞污泥滤饼和过滤介质，降低脱水效率。因此，探索和确定最佳的临界粒径，确保内部结合水的最大化驱除和污泥滤饼与过滤介质的无堵塞过滤是实现污泥成功脱水的关键。Yu 等[8]研究表明，CST、SRF 和污泥粒径 dp90 存在较强的相关关系(R 分别为 0.859 6 和 0.909 6)，CST 和 SRF 随 dp90 的增加而明显减小，当 dp90 为 120～140 μm 时，脱水效果最佳。Feng 等[9]亦研究发现，CST、SRF 和污泥粒径 dp90 之间存在显著相关性(R 分别为 0.943 6 和 0.896 0)，且 CST 和 SRF 随 dp90 的增加呈现出先减后增的趋势，最佳的 dp90 范围为 80～90 μm。Chen 和 Yang[75]也给出了相似的变化趋势，但最佳的 dp90 值为 129.87 μm，这与 Yu 等[8]所得结果较为相似，但与 Feng 等[9]存在差异，这种轻微的差异可能归因于污泥种类、来源和理化特性的不同。此外，Shao 等[57]和 Jin 等[58]的研究亦揭示了污泥 CST 和粒径分布的相关关系($R_p=-0.69$，$p=0.00$；$R=0.824\,8$)。

3. Zeta 电位

污泥颗粒由带负电的微生物菌胶团粒子组成，具有双电层结构。污泥胶体的带电特性可以用 Zeta 电位(ζ)表示，一般污泥絮体的 Zeta 电位在－30～－10 mV 之间[76]。Lee 和 Liu[6] 测定剩余污泥的 Zeta 电位为－11.1 mV。Thapa 等人[77]报道的厌氧消化污泥的 Zeta 电位为－16.97 mV。王浩宇等[78]发现在好氧污泥颗粒化过程中，污泥 Zeta 电位从接种时的－19.1 mV 降至−10.1 mV。

Zeta 电位与污泥表面疏水性能、EPS 组成等密切相关，是表征污泥颗粒间凝聚和颗粒表面特性的重要参数。Wilén 等[79]人研究发现，活性污泥絮体中 EPS 是影响污泥颗粒表面带电的重要因素，且 EPS 中 PN 和 HS 对表面电荷的贡献最大。Wang 等[80]在解析好氧污泥颗粒化过程中，污泥表面性质与 EPS 变化特性中证实，T-EPS、PN 和 PS 含量均会影响污泥表面带电特性，但 DNA 并无显著作用。Liao 等[81]的研究进一步揭示，污泥表面带电性与 EPS 中的 PN/PS 或 PN/(PS+DNA)比值有关，而与 PN、PS 和 DNA 含量无关。Zhang 等[82]和 Zhu 等[83]报道亦指出，污泥表面疏水性和 PN/PS 比值呈正相关。在 EPS 中，PN 和 PS 分别携带正电荷和负电荷，PN 主要由疏水性氨基酸(甘氨酸、丙氨酸等)组成，是污泥表面疏水性的主要贡献者；PS 中的酸性糖则含有高比例的亲水性基团如羟基，是污泥表面亲水性的主要贡献者[83-84]。PN 中带正电荷的氨基(amino groups)可以中和部分来自 PS 中的羟基(carboxyl groups)、DNA 中的糖醛酸(uronic acid)和羧酸(carboxylic acid)以及磷酸基(phosphate groups)的负电荷，降低污泥表面 Zeta 电位[85]。

Zeta 电位的高低决定着污泥胶体颗粒的凝聚和沉降性能的优劣，因此，在污泥浓缩和脱水过程中，研究人员常通过压缩双电层、电性中和等手段，以降低胶体颗粒表面电位，强化胶体脱稳和凝聚速率，以促进污泥固液分离。Yuan 等[62]采用电解和阳离子表面活性剂甲基溴化铵($C_{16}H_{33}N(CH_3)_3^+Br^-$，CTAB)协同调理污泥，在电压 20 V、电流 0.1 A、电解时间 15 min、CTAB 投加量 2 000 mg/L 时，Zeta 电位从起始的−8.45 mV 降至在−2.12～−1.19 mV 范围内，此时污泥脱水和过滤性能最佳。Guan 等[86]研究了低温(50℃～90℃)条件下 $CaCl_2$ 调理(3.7～1 110.0 mg/g DS)对污泥脱水性能的影响，当 $CaCl_2$ 投加量从零增加到185.0 mg/g DS、调理温度为 25℃时，污泥 Zeta 电位从−26.20 mV 快速降至−7.32 mV；调理温度为 60℃时，从−26.40 mV 降至−7.25 mV；调理温度为 80℃时，从−28.90 mV 降至−6.85 mV；随着 $CaCl_2$ 投加量的继续增加，Zeta 电位增长缓慢，且逐渐趋近于等电点(isoelectric point)。低温预处理通过溶解污泥 PN 和 PS，释放更多的阳离子结合位点和聚合物交互位点，以强化 Ca^{2+} 的螯合或离子键效应，压缩双电层，降低表面 Zeta 电位，加速污泥颗粒碰撞聚集，提高其脱水效率。

4. 黏度

污泥属于非牛顿流体(non-Newtonianfluids)，剪应力(shear stress，τ，单位

Pa)与剪切应变率(shear rate, γ, 单位 s^{-1})之间呈非线性关系[87],兼有黏性和弹性双重特性[88],符合 Herscher-Bulkly 塑性流体方程[89]。极限黏度(limit viscosity, μ_{∞}, 单位 mPa·s)作为表征污泥流变特性的重要参数之一,可由在恒定剪切速率条件下,随剪切时间推移趋于稳定时的表观黏度(apparent viscosity, $\mu_{app}=\tau/\gamma$)表示。例如,Pevere 等[90]将颗粒污泥至于 500 s^{-1} 的恒定剪切速率下,通过记录其表观黏度随剪切时间(0～750 s)的变化趋势,获得了污泥的极限黏度;测试结果如图 2-5 所示。可以看出,随着剪切时间的推移,污泥表观黏度逐渐降低,并在 550～750 s 时趋于稳定,此时的表观黏度即称之为极限黏度。

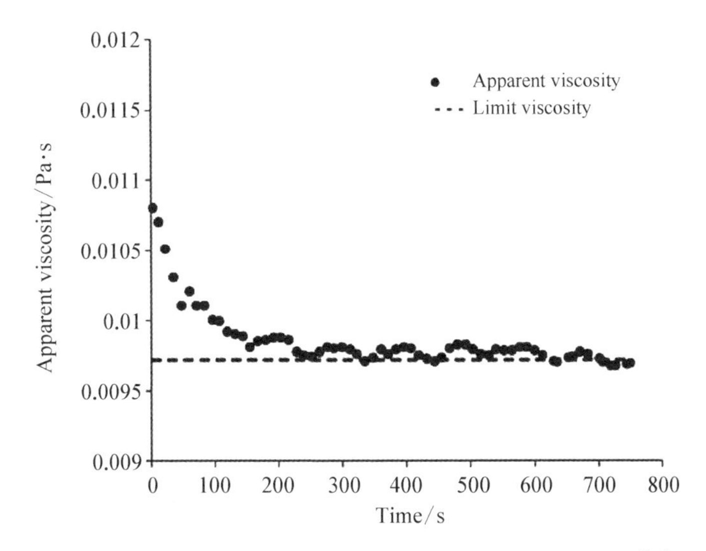

图 2-5　恒定剪切速率(500 s^{-1})下颗粒污泥的典型流变图[91]

近年来,有关极限黏度(以下简称“黏度”)对污泥脱水性能影响机理的研究越来越多,黏度作为评价污泥流变特性、化学调理效率和脱水性能的重要参数,为污泥调理与强化脱水工艺的比选和优化提供重要信息[58,92-93]。Li 和 Yang[59]在探索胞外聚合物(LB-EPS 和 TB-EPS)对活性污泥絮凝、沉降和脱水性能的影响研究中发现,污泥黏度受 LB-EPS 影响显著($R_p=0.886$, $p<0.05$),LB-EPS 位于污泥胶体和细胞外缘,含有大量黏性荚膜、黏液层和其他表面大分子物质,因此,污泥黏度随 LB-EPS 含量的增加而增大;他们的研究进一步揭示,污泥脱水性能(SRF)与黏度呈显著的正相性($R_p=0.943$, $p<0.05$),黏度增加则脱水性能恶化。Ye 等[67]在应用高铁酸钾(K_2FeO_4)氧化破解剩余污泥的试验研究中发现,高铁酸钾的投加可加速污泥胶体破坏,胞外与

胞内聚合物的大量溶出和降解，进而降低污泥黏度，改善其过滤、沉降和脱水性能。Dentel 和 Abu-Orf[94]也构建了污泥 CST 与黏度之间的相关关系（$p<0.01$）。Jin 等学者[58]的研究进一步证实，污泥黏度与结合水（bound water）含量（$R_p=0.6367$，$p=0.01435$）和 CST（$R_p=0.7560$，$p=0.0017$）存在紧密联系，当污泥黏度从3.8 mPa·s增加到 11.0 mPa·s 时，结合水含量和 CST 均明显升高。Chen 和 Yang[75]研究亦发现，污泥黏度和滤饼含水率呈强相关性（$R=0.84$），但滤饼含水率随黏度增加呈先降后升的趋势，最优脱水条件下的污泥黏度为 20～25 mPa·s。另外，Yuan 等[62]报道的最优污泥黏度为55～62 mPa·s。

污泥黏度受诸多因素，如污泥浓度、EPS 含量/组分、溶解性有机物含量、粒子间的相互作用、Zeta 电位、离子强度、粒径分布、pH 和温度等共同影响[87-88,95-97]，通过解析污泥调理过程中黏度与流变特征及变化规律，可以为阐明污泥强化脱水核心机制提供理论依据。

5. 其他影响因素

污泥脱水性能的影响因素繁多，除 EPS 含量/组成、粒径分布、Zeta 电位和黏度外，也常因 pH 值不同而不同。pH 值的波动会引起污泥胶体表面特性的改变，其脱水性能也会随之改变。如 Raynaud 等[74]研究发现，污泥胶体的表面电荷量会随 pH 的减小而降低，电荷量从 pH=9 时的（-1.16 ± 0.07）meq/g DS减小至 pH=7 时的（-1.00 ± 0.09）meq/g DS；当 pH 降至 3 时，表面电荷量进一步减小到（-0.59 ± 0.06）meq/g DS。表面电荷的降低主要归因于液相的 H^+ 质子对污泥胶体表面负电荷，尤其是对位于 EPS 表面带负电的官能团的电中和作用。Liao 等[81]给出的最佳 pH 范围为 2.6～3.6，此时污泥表面负电荷量几乎为零。Liu 等[98]在考察生物淋滤（Fe^{2+}/S^0）对污泥脱水的影响研究中得出的最佳 pH 范围为 2.4～2.7，此时，Zeta 电位趋近于等电点（0 mV），脱水性能明显改善（CST=11.0 s）。Wang 等[99]建议的最佳 pH 为 4.8，此时 Zeta 电位接近等电点，污泥絮凝性能最佳。然而，pH 值对污泥脱水性能的影响也常会因调理脱水工艺的不同而有所差异，如 Zhang 等[100]以微生物絮凝剂 *P. mirabilis* TJ－F1 为调理剂预处理污泥时发现，在 *P. mirabilis* TJ－F1 和 $CaCl_2$溶液（二者浓度均为1.33 g/L）投加量与污泥体积比为 2∶3∶50，pH 为 7.5 时，脱水性能最佳。Liu 等[101]文章报道的 Fenton 试剂-骨架构建体（波特兰水泥和生石灰）联合污泥调理脱水工艺的最佳 pH 为 5.0。

同时，污泥来源（sludge source）不同，其物理组成和理化特性不同，脱水性能也往往相差甚远。据 Turovskiy 和 Mathai[72]文章报道，不同来源污泥的脱水性能如表 2-3 所示。一般而言，比阻（SRF）小于 1×10^{11} m/kg 的污泥易于脱水，大于 1×10^{13} m/kg 的污泥难于脱水[102]。由表 2-3 可以看出，原生污泥较易脱水，厌氧消化则会导致污泥比阻增大，脱水性能变差。Houghton 等[103]对英国 Anglian and Southern Water regions 的 6 座污水厂污泥的脱水性能进行取样调查，并解析厌氧消化对污泥脱水的影响。结果显示，6 种原生污泥的 CST 在1.5～6.0 s/L/g 范围波动，厌氧消化后污泥的 CST 骤升至 2.0～20.0 s/L/g，脱水性能严重恶化。此外，污泥脱水还受胶体密度（floc density）[9]、碱度（alkalinity）[72]、分形维数（fractal dimension）[58,104-105]、丝状菌丰度（filament index）[58]等因素影响。不难看出，污泥脱水影响因素复杂且交互影响，其自身理化特性也具有实时性和非典型性，因此，要彻底弄清污泥脱水影响机制、构建通用统一的污泥脱水新技术着实不易。

表 2-3　不同来源污泥的干固体（DS）含量及比阻（SRF）

污 泥 种 类	DS 含量/wt. %	有机质占 DS 含量/wt. %	SRF/（10^{11} m/kg）
市政初沉污泥			
原生污泥	3.9～6.4	62.5～75.9	64～690
厌氧消化污泥	3.6～5.3	51.7～64.0	307～740
市政与工业污水污泥			
原生污泥	4.1～7.7	62～69	118～495
厌氧消化污泥	4.2～5.9	60～63	67～940
市政与冶金污水污泥			
原生污泥	6.0～9.1	55～63	50～309
厌氧消化污泥	4.3～8.0	51～54	172～868
市政初沉与浓缩混合污泥			
原生污泥	3.7～4.6	70.0～75.1	2 170～4 035
中温厌氧消化（35℃）	2.0～4.1	62.2～70.0	3 640～6 750
高温厌氧消化（55℃）	2.3～3.2	61.2～67.0	8 350～9 500

2.1.3　污泥调理与强化脱水技术

污泥含水率通常高达 95 wt. %～99.5 wt. % [5]，脱水和减量预处理是污泥处理和处置过程中的重要环节。脱水不仅可以减少污泥体积、降低运输费用，同时，也易于后续处置。脱水效率主要取决于污泥自身特性(见 2.1.1 节)，其菌胶团絮体网状结构(主要包含 EPS、微生物细胞等[77,106])高度亲水[107]，因此，机械脱水(如板框压滤、带式压滤、离心分离等)难度极大。长期以来，许多研究者不断尝试采用各种调理预处理手段，以试图改变污泥颗粒表面电荷特性，破解污泥网状絮体结构，破坏水分子-有机物络合键(water molecules-organic matter bonding)、降低其与水的亲和力，强化污泥的浓缩和脱水性能。污泥预处理方法因调理机制不同可分为物理调理(热水解法、超声波法、微波法、冷冻-融化法、电渗析法等)、化学调理(无机/有机高分子调理法、高级氧化法等)以及生物酶制剂调理等[108-109]。

1. 物理调理

(1) 热水解法

热水解法(thermal hydrolysis)是一种有效的污泥预处理技术，预处理温度通常为 40℃～180℃[11,18,110]，也有采用更高的热水解温度 150℃～250℃。在热水解过程中，污泥中的黏性有机物发生水解，网状絮体结构遭到破坏，微生物细胞破解，束缚水和固体颗粒分离，污泥黏度降低，脱水性能得到改善[110-111]。热处理可将污泥的束缚水含量由 3.6 g/g 降低至 1.0 g/g 以下，在 170℃、90 min 时束缚水含量仅为 0.592 g/g，水热改性污泥压滤滤饼含水率可从 80 wt.%降低至 50 wt.%左右[112]。Bougrier 等[11]在 170℃、90 min 和 190℃、60 min 的条件下分别热处理剩余污泥，预处理后污泥平均粒径从起初的 36.3 μm 分别增加至 76.8 μm 和 77.1 μm，CST 从(151±2)s 分别降至(39±1)s 和(29±4)s。另外，Bougrier 等[113]也考察了 90℃～210℃、25～60 min 热水解对污泥脱水和厌氧消化的影响，获得的最佳热处理温度阈值为 150℃，温度过低则不利于污泥脱水；而为促进厌氧消化，热处理温度应高于 190℃。

当然，热水解法也存在诸多不足，主要表现为耗能过高。此外，较高的热水解预处理温度(>180℃)还易导致污泥中难降解有机物(recalcitrant soluble organics)或具有毒性/抑制性的中间体(toxic/inhibitory intermediates)的形成[114]，不利于后续处理，特别是厌氧消化。因此，近年来污泥低温热水解和热化学预处理技术逐渐兴起，研究人员试图在能耗和效率之间寻找平衡点。近几年，部分学者总结了在污泥低温热处理和热化学预处理方面的研究成果，如表 2-4 所示。可以看出，热化学耦合过程可大幅降低热水解温度(通常≤100℃)，显著降低预处理能耗。

表 2－4　污泥的低温热处理和热化学预处理

热水解条件	处理效果	参考文献
>100℃、H_2SO_4(pH 3)、60 min	污泥减量 70%；滤饼含固率增至 70%	[10]
100℃、$Ca(OH)_2$(pH 10)、60 min	CST 降低 35.3%；滤饼含固率增至 46%	[18]
60℃、NaOH (pH 12)、24 min	污泥破解度约 23%；SS 减小 22%；生物气产量增加 51%	[114]
70℃～90℃、15～60 min	有机物(PN、PS 等)水解；CH_4 产量增加 984%(90℃、60 min)	[115]
60℃～80℃、120 min	CST 增加 1.8～3.0 倍	[86]
50℃～90℃、$CaCl_2$(3.7～1 110.0 mg/g DS)、10～120 min	CST 降低 74.4%～91.3%，脱水性能显著提高	
86～164℃、H_2O_2 (0.1～0.9)[a]，21～34 min、压力 1.1～8.3 bar	滤过时间(Time to filter)降至数秒，脱水性能明显改善	[116]
75℃～90℃、10 h	初始产 CH_4 速率增加 34%～90%；CH_4 产量增加 12%～61%	[117]
88.50℃、2.29 M NaOH、21 min	污泥破解度达 61.45%；CH_4 产量增加 36%	[118]
100℃、H_2SO_4(2.59%)	SCOD 增加 75.80%；可溶性糖浓度 28.63 mg/g VS；CH_4 产量降低	[119]

a—氧化剂投加系数(oxidant coefficient)：$n = O_{2\,实际投加量}/O_{2\,理论需氧量}$。

(2) 超声波法

超声波法(ultrasound)(频率>20 kHz)是基于空化泡(cavitation bubbles)现象的一种机械处理方法。在声场条件下大量空化泡的产生与破灭会产生“空化”效益，形成极端的物理和力学条件，如瞬间的局部超高温(5 000℃)高压(50 MPa)、冲击波及超高速射流产生的巨大水力剪切力等[120]，将污泥网状絮体结构和微生物细胞壁击破。

超声波预处理效果与输入功率(power input，P，单位 kW)、污泥体积(volume of sludge，V，单位 L)、污泥浓度(total solids concentration，TS，单位 kg/L)和作用时间(Sonication time，t，单位 s)等有关。Liu 等[121]文章中最佳超声条件为：能量密度(power density，$UD = P/V$，单位 W/mL)0.25 W/mL、超

声波强度(ultrosonic intensity, $UI = P/A$, 单位 W/cm^2;其中,A 为探针表面积,surface area of the probe,单位 cm^2)0.35 W/cm^2、作用时间 15 min,此时,超声破解效率最高,污泥生物可降解性明显改善(升高 67.6%)。Feng 等[9]采用不同比能耗(specific energy, $E_s = (P \times t)/(V \times TS)$ [120],单位 kW・s/kg TS)(0～35 000 kJ/kg TS)的超声波调理污泥,结果发现低能超声波(<4 400 kJ/kgTS)能强化污泥脱水,超声比能耗为 800 kJ/kgTS 时,污泥脱水效果最好,CST 和 SRF 分别从起初的 94.2 s 和 2.35×10^{10} m/kg 下降到 83.1 s 和1.30×10^{10} m/kg;但比能耗过高(>4 400 kJ/kgTS)则会使 SRF 增大,脱水性能变差。Saha 等[122]用频率 20 kHz、能量密度 1 W/mL 的超声波调理纸浆厂剩余污泥和混合污泥(剩余污泥+初沉污泥,40∶60% v/v)时也相似发现,当超声比能耗为 17 234(15 min)、45 877(30 min)、83 758(60 min)和117 719 kJ/kg TS(90 min)时,污泥脱水性能严重恶化,剩余污泥 CST 分别增加了(65±3.4)%、(73±4.0)%、(83±6)%和(93±8)%,混合污泥 CST 也相应升高(7.0±0.9%)、(11±0.4)%、(12±0.6)%和(20±0.4)%。超声波能量(即比能耗)过小,污泥菌胶团结构不能有效破解,胞内物质和内部结合水无法正常释放,故而脱水性能变化甚微;相反,超声波能量过大,空化和机械作用会过度破坏污泥絮体结构,导致颗粒变小,比表面积增加,吸水能力变强,最终降低污泥脱水性能[123]。Ruiz-Hernando 等[124]给出的最佳超声比能耗为 24 000 kJ/kg TS,此时滞后区(hysteresis area,单位 Pa/s)减小 59%,离心脱水污泥的含固率增加 21.2 wt.%。通常污泥处理工艺繁杂,脱水因素交互影响,因此,超声波预处理最佳作用条件存在差异亦不足为奇。

此外,Yin 等[125]也尝试采用超声波-聚合电解质联合工艺调理污泥,结果表明,联合工艺效果明显优于电解质单独调理(SRF 从 3.59×10^{12}减少到1.18×10^{12}m/kg),且电解质剂量也能大幅度减小(削减 25%～50%)。Zhang 等[126]报道的最优超声联合调理条件为能量密度 0.8 W/mL、作用时间 7 s、$FeCl_3$ 1.5 g/L、PAM 15 mg/L,此时污泥 SRF 减小 91%,滤饼含水率降至 72.8 wt.%,调理剂投加量削减 40%～50%。超声波与其他不同预处理的有机结合不仅使得脱水效果优越,而且能够使调理剂用量大幅削减,能耗明显降低,因此,经济和环境效益兼备。

近年来,由于其出色的破解和融胞能力,超声波预处理在污泥中重金属的剖离[127]、灭菌(如 *Escherichia coli*)[128]、表面活性剂降解[129]、污泥减量和厌氧消化[68,92,121]等方面的应用研究也逐渐增加。

(3) 微波法

20世纪70年代，德国率先将微波辐射(microwave radiation)应用于污泥(干固体含量4 wt.%)消毒[130]；20世纪90年代末，Haque[131]又将微波辐射引入到污泥干燥脱水；随后，微波辐射(300～300 GHz)作为一种新型的预处理技术在污泥强化脱水和好氧/厌氧消化领域迅速兴起[22,122,132-135]。Wojciechowska[136]使用微波辐射(2 450 MHz、550 W、30～240 s)对初沉、消化和混合污泥进行调理脱水，在最优条件下三种污泥分别得到82%、26%和27%的SRF削减率。Yu等[8,137]也在多次预处理研究中证实了微波辐射在强化脱水方面的优越性。他们推荐的最佳条件为功率900 W、辐射时间60 s，此时，污泥CST和SRF分别从起初的92.50 s和5.37×10^9 m/kg降至约53.00 s和1.59×10^9 m/kg，且沉降性能明显改善，沉降速度(settling velocity)升高至45.080 4 mm/h(初始值39.579 6 mm/h)。Beszédes等[138]用微波辐射破解乳制品和肉类加工厂污水污泥，给出的最佳微波辐射密度分别为1.5和2.5 W/g DS。而Ahn等[139]建议，微波预处理条件为2 450 MHz、700 W、15 min。近几年，部分学者也将碱(NaOH)[132]、H_2O_2[140]等引入到微波预处理中，以期达到低耗、高效的双赢目的。如Jang和Ahn[141]通过微波辐射(2 450 MHz、1 000 W和10 min)和碱(20 meq·NaOH/L)联合调理污泥，获得了高达53.2%的污泥破解度，而微波辐射单独作用时的破解度仅为8.0%～17.5%。

(4) 冷冻-融化法

冷冻-融化调理(freezing and thawing)是将污泥进行冷冻与融化循环预处理，通过物理和化学作用打破污泥水固热动力学平衡状态，加速细胞膜破裂，内部有机物和结合水得到游离和释放，污泥脱水和可生化性获得改善。Gao[40]对污泥进行冷冻与融化处理，预处理污泥的CST减小66%～83%，$SCOD/SCOD_0$增加2～9.5倍，NH_3-N升高2～8倍，脱水效果明显优于热处理(CST减小仅3%～5%)。冷冻-融化效果与冷冻温度和作用时间长短密切相关，Hu等[142]人发现，经−18℃、72 h处理后，离心沉淀(4 000 r/min、30 min)后，活性污泥和混合污泥的体积分别降低33.3%～44.7%和31.2%～31.3%，$(SCOD-SCOD_0)/(TCOD_0-SCOD_0)$分别上升到10.5%和7.5%。Wang等[143]研究指出，缓式冷冻(slow-frozen，−20℃)在污泥强化脱水上较速式冷冻(fast-frozen，−80℃)效果更佳。此外，冷冻-融化技术也被逐渐引入到污泥脱油[144]和厌氧消化[145]等领域。

冷冻-融化技术主要缺点为动力费用过高，设备与工艺过程复杂，且操作难

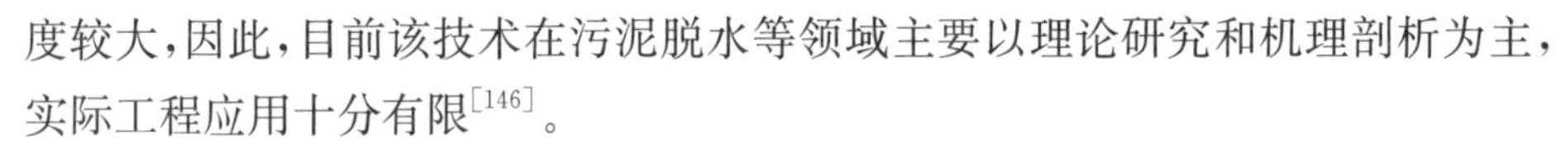

度较大，因此，目前该技术在污泥脱水等领域主要以理论研究和机理剖析为主，实际工程应用十分有限[146]。

(5) 电渗析法

电渗析(electro-osmosis)脱水是通过加载直流电压，利用电渗现象对污泥进行脱水的方法，其原理是在电场作用下，颗粒表面扩散层-双电层中的反离子携带水分通过电渗作用由阳极向阴极迁移[147]。电渗发生在颗粒间的毛细孔道里，不受颗粒孔径约束，因此，可以脱除污泥的间隙水和毛细结合水[148]，故而成为国内外学者的研究热点。Mahmoud 等[106]采用活塞驱动压缩单元(过滤压力200～1 200 kPa)加载直流电压(10～50 V)，电动脱水处理后污泥水分脱除率达 94%，滤饼含固率 32～60 wt. %，脱水能耗较热处理降低 10%～25%。Yu 等[149]文章中的最优电动脱水条件为电压梯度 24 V/cm、过滤压力 7 kPa，污泥滤饼含水率降至 60 wt. %，平均脱水能耗约 0. 075 kWh/kg。Yang 等[148]文章中在断面为 516 cm^2 的处理单元加载 1 和 4 A 的电流，处理 45 min 后，污泥含水率由起初的 79. 3 wt. %分别降至 65. 0 wt. %和 53. 2 wt. %。Ibeid 等[150]文章中污泥的电动脱水研究亦证实，当电流密度为 15～35 A/m^2时，上清液中的 PN、PS 和有机胶体(organic colloids)去除率分别达 43%、73%和 91%，污泥过滤性能提高 200 倍，SRF 明显减小，处理能耗约 0. 002～0. 02 kWh/L。此外，Yuan 等[62,151-152]以 Ti/RuO_2 网状析氯极板为电动电极，系统考察了电化学(electrolysis)单独或与表面活性剂($C_{16}H_{33}N(CH_3)_3^+$，CTAB；$n-C_{12}H_{25}SO_4^-Na^+$，SDS；$p-t-C_8H_{17}C_6H_4O(C_2H_4O)_{10}H$，Triton X - 100)联用强化污泥脱水的可行性。Gharibi 等[153]在此基础上，尝试使用双极电解(Ti/RuO_2 电极)/电混凝(Al/Fe 电极)反应器(bipolar electrolysis/elecrocoagulation reactor)调理污泥，获得的最佳脱水条件为电压 30 V、电解时间 20 min，CST 和 SRF 分别从起初的 190 s 和 2×10^{13} m/kg 降至处理后的 45 s 和 8×10^{10} m/kg；他们的研究进一步揭示，电解/电混凝联用较电解单独作用的脱水效果更加优越。

前面研究表明，电渗析是一种高效的污泥脱水新技术，可以实现固液的快速分离，但其实际操作常受诸多技术问题困扰，尤其是电极抗腐蚀性差、能耗较高等[154]，因此，其实际工程应用前景仍有待考量。

2. 化学调理

(1) 无机/有机高分子絮凝剂

无机/有机高分子絮凝剂(如 $FeCl_3$、PAM、PAC 等)调理是目前最常用的污泥脱水手段，其主要依靠改变污泥胶体表面的电荷特性来克服静电斥力和水合作用，使污泥颗粒絮凝，结构增强，以利于机械脱水[155]。

欧洲专利(EP 2 239 236 A1)[156]首先采用 PAM 对污泥进行调理，经浓缩后再投加 Fe/Ca 无机药剂进行深度预处理，经板框压滤后污泥的含水率满足处理要求。Watanabe 等[7]用两性高分子电解质对污泥进行脱水预处理时发现，脱水滤饼的含水率较传统预处理(阳离子、阴离子高分子电解质的联合或单独的预处理)要低 2%～5%，这主要归因于金属离子的电中和与高分子絮凝剂的架桥卷扫共同作用的结果。另外，人们为了改进聚合物的性能，也作了许多尝试，如欧洲专利(EP 1 327 641 A1)[157]开发了一种新的高分子共聚物，其主要由烷氧基烷基单体、环氧烷聚合单体，及一种水溶性单体组成。此外，Lee 和 Liu[6]研究表明，由两种高分子絮凝剂共同调理的污泥较单一絮凝剂调理后的污泥脱水性能更好。Thapa 等[77]人亦发现，褐煤的投加可以明显改善聚合高分子电解质的絮凝脱水效率。无机/有机高分子调理技术虽可在一定程度上实现污泥间隙水的高效去除，但并未为吸附水和内部结合水的释放与驱除提供有利条件，且使用成本较高、药剂随污泥弃置后对环境潜在的二次污染问题不容忽视[158]，因此，应用前景并不乐观。

(2) 高级氧化法

近年来，高级氧化法(advanced oxidation processes, AOPs)应用于污泥脱水，也取得了良好的效果。Fenton 氧化作为最具代表性的高级氧化预处理手段，因其极强的氧化性和高效的破解能力，而在污泥脱水领域备受关注[159-160]。Neyens 等[14]在含固量为 6 wt. %的浓缩污泥中加入约 0.37 g/L 的 H_2O_2，氧化后与原污泥相比，污泥体积减小 60%，脱水泥饼含固率增加了 20%，与焚烧相比处理费用节省约 140 欧元/t 污泥。Lu 等[13]在应用 Fenton 试剂(Fe^{2+}/H_2O_2 和 Fe^{3+}/H_2O_2)强化污泥脱水的试验研究中发现，当 Fe^{2+} 和 H_2O_2 投加量分别为 6 000 mg/L 和 3 000 mg/L 时，污泥 SRF 急剧减少，仅为原来的 10%，滤饼含水率也从起初的 85 wt. %减少到 75.2 wt. %。Tony 等[161]也探讨了 Fenton 试剂(Fe^{2+}/H_2O_2)和类 Fenton 试剂(Cu(II)、Zn(II)、Co(II)或 Mn(II)/H_2O_2)强化铝盐污泥脱水性能的可行性，结果表明，Fenton 试剂对污泥的脱水效果最好，CST 可减少 47%。

3. 生物酶制剂调理

在污泥稳定化过程中，通过添加酶可以强化 EPS 及其他生物黏性物质和胶体的降解[162]，减小污泥脱水阻力，提高污泥脱水性能。有关研究表明，酶制剂的添加可使污泥 CST 削减 50%，极大改善其脱水性能[163-164]。中国专利(201210392491. X)[165]中指出了一种污泥复合生物酶处理剂，其主要由表面活性剂(0.95 wt.%～0.99 wt.%)和(生物酶 0.01 wt.%～0.05 wt.%)构成,生物酶由纤维素酶、半纤维素酶、果胶酶、漆酶和脂肪酶按质量比 1∶1∶1∶1∶1 复配而成;当调理剂投加量为污泥干重的 0.05 wt.%～0.5 wt.%时,在 30℃～40℃条件下预处理后,污泥脱水性能显著提高。同时,经过酶处理之后的污泥,再经过絮凝预处理可以达到更好的脱水效果,还可以减少絮凝剂的使用量。

2.2 污泥固化/稳定化(S/S)技术现状与研究进展

固化/稳定化(solidification/stabilization, S/S)是一种通过物理-化学手段将污泥颗粒胶结、掺合并包裹在密实的惰性基材中,形成整体性较好的固化体,改善污泥的力学性能和物化性能,同时高效固定污泥中重金属等有害污染物,加速污泥稳定化进程的预处理技术[166]。固化/稳定化技术具有高效低耗、操作简单等优点,可有效降低污泥含水率并提高其力学稳定性能,同时,还可固定重金属等污染物,降低其环境迁移能力,故而可为污泥后续处置提供有效支持和保障。针对我国污泥量大、含水率高、地域性差异大、污染物种类多等特点,研发污泥高效固化预处理技术显得极为重要,可以预期,污泥固化技术将成为今后污泥预处理的主要手段之一,市场前景广阔,经济及社会效益明显。

固化/稳定化技术的关键是研发高效的污泥固化脱水剂。目前,有关污泥固化稳定化剂的研究颇多,如 Ma 等[19,167]采用氯氧镁稳定剂($MgO/MgCl_2$)对污泥进行稳定化,结果表明,氯氧镁中的 $MgCl_2$ 具有高吸水性,对污泥的吸水效率可以达到 1.55 mL/g。同时,氯氧镁稳定剂在污泥中发生水化反应,还能结合部分水分,可以有效降低污泥含水率;固化污泥在第 10 天的抗压强度最大可达到 85.14 kg/cm^2,此时的最佳 MOC/污泥和 $MgO/MgCl_2$ 比分别为 3∶100 和 3∶1;另外,污泥中的 Si^{2+}、Al^{3+} 和 Cu^{2+} 等离子在 Mg^{2+} 和 OH^- 激发下形成了 Mg－Si－Al 凝胶体系($MgO \cdot SiO_2 \cdot Al_2O_3 \cdot nH_2O$),有利于重金属离子的稳定和固定,稳定化污泥的 Cu、Zn、Cd、Cr、As 含量均低于浸出标准值。郑修军等[168]人研究了硅酸盐固化材料、碱性固化材料和黏土系辅助材料共同组合时对固化污泥强度的影响,结果表明,常用的各种系列污泥固化材料中,硅酸盐固化材料和碱性固化材料对固化污泥强度的形成起主要作用,而碱性固化材料更有助于固化污泥早期强度的形成，硅酸盐固化材料的作用到后期会明显地表现出来，黏土系辅助材料在添加后主要起系数和构建无机骨架的作用。

Valls 和 Vázquez[169]分别以水泥、水泥和炉渣飞灰为固化添加剂对污泥进行固化稳定化研究，结果表明，水泥添加量为混合物总量的 50 wt. %时，固化污泥的初凝时间很长，达 144 h，而当加入少量 $CaCl_2$添加剂(3 wt. %)时，其初凝时间减少到仅 50 h，表明 $CaCl_2$的添加可以有效提高水泥水化反应速率，极大地减少污泥养护时间；另外，当部分水泥用飞灰代替作为固化剂时，固化污泥的初凝时间被延长，且随其添加量的增加而增加，而添加剂(3 wt. % $CaCl_2$)的引入可以有效地缩短其初凝时间。

Malliou 等[170]系统分析了波特兰水泥对污泥的固化作用，结果表明，在较短时间内固化污泥中即有大量钙矾石(AFt)形成，其主要对污泥的早期强度具有贡献作用。研究还发现，$CaCl_2$和 $Ca(OH)_2$可以有效地促进波特兰水泥的水化速率，提高固化污泥的抗压强度。当两者的添加量分别为 3 wt. %和 2 wt. %时，污泥的固化效果最好，且固化稳化时间明显缩短。Katsioti 等[171]考察了水泥(CEMI 42.5)和膨润土(bentonite)对污泥的固化稳定化效果，结果表明，膨润土、水泥和污泥配比为 20%∶30%∶50%(w/w)时效果最好，第 28 天的无侧限抗压强度高达 350 kPa，固化污泥可以作为填埋衬层填料，建筑材料等，实现了污泥的无害化、资源化利用。曹永华等[172]通过向污泥中添加不同比例的石灰、土和粉煤灰，研究了不同配合比条件下固化污泥的工程性质。结果表明，当石灰、土和污泥的配合比为 10%∶40%∶50%时，经 20 d 的养护后固化污泥的强度即可以满足卫生填埋要求，即无侧限抗压强度≥50 kPa，且其渗透性也得到很大的提高。另外，石灰、粉煤灰和污泥配比为 20%∶30%∶50%，石灰、土和污泥的配比为 10%∶30%∶60%、20%∶20%∶60%和 20%∶30%∶50%时，在第 25 天亦可以满足卫生填埋要求；扫描电镜分析显示，固化污泥密实性的较大提高是污泥强度获得的重要原因。另外，采用分形几何理论对扫描电镜图像进行定量分析时发现，分形维数和强度之间存在较强的正相关性。

目前有关污泥固化驱水剂的研究种类繁多，但因添加量通常较大，一般大于 20 wt. %，固化污泥增容明显，这不仅增加了污泥无害化处理费用，同时也为污泥后续资源化利用带来诸多不便。因此，研发污泥高效固化驱水剂，不仅可以有效解决污泥卫生填埋过程中污泥强度低、力学性能差等问题，最大限度地减少污泥对环境的二次污染，同时，还可以科学引导“碳素”的“低碳转化”，减少污泥卫生填埋过程中温室气体的排放，加速污泥的稳定化与腐殖化进程，达到“高效固碳”与“低碳排放”的统一目的。

2.3 污泥卫生填埋安全处置技术现状与研究进展

2.3.1 污泥处理常规技术

目前，污泥常用的处理方法主要包括卫生填埋、焚烧、堆肥、建材利用、水体消纳等，如图 2-6 所示。

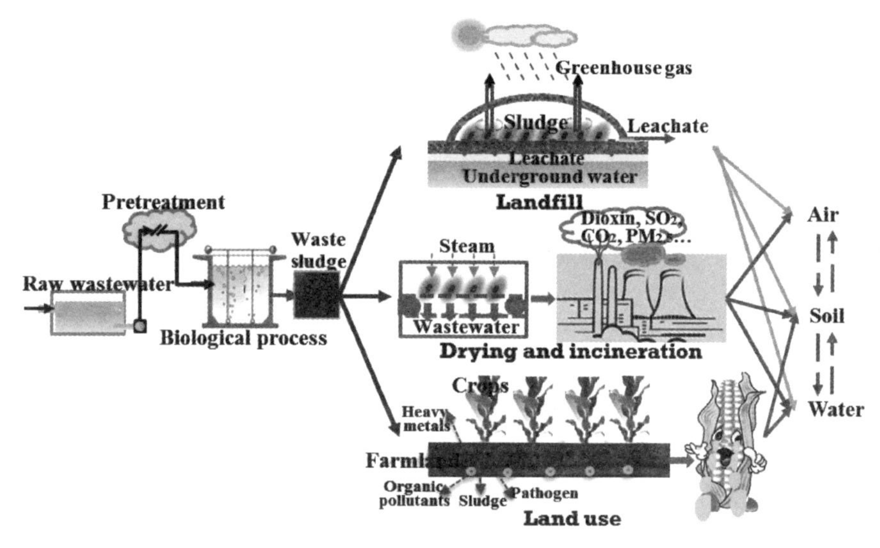

图 2-6 污泥的处理处置及危害

1. 污泥卫生填埋

20 世纪 60 年代，污泥卫生填埋是在传统填埋的基础上，从环境保护和可持续发展理念出发，经过科学选址和必要的场地防护处理，具有严格管理制度的科学的方法。到目前为止，已发展成为一项比较成熟的污泥处置技术，具有不需要高度脱水(自然干化)，投资较少、容量大、见效快等优点，利于推广[173]。例如，希腊、德国、意大利等国主要采用填埋方法处理污泥[2]。另外，对无法农用的高污染污泥、不利于堆肥的污泥以及污泥焚烧残渣的处理，卫生填埋方法也是一种不可或缺的处理手段。

当然，污泥卫生填埋也有不足之处。例如，污泥中含有的有毒有害物质可能会随雨水等渗入地下，对地下水和周围土壤造成二次污染；卫生填埋需要较大的场地；随着城市化的快速发展，合理场址的选择受到限制；污泥填埋对污泥土力学性质要求很高；渗滤液的产生，污染环境，处理难度大；未对污泥填埋气进行合理收集也会引起爆炸危险。

因此，在进行污泥的卫生填埋时必须注意：① 要对填埋场所处地的地质、气象和水文情况作详细地调查，以防止渗沥液对地下水及周围土壤的污染；② 填埋场的卫生，以防鼠、蝇孳生和臭味扩散；③ 对于规模较大的污泥填埋场要设置合理有效的填埋气导排装置，防止填埋气的不规则迁移对周边环境造成的危害，杜绝爆炸等危险情况的发生；④ 填埋场压实机械工作难度加大；⑤ 遵守有关的填埋标准和法律法规的要求。

2. 污泥干化焚烧

污泥干化是指利用热和压力破坏污泥的胶凝结构，并对污泥进行消毒灭菌[173]。干化预处理能使污泥显著减容(体积可缩减 75%～80%)[20]，干化处理后的产品稳定，无臭且无病原生物；干化处理后的污泥产品用途多，可以用作肥料、土壤改良剂、替代能源等。目前，美国、英国、奥地利、西班牙和比利时拥有此项先进技术[20]。污泥干化可分为直接干化和间接干化。直接干化其缺点为耗能大，一般生产 1 t 干污泥(含水率 10 wt. %)，需要耗煤 1 t 多，增加处理成本，并对周围环境影响大。该处理方法较难处理加热温度，容易破坏污泥中的有机成分。

污泥焚烧是指将污泥置于焚烧炉中，在过量空气的条件下，进行完全焚烧，使有机物完全碳化，可以最大限度的减少污泥体积，也能使污泥中病原微生物、寄生虫卵、病毒等彻底被杀死，高温也能使污泥中的部分重金属固化[173]。但是，在焚烧过程中，污泥中的一部分重金属能随燃烧产生的烟尘扩散到空气中；况且，不完全的焚烧过程中，也会有二噁英等剧毒空气污染物的产生，因此，为防止焚烧过程中产生二噁英等有毒气体，焚烧温度通常高于 850℃[173]。同时，污泥焚烧的烟气还必须进行处理，处理后的烟气应满足《生活垃圾焚烧污染控制标准》(GB 18485)等有关规定。另外，污泥焚烧的处理对象主要是含水率较高的脱水泥饼(在 45～86 wt. %之间)，需要大量的热能，其高能耗、高成本(是其他工艺的 2～4 倍)[174]也使之无法得到广泛应用。

3. 污泥堆肥

由于污泥中含有丰富的有机物和氮、磷、钾等植物生长所必需的营养元素，因此，污泥堆肥农用一直为研究者关注。污泥堆肥是指在污泥中加入一定比例的秸秆、稻草、木屑或生活垃圾等膨松剂和调理剂，利用污泥的微生物进行发酵并转化为类腐殖质的过程[20]。类腐殖质是一种品质优良的有机复合肥，或可生产有机菌肥[20]。但任何堆肥都需要有升温发酵的过程，而污泥较高的含水率致使堆肥过程无法正常升温，进而制约着堆肥工艺的顺利实施。况且，堆肥产品的高含水率(30 wt.%～40 wt.%)也可能使病原体复活[174]，堆肥产品安全性难以保证。另外，堆肥产品中常含有一定量的重金属，肥效差，加上国家相关立法不健全，地方政府也缺乏污泥肥施用技术指导，对有机肥改良土壤长远意义缺乏宣传[175]等，导致堆肥产品使用效果不佳，推广应用严重受限。

4. 污泥制建材

污泥建材利用方面的研究也处于不断的发展阶段，如污泥制陶粒、制砖、制纤维板[176]以及制生态水泥等，都取得了可喜的成果。例如，日本、德国等发达国家已开始利用建筑砖块、轻质材料以及水泥材料等技术进行规模化的生产再利用。污泥制建材由于符合资源化的需要和可持续发展的理念，因此，具有很好的发展空间。其缺点是当污泥中有大量重金属时要注意炉窑的烟气处理与控制以及对产品重金属浸出的监控[173]。另外，污泥制建材需要消耗热能，且技术要求较高，这对污泥制建材的推广和应用也提出了挑战[173]。

5. 其他处理处置方法

低温热解，污泥油化，制活性碳，制煤，制吸附剂，作黏合剂，添加$Ca_3(PO_4)_2$制备复合有机肥料[176]，超声波/微波预处理，臭氧消解，蚯蚓生物滤池，污泥/固化酶/高岭土制备填埋场防渗材料[177]等新型技术，也处于探索阶段，由于技术条件限制，目前还未获得规模化应用。

以上列举表明，无论采用何种处置方法，污泥减小体积、降低含水率、提高干度都是难以回避的重要环节。我国是一个发展中的农业大国，污泥的处理和处置技术才刚刚起步，在技术和经济发展水平上与发达国家尚有一定差距，目前还无法投入大量资金采用干化焚烧或其他高消耗、高规格的污泥处理技术。因此，应兼顾生态环境与经济效益，因地制宜，结合我国实情探寻经济、合理、高效、环境相容的处理技术。卫生填埋具有投资较少、容量大、见效快等优点[178]，从污减量化和资源化的角度来看，卫生填埋也许不是一种最佳的污泥处理处置方法，但却是一种较为折中的选择，符合我国当前经济和社会发展的实情，因此，可以作为我国污泥处理处置的首选方法。

2.3.2　污泥卫生填埋安全处置技术

1. 污泥卫生填埋方式

污泥填埋有单独填埋和混合填埋[3-4]两种方式。美国以污泥的单独填埋为主,欧洲各国主要是进行污泥的混合填埋。单独填埋对污泥的土工性质以及填埋场的设计技术要求较高,例如,张华[4]研究发现,污泥在单独填埋时,在考虑表面覆土的情况下,污泥的填埋厚度最大不宜超过 9 m,堆体过高会使底部污泥发生软化现象,堆体的安全将受到威胁。可见,污泥在单独填埋时的填埋量十分有限;而混合填埋在这方面的要求相对较为宽松,更符合我国当前的经济发展状况。因此,污泥的混合填埋在今后一段时间里应作为我国污泥处理处置的首选方法。

污泥填埋一般可分为沟填法、平面填埋法和筑堤法 3 种填埋方法[3-4]。

(1) 沟填法

沟填法是指将污泥挖沟填埋,沟填要求填埋场地具有较厚的土层和较深的地下水位,以保证填埋开挖的深度,并同时保留有足够多的缓冲区。沟填法又可分为窄沟法和宽沟法两种填埋方式。窄沟填埋时其沟宽≤3 m,单层填埋厚度为 0.6～0.9 m,适用于含水率≤85 wt.%的污泥;而宽沟填埋的宽度一般为 3～12 m。宽沟填埋时,填埋设备一般只有在污泥上行走才能对污泥进行压实,为防止填埋设备陷入污泥中,该填埋方法对污泥的含水率有较为严格的要求,一般要求污泥的含水率≤80 wt.%的污泥。

沟填法不需要任何添加剂,亦不需要外运土,挖沟得到的土就可以作为最终覆盖层用土。但窄沟填埋土地利用率低,且沟槽太小,无法像宽沟填埋一样铺设防渗和排水衬层。

(2) 平面填埋法

平面填埋法是将污泥堆放在地表面上,再覆盖一层泥土,因不需要挖掘操作,此方法适合于地下水位较浅或土层较薄的场地。平面填埋法又分为平面土墩填埋和平面分层填埋两种。平面土墩填埋适用于含水率≤80 wt.%的污泥,以土作为添加剂时,土和污泥的混合比为 0.5∶1.0,混合堆料的单层填埋高度约 2 m,中间覆土层厚度 0.9 m,表面覆土层厚度为 1.5 m。平面分层填埋适用于含水率≤85 wt.%的污泥,以土作为添加剂时,土和污泥的混合比为 0.25∶1.0,混合堆料分层填埋时,单层填埋厚度为 0.15～0.9 m,中间覆土层厚度 0.15～0.3 m,表面覆土层厚度为 0.6～1.2 m。土墩填埋较分层填埋有较高的土地利用效率，两种填埋方法都需要大量的外运土，因此，操作费用也相对较高。

(3) 筑堤法

筑堤法填埋是指在填埋场地四周建有堤坝，或是利用天然地形(如山谷)对污泥进行填埋，污泥通常由堤坝或山顶向下卸入，因此，堤坝上需具备一定的运输通道。土与污泥的混合比例依据污泥含水率和操作条件而定，地面上操作时，污泥含水率要求≤80 wt. %，土与污泥混合比例为 0.25～0.5，中间覆土层厚度 0.3～0.6 m，表面覆土层厚度为 0.9～1.2 m；堤坝内操作时，泥含水率要≤72 wt. %，土与污泥的混合比例为 0.25～1.1，中间覆土层厚度为 0.6～0.9 m，表面覆土层厚度为 1.2～1.5 m。

最大的优点是填埋容量大，单位面积填埋量可达 9 072～28 350 m^3 泥/hm^2。但由于筑堤法填埋的污泥层厚度大，填埋面汇水面积也大，会有大量的渗滤液产生。因此，污泥筑堤法填埋时必须铺设衬层，设置渗滤液收集和处理系统。

另外，污泥在与垃圾混合填埋时，对污泥含水率的要求不高(含水率≤97 wt. %)。污泥与垃圾的混合比为 1∶4～1∶7，中间覆土层厚度为 0.15～0.3 m，表面覆土层厚度为 0.6 m，单位面积填埋量为 945～7 938 m^3 泥/hm^2。研究表明，污泥的加入使填埋场产气量增加，垃圾稳定化过程明显加快。

2. *污泥的土工性质*

污泥是否能够填埋主要取决于：① 污泥本身的性质，主要是其土力学性质；② 污泥填埋后会不会对周围环境产生影响。如把污泥单独填埋时，一般要求污泥的抗剪强度在 80～100 kN/m^2 之间。根据德国的资料，当脱水后的污泥和垃圾混合填埋时，要求污泥的含固率≥35%、抗剪强度≥25 kN/m^2，渗透系数在 10^{-6}～10^{-5} cm/s[4,179]。为了达到这一指标，必须投加石灰等添加剂进行后续处理。根据我国在《城市污水处理厂污泥处置　混合填埋泥质》(CJ/T 249—2007)中的规定，城镇污水处理厂污泥进入生活垃圾卫生填埋场与生活垃圾进行共同处置时，其基本指标应满足污泥含水率≤60 wt. %、pH 在 5～10 之间、混合比例≤8 wt. %、横向剪切强度≥25 kN/m^2 等。

脱水污泥含水率(80 wt. %)较高，抗压强度通常＜10 kPa 和抗剪强度＜5 kPa，难以满足填埋对土工性质的要求[4]，因此，寻找合适的改性剂以增强污泥的土力学性质成为目前的研究焦点。马建立和赵由才等[179]在对以矿化垃圾为改性剂与生化污泥的混合填埋和化学污泥固化填埋的研究中发现，生化污泥与矿化垃圾按 10∶7 的比例进行混合填埋，可以达到污泥填埋的土力学要求，并可加速污泥厌氧产气反应和有机质的降解，缩短污泥稳定化的时间；污泥固化填埋采用一种新型的镁系(M1)胶凝固化剂，在加入量为5 wt.%时，可以达到污泥的填埋要求，同时，对污泥中重金属也起到固化作用，减少了重金属的浸出带来的二次污染。张华[4]用粉煤灰、矿化垃圾、建筑垃圾和泥土四种材料作为改性剂，以不同配比与污泥混合试验。在改性污泥满足填埋要求的最低混合配比下，综合比较改性剂对污泥的抗压和抗剪强度、渗透性能、压缩性和臭度等工程性质的改善情况发现，以粉煤灰对污泥改性效果最好，其次为建筑垃圾和矿化垃圾，泥土效果最差。

污泥改性剂的研究无疑对污泥填埋作业带来了很大的便利，为污泥卫生填埋技术的使用和推广提供了技术条件和理论指导。

3. 渗滤液和填埋气收集与处理

污泥卫生填埋后会有大量的渗滤液和填埋气产生。在《城镇污水处理厂污泥处置　混合填埋泥质》(CJ/T 249—2007)中规定，污泥卫生填埋场应有沼气利用系统，渗滤液能达标排放。目前，随着人类环保意识的增强，大多数污泥填埋场均设有渗滤液导排、收集和处理装置；但很少设有填埋气的收集处理装置。填埋气中CH_4的密度较空气小，很容易在填埋场内部某些封闭区聚集，有引起火灾甚至爆炸的危险。另外，CH_4气体作为填埋气的主要成分有很高的热值，集中收集净化后可作为再生能源加以利用，如作为工业燃料或民用；将$\varphi(CH_4)$提高到80%以上还可以作清洁燃料[180]。因此，设置集气井对填埋气有规则的导排，不仅可以降低填埋作业的危险度，避免安全事故的发生，同时还可以有效地对能源进行回收利用，达到了环境保护与经济效益的和谐统一。

由于污泥渗透系数较小，导致填埋气体的有效收集半径十分有限[6]。不合理地设置集气井不仅不利于污泥填埋气的经济、合理、高效收集，还会影响填埋作业的正常进行。目前，有关垃圾填埋场集气井的优化布局研究已经较为成熟，对污泥填埋场填埋气集气井布局设计的研究相对较少。可见，对污泥填埋气收集系统进行优化设计是很有必要的。

污泥是否能够填埋主要取决于：① 污泥本身的性质，主要是其土力学性质；② 污泥填埋后会不会对周围环境产生影响；因此，经济、高效的污泥改性剂的研发为污泥卫生填埋技术的使用和推广奠定了基础，提供了条件。此外，污泥卫生填埋场常有大量填埋气产生，有关垃圾填埋场集气井的优化布局研究已经较为成熟，而对污泥填埋场填埋气集气井布局设计的研究相对较少。因此，对污泥填埋气收集系统进行优化设计应作为今后污泥卫生填埋研究的一个重要课题。我国污泥处理处置技术才刚刚起步，还存在许多缺点与不足；而国外在污泥处理处置方面的研究较为成熟，因此，国外污泥处理处置的研究和实践对我国污泥处置的发展具有积极的借鉴意义。

第3章 试验装置和试验方法

3.1 污泥来源

试验所用剩余污泥(waste activated sludge, WAS)取自上海市某污水处理厂,取样结束后,污泥试样须在 1～2 h 内运抵实验室,并经 4.0 mm 过筛除渣/砂后,保存于 4℃冰箱。为确保测试结果的准确性和可靠性,所有强化脱水试验和相应的测试项目均在 48 h 内完成。由于污泥取样时间不同,泥质特性差异显著,因此,不同试验时期的污泥基本特性将在相应章节给出。

固化/稳定化(S/S)试验所用污泥为上海市某污水处理厂的压滤脱水污泥(dewatered sewage sludge, DS_s),脱水污泥基本特性见表 3-1。可以看出,污泥经压滤脱水后含水率依然高达 81.19 wt.%,卫生填埋难度极大。此外,污泥样品还含有多种重金属,其中,Cu 和 Zn 含量相对较高,分别为 0.20 mg/g 和 1.00 mg/g DS,其他重金属含量较低,Cd 未检出;X 射线荧光光谱分析(X-ray fluorescence spectroscopy)揭示,污泥氧化物组成以 SiO_2、P_2O_5 和 Al_2O_3 为主,其含量分别为 46.4 wt.%、18.2 wt.%和 10.3 wt.%。

表 3-1 脱水污泥的基本特性

指 标	含 量
含水率/wt.%	81.19±0.24
pH	6.70±0.03
挥发性有机物/VS,wt.%	45.67±0.10

续　表

指　标	含　量					
重金属/(g/kg DS[a])	Cu	Zn	Pb	Cd	Cr	Ni
	0.20	1.00	0.04	未检出	0.10	0.03

指　标	含　量								
氧化物含量/wt%[b]	SiO_2	MgO	Al_2O_3	Na_2O	K_2O	CaO	Fe_2O_3	TiO_2	其他
	46.40	3.97	10.30	1.76	3.19	7.85	5.66	0.79	20.08

注：a：以污泥干基(dry sludge,DS)计；b：以污泥焚烧灰干基计(焚烧温度 1 100℃)。

图 3-1 给出了该污泥粒径分布情况，可以看出污泥的粒径分布较为集中，主要在 1～100 μm 之间。

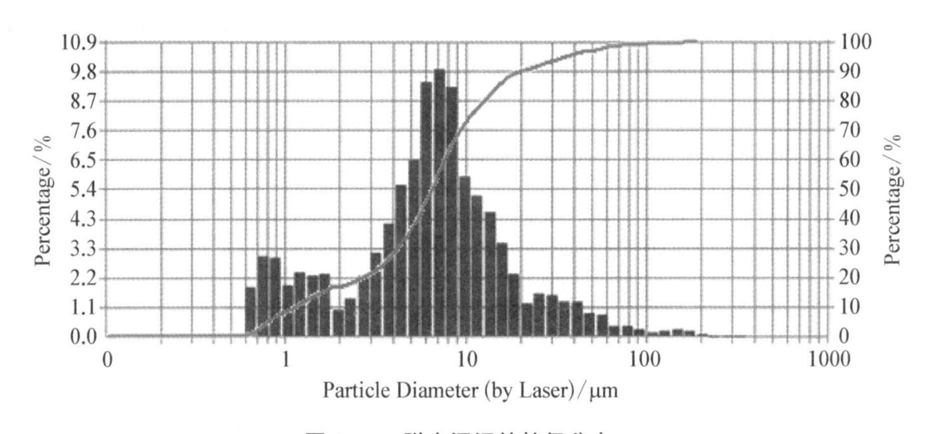

图 3-1　脱水污泥的粒径分布

3.2　试验装置

3.2.1　强化脱水试验装置

(1) Fe^{2+}-H_2O_2 和 Fe(II)/$S_2O_8^{2-}$ 氧化

Fe^{2+}-H_2O_2 和 Fe(II)/$S_2O_8^{2-}$ 氧化强化脱水试验装置如图 3-2 所示。其装置由 DJ6CS 型六联电动搅拌器和玻璃烧杯构成。试验开始取一定体积的污泥于玻璃烧杯，投加定量调理剂后，300 r/min 下匀速搅拌预处理，并在特定时间间隔内取样分析。

(2) 低温-Fe(II)/$S_2O_8^{2-}$ 氧化

低温-Fe(II)/$S_2O_8^{2-}$ 氧化强化脱水试验装置由 DF-101S 型集热式磁力搅

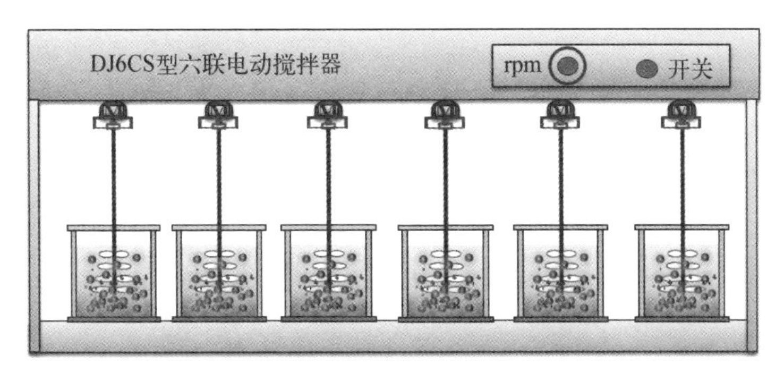

图 3－2　强化脱水试验装置

拌器(西域机电，上海)和 500 mL 的玻璃烧杯构成(图 3－3)。恒温水浴锅的控温范围为 0℃～100℃，控温精度为±0.5℃，温度调控由控温探头实现。污泥搅拌通过内置磁力搅拌器完成，搅拌速度为 200 r/min。污泥样品加热至预定温度(25℃、40℃、60℃ 和 80℃)后，投加 Fe(II)/$S_2O_8^{2-}$ 调理剂，并在预定温度下搅拌预处理。

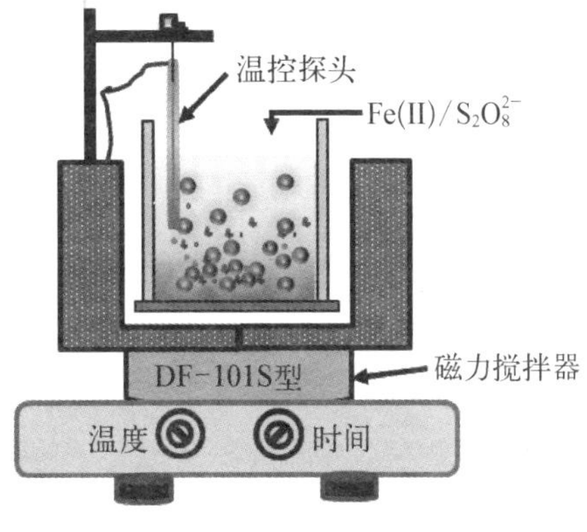

图 3－3　强化脱水试验装置

(3) 电解 Fe(II)/$S_2O_8^{2-}$ 氧化耦合

电解 Fe(II)/$S_2O_8^{2-}$ 氧化耦合强化脱水试验装置(图 3－4)由 500 mL 的玻璃烧杯和一对网状 Ti/RuO_2 阴阳极板构成。Ti/RuO_2 极板尺寸为 7 cm×10 cm，极板间距为 4 cm，网状 Ti/RuO_2 极板可确保污泥在预处理过程中的均质搅拌。电源为数显型稳压直流电源(AD－8735D, A&D Co., Japan)。搅拌装置为 MA 300

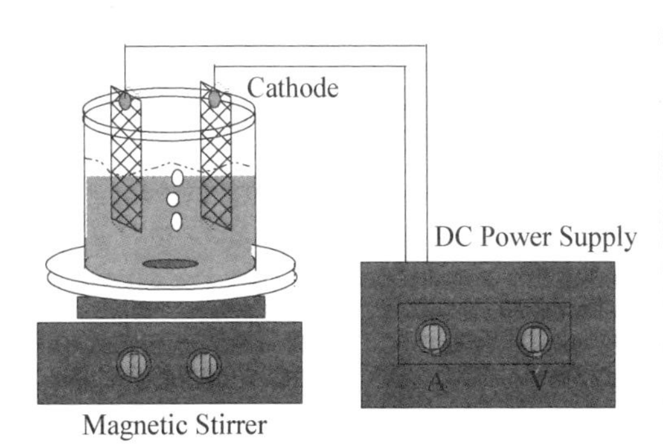

图 3－4　电化学脱水装置示意图

型恒温磁力搅拌器(Yamato, Japan),搅拌速度设为 7 档(约 200 r/min)。

3.2.2 固化/稳定化试验

污泥固化样品按一定试验配比混合制备,经高速搅拌机搅拌 5～10 min 或人工搅拌预处理后,参照土《工实验规范(GB T50123—1999)》要求,分 3 层装入圆柱形聚氯乙烯(PVC)模具(Φ3.91 cm×8.0 cm)内(图 3-5),装填过程中并进行小幅度振动,以确保制备固化样品的密实性,固化样品制备后置于养护温度 25℃±0.5℃、湿度大于 90%的养护箱(或室温条件)中养护 24 h 后脱模,脱模样品继续于室温养护至试验龄期,然后测定其无侧限抗压强度(UCS),实验结果为 3 次实验的平均值。此外,该固化/稳定化工艺也应用于控制性低强度材料的制备。

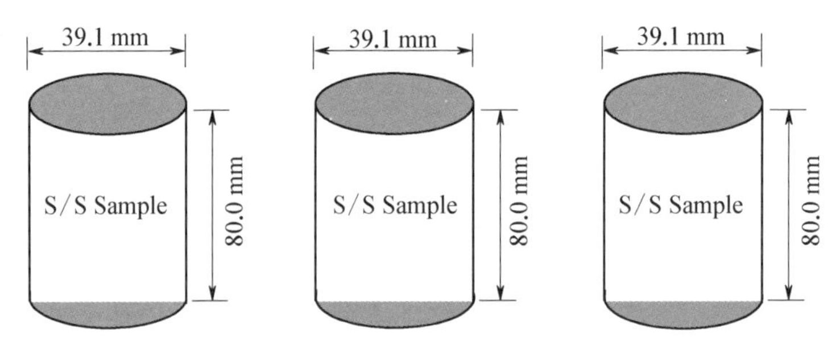

图 3-5 污泥固化/稳定化模具

3.3 试验方法

3.3.1 主要测试项目及方法

(1) 污泥脱水性能(Dewaterability)

a. 毛细吸水时间。毛细吸水时间(CST,单位为 s)是用于表征污泥过滤和脱水难易程度的一种快速和可靠的指标,标准 CST 测定装置(Model 440, Fann, UK)如图 3-6 所示。在距污泥漏斗一定距离处设置两个径向标准间隔为 1 cm 的电极,污泥(5 mL)中的水分在标准滤纸(Whatman No. 17)产生的毛细吸水压力作用下发生扩散,水分到达内侧与外侧电极时间之差即为 CST。

b. 真空抽滤。真空抽滤实验装置如图 3-7 所示。标准布氏漏斗(Φ3.5 cm)承托网上放置事先润湿的标准过滤滤纸(Cat No. 1441 150),并用不

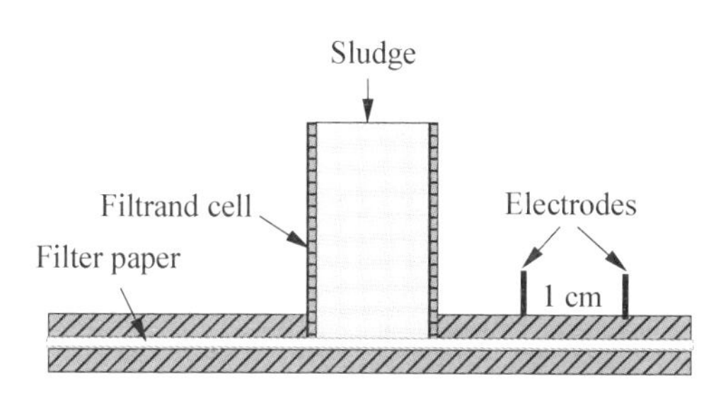

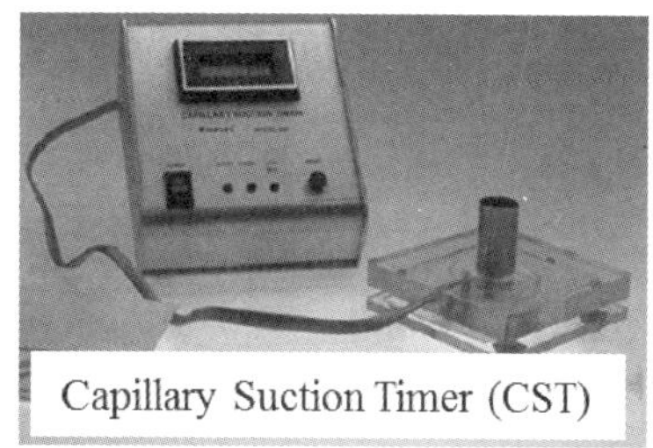

图 3-6　标准 CST 测定装置示意图

锈钢夹固定。将 10 mL 污泥样品缓慢均匀倒入布氏漏斗中，开启膜片真空泵(DAP-15, Ulvac Kiko Inc., Japan)，真空度为 1.5 kg/cm^2，并开始记录滤液体积，每隔 10 s 记录一次，抽滤时间持续 3 min。以过滤时间(t, s)为横坐标、以滤液体积(V, mL)为纵坐标作图，以滤液释放速率评价污泥脱水性能优劣。

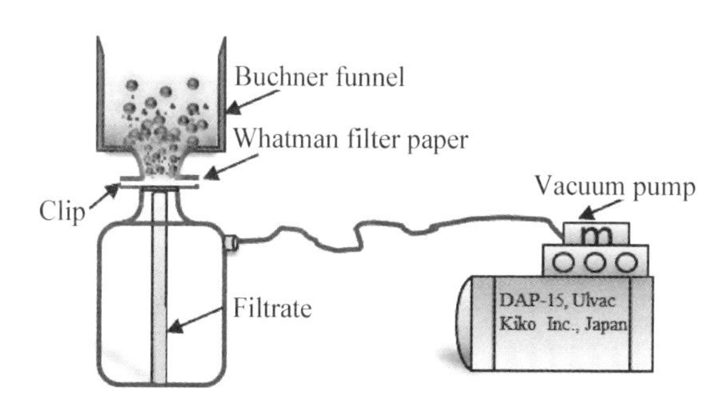

图 3-7　真空抽滤实验装置

(2) 胞外聚合物(EPS)的提取

a. 甲醛-NaOH 法。甲醛-NaOH 法参照 Domínguez 等[181]推荐的提取步骤：首先，将 30 mL 污泥悬浮液移至 50 mL 的离心管中，在 4℃、4 000 g 条件下离心 15 min，所得上清液即为溶解性 EPS(S-EPS)；然后，向离心管内的残留污泥颗粒中加入 0.05% NaCl 溶液使其悬浮稀释至 30 mL，悬浮液被小心转移至 100 mL 的广口玻璃瓶内，向其中加入 0.3 mL 甲醛溶液(CH_2O, 37.0%~40.0%)后，在 900 r/min 下强力搅拌提取 1 h，随后再加入 20 mL 1 mol/L 的 NaOH 提取液，继续在相同搅拌强度下强力提取 3 h；待提取结束后，污泥悬浮液在 4℃、4 000 g 条件下离心 15 min，所得上清液为紧密附着型 EPS(bound EPS, B-EPS)。EPS 样品经 0.45 μm 微孔滤膜过滤除渣后，保存于 4℃冰箱。

b. 热提取法[59,181-182]。首先，将 30 mL 污泥悬浮液移至 50 mL 的离心管中，在 4℃、8 000 g 条件下离心 15 min，所得上清液即为溶解性 EPS(S－EPS)；然后，用预热至 70℃的 0.05% NaCl 溶液将离心管内残留污泥颗粒悬浮稀释至 30 mL，悬浮液最终温度为 50℃，稀释后立刻将污泥悬浮液放置于 Vortex-Genie 2 型涡流搅动器(Scientic Industries Inc.，USA)快速涡流搅动 1 min，并在 4℃、8 000 g 条件下离心 10 min，所得上清液即为疏松附着型 EPS(LB－EPS)；随后，向离心管内加入 0.05% NaCl 溶液悬浮稀释至 30 mL，在 60℃水浴锅中热处理 30 min，待热处理结束后，取出污泥悬浮液并在 4℃、8 000 g 下离心 15 min，上清液即为紧密附着型 EPS(TB－EPS)。EPS 样品经 0.45 μm 微孔滤膜过滤除渣后，保存于 4℃冰箱。

(3) 胞内物质的提取

胞内物质(intracellular substances)含量用于表征污泥微生物的新陈代谢活性(metabolic activity)，通常采用热 Tris 缓冲溶液法(heated Tris method)提取[183]，步骤如下：取 3 mL 悬浮液于 10 mL 离心管，在 12 000 g 下离心 15 min，上清液撇去后，加入 3 mL 0.02 M 的灭菌热 Tris 缓冲溶液(tris (hydroxmethyl) aminomethane buffer，pH 7.75)，并置于 80℃水浴锅中热处理 20 min；待污泥颗粒悬浮冷却至室温后，立刻置于涡流搅动器快速涡流搅动 10 s，随后在 12 000 g 下离心 15 min，所得上清液即为污泥胞内物质。样品经 0.45 μm 微孔滤膜过滤除渣后，保存于 4℃冰箱。

(4) 三维荧光光谱(3D－EEM)分析

采用 Luminescence spectrometry FluoroMax－4 荧光分光光度计(HORIBA Jobin Yvon Co.，France)进行三维荧光光谱扫描，配以 1 cm×1 cm 石英荧光样品池。荧光分光光度计以氙弧灯为激发光源，激发波长(Ex)范围从 250～400 nm，发射波长(Em)范围从 250～550 nm，激发和发射单色仪的狭缝宽度为 5 nm，扫描间隔为 5 nm，扫描速度为 4 800 nm/min。利用 Mili－Q 超纯水的三维荧光光谱校正拉曼散射和消除背景干扰。采用 Origin 8.0 软件(Origin Lab Inc.，USA)进行数据处理。

三维荧光光谱可以获得激发和发射波长同时变化时的荧光信息[184]，被广泛应用于有机物的定性或半定量分析[185-187]。一般而言，不同种类和来源的溶解性有机物其荧光基团、荧光峰位置和荧光强度也不尽相同。Chen 等[188]以前研究成果为基础，对天然(水和土壤)溶解性有机物(dissolved organic matter，DOM)中荧光基团的 Ex/Em 峰位置进行了总结和分区，结果如图 3－8 所示。

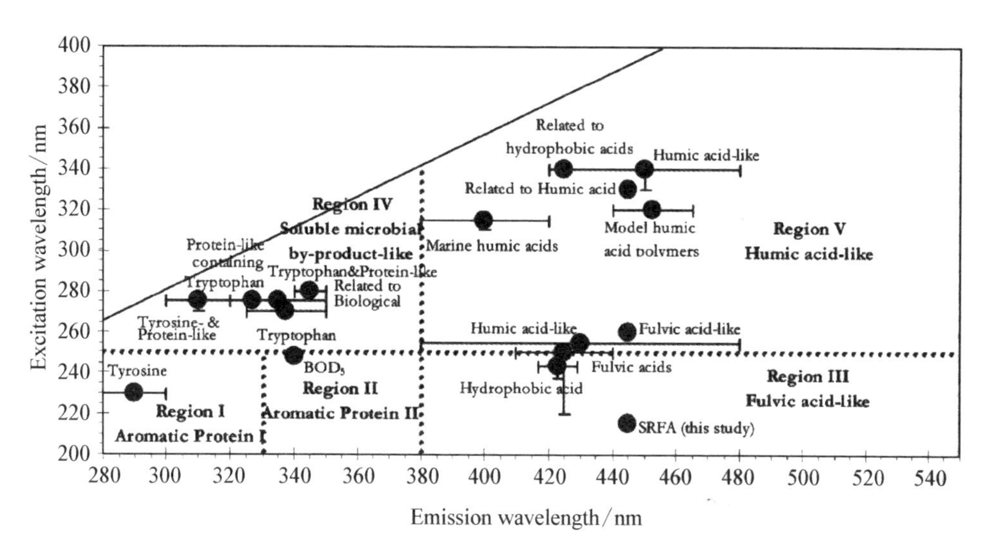

图 3-8 EEM 荧光光谱图中 Ex/Em 峰位置(●)和 5 区分界线(……)

溶解性有机物因 Ex/Em 峰位置不同被划分为 5 个荧光区域(five EEM regions):其中,Region I 和 II 位于短激发波(Ex<250 nm)和短发射波(Em<380 nm)区,与简单的芳香族蛋白,如络氨酸类(tyrosine-)和色氨酸类化合物(tryptophan-like compounds)有关;Region III 位于短激发波(Ex<250 nm)和长发射波(Em>380 nm)区,属于富里酸类物质(fulvic acid-like materials);Region IV 位于中等激发波(250<Ex<280 nm)和短发射波(Em<380 nm)区,来源于微生物代谢过程(soluble microbial byproduct-like materials);而 Region V 位于长激发波(Ex>280 nm)和长发射波(Em>380 nm)区,与腐植酸类物质(humic acid-like organics)有关。因此,通过与图 3-8 中的荧光特性比对,可以对未知多组分复杂有机物体系中的关键荧光基团进行快速识别和表征。

(5) 黏度、絮凝性能、Zeta 电位和粒径分布测定

黏度测定采用 SNB-1 型旋转数字黏度计。将污泥样品移入黏度计,在室温 25℃、剪切速率 60/s 的条件下记录污泥表观黏度随剪切时间的变化趋势,趋于稳定时(约 300 s)的表观黏度即为污泥的真实黏度。

污泥絮凝性能(flocculating ability, FA)参照 Wilén 等[79]测定,Zeta 电位和粒径分布分别在马尔文激光粒度仪 Zetasizer Nano ZS(Malvern Instruments Ltd. Co., UK)和 EyeTech 颗粒粒度、粒形分析仪(EyeTech Particle Size and Shape Analyzer, Ankersmid Ltd. Co., Netherlands)上完成。

(6) 重金属测定

污泥重金属测定采用常压消解后电感耦合等离子体发射光谱法(2100 DV ICP－AES, PerkinElmer, USA)。取 65℃烘干样品(<0.25 g),加入 4 mL 65%的浓硝酸,在电热板上 200℃～250℃加热煮沸一段时间后,停止加热冷却几分钟时间,再加入 2 mL 40%的 HF 和 2 mL 30%的 H_2O_2后于 ETHOS 微波消解仪(MileStone)进行微波消解。消解后样品在电热板上加热至近干,使 HF 挥发,然后用 2%稀 HNO_3溶解样品,定容至 50 mL。然后用 ICP－AES(Iris Advantage 1000)检测。

(7) 无侧限抗压强度测定

无侧限抗压强度(UCS)测定遵循《土力学实验标准》(GB/T 50123—1999)。固化/稳定化污泥样品采用 DW－1 型电动应变式无侧限压力仪(最大轴向负荷为 0.6 kN)测定,控制轴向应变速率为 2～4 mm/min;控制性低强度材料(CLSM)的 UCS 在万能材料试验机(INSTRON 5566, USA)上进行,施加载荷速度为 0.2 mm/min,直至样品破裂,每个 UCS 值为 3 次试验的平均值。

(8) X 射线粉末衍射分析

采用德国 Bruker 公司 D8 型 X 射线衍射仪(X-ray diffractometer, XRD)对粉末样品进行 XRD 分析。试验条件为: Cu 靶 Ka 射线,加速电压 40 kV,加速电流 40 mA,扫描步长 0.02°,扫描速率 0.01 s/步,扫描范围为 10°～90°,X 射线衍射谱图采用 MDI Jade 5.0 软件进行分析。

(9) 热重分析

实验所用仪器为 SDT Q600(TA Co., USA),样品热解过程所用气氛为 N_2,纯度≥99.999 4%,气体流量 100 mL/min。样品质量约 5～10 mg,热解范围为 50℃～1 000℃,升温速率 10℃ min^{-1}。

(10) 傅里叶变换红外(FT－IR)光谱分析

采用 Nicolet 5700 傅里叶变换红外(FT－IR)光谱仪(Thermo Nicolet Co., USA)进行 FT－IR 光谱分析。先将粉末样品与干燥溴化钾(KBr)按约 1∶100 的比例混合研磨,制成透明薄片,然后将其放至锁氏样品架内,插入样品池并拉紧盖子,在软件设置好的模式和参数下测试红外光谱图,波长扫描范围为4 00～4 000 cm^{-1}。

(11) 扫描电子显微电镜-能谱分析(SEM－EDS)

① 细胞固定(强化脱水试验)。采用 JSM－6500F 扫描电子显微电镜-能谱

分析仪(Japan Electron Optics Laboratory Co., Japan)对污泥表面形貌和内部结构进行分析。污泥颗粒在1 500 r/min下离心 5 min,上清液撇去后,用 0.1 M 的磷酸缓冲液(pH 7.4)清洗 3 次,每次 5～10 min;清洗结束后,用 2.5%的戊二醛溶液(pH 7.2～7.4)在 4℃条件下固定 3～4 h,然后再使用 1 M 的磷酸缓冲液(pH 7.4)清洗 6 次;清洗后的污泥样品依次置于系列浓度为 50%、60%、70%、80%、90%、95%和 100%的乙醇中脱水置换,每级 15 min,样品自然风干后表面喷金待测。

② 微观形貌(固化/稳定化试验)。固化试样破开,于新鲜断面取试块少许(约 1 cm^3),常温下在无水乙醇中浸泡 24 h,以阻止水化反应的进行。试块经浸泡预处理后,于 60℃真空烘箱中烘干后,储备供 SEM-EDS(JEOL JSM 6400, USA; INCA Energy 350, Oxford Instruments, UK)微观结构分析使用。

(12) 其他测试项目及方法

电导率采用 DDS-307 型电导率仪测定;pH 和氧化还原电位采用 PHS-3C 型精密 pH 计测定;含水率、TSS 和 VSS 等采用标准方法测定[189];TOC 采用 TOC-V_{CPN} 总有机碳分析仪测定(SHIMADZU, Japan);COD_{Cr}($TCOD_{Cr}$ 和 $SCOD_{Cr}$)采用半自动比色法测定(DR 5000 型 UV-Vis 分光光度计,HACH Co., USA);NH_3-N 采用纳氏试剂分光光度法(UV755B 型 UV-Vis 分光光度计,上海精密科学仪器有限公司)测定;PN 采用 Frolund 等[46]改进型 Lowery 法测定,其最大吸收波长为 750 nm,以牛血清蛋白(BSA)为标样;PS 采用苯酚-硫酸法测定[190],其最大吸收波长位于 490 nm,以葡萄糖(glucose)为标样。

示范工程填埋气组成(CH_4 和 CO_2)采用 GA 2000 PLUS 便携式气相色谱仪(Geotech,UK)测定;其他实验室追踪试验的气体组成采用 SHIMADZU 公司的 GC-14B 型气相色谱仪测定(色谱柱: 10 m×2 mm 不锈钢色谱柱;担体: GDX-104,80～100 目;载气流速: 30 mL·N_2/min;桥电流: 90 mA;检测器、进样器及色谱柱温度分别为 90℃、40℃和 40℃);挥发酸(volatile fatty acids, VFAs)由 Agilent GC-6890N 气相色谱仪(FID, DB-FFAP-毛细管色谱柱(l30 m×φ0.25 mm×δ0.25 μm))测定;元素组成(C、H 和 N)采用 Vario EL III 有机元素分析仪(Elementar, Germany)分析。

3.3.2　试验仪器

本书所采用的其他小型试验仪器信息见表 3-2。

表 3-2 试验仪器

设备及型号	生产厂家
DHG-9070A 型电热鼓风干燥箱	上海浦东荣丰科学仪器有限公司
SX2-10-12 型马弗炉	上海崇明实验仪器厂
DDS-307 型电导率仪	上海雷磁仪器厂
PHS-3C 型精密 pH 计测定	上海雷磁仪器厂
HSG-IIB-6 型电热恒温水浴锅	上海华琦科学仪器有限公司
CJJ-6 六联磁力搅拌器	江苏大地自动化仪器厂
SNB-1 旋转数字黏度计	上海尼润智能科技有限公司
JB-2 型磁力搅拌器	上海雷磁仪器有限公司
玛瑙研钵	上海浦东荣丰科学仪器有限公司
日用电炉(1 000 W)	江苏丹阳市后巷镇迎丰五金厂
DKY-II 恒温调速回转式摇床	上海杜科自动化设备有限公司
SPX-250B 生化培养箱	上海荣丰科学仪器公司
MP12001/JY12001 电子天平	上海恒平科技公司
SC-260 型白雪冰箱	江苏白雪电器股份有限公司
LXJ-II 型离心机	上海医药分销仪器厂
DW-1 型电动应变无侧限压力仪	上海西域机电(中国)系统有限公司
数字可调单通道移液枪	德国普兰德(Brand)公司
2XZ-2 型真空泵	上海德英真空照明设备有限公司
WG 250 型净水仪	Yamato, Japan

3.4 Pearson 相关系数分析

采用 Origin 8.0 软件(Origin Lab Inc., USA)对试验进行 Pearson 相关系数分析。Pearson 相关系数(Pearson's correlation coefficient, R_p)是用来衡量两个变量之间线性关系的程度[191]。相关系数 R_p 介于 $-1.0 \sim 1.0$ 之间,$R_p =$

1.0 表示两个变量之间呈现完美的负相关，$R_p=-1.0$ 表示两个变量之间存在完美的正相关，$R_p=0$ 表示两个变量之间无线性相关。当显著水平 $p<0.05$（置信区间 95%）时，认为两变量之间的线性相关性具有统计学的显著。

第4章 Fenton 氧化调理强化污泥脱水——效率与统计优化

4.1 Fenton 氧化调理强化污泥脱水

活性污泥(activated sludge)工艺被广泛应用于污水的生物处理过程,但此过程常伴随大量剩余污泥(waste activated sludge)的产生[54]。剩余污泥通常含水率高,因此,深度脱水(dewatering)尤为重要。污泥脱水不仅可以削减污泥体积,亦可减小污泥运输和最终处置费用[9]。然而,剩余污泥亲水性能(hydrophilicity)极强[107],脱水难度极大(difficult to dewater),故而污泥脱水依旧面临巨大挑战。

为有效改善污泥脱水性能,研究人员相继开发了聚合电解质调理[6-7]、酸/碱预处理[16-17]、超声波[9]、电解[62]、冻融[12]、酶制剂预处理[162]和微波辐射[8]等污泥调理强化脱水预处理技术。近年来,高级氧化技术(advanced oxidation processes, AOPs)作为一种有效的污泥脱水预处理方法备受关注。高级氧化通过产生高反应活性的自由基,如 OH·(hydroxyl radicals)等,引发和传播自由基链反应,加快污泥胞外聚合物(EPS)的降解和三维网状絮体结构的破坏,从而改善其沉降性能和脱水性能,提高脱水效率。在不同的高级氧化技术中,Fenton 氧化强化污泥脱水优势明显[13,54,159,192],操作简单,环境危害较小。如 Buyukkamaci[160]采用 Fenton 氧化调理生物污泥,获得了 49%的 CST 削减率。

Fenton 氧化脱水效率与预处理条件(即 H_2O_2浓度、Fe^{2+}浓度和初始 pH)密切相关。调理预处理条件选择失当不仅无法改善污泥脱水性能,甚至会因氧化反应速率过低[159]而导致脱水性能的严重恶化。因此,优化预处理条件是最大化 Fenton 氧化脱水效率的基础与前提。经典的单次单因子分析方法(one variable at a time)通常,通过改变单一因素而保持其他因素恒定来确定影响因素的最佳范围。因而对于多变量体系而言，该方法不仅工作量大、耗时，且因其忽视不同因素间的交互作用而并非总能获得最佳试验条件[193-194]。响应曲面分析法(response surface methodology, RSM)作为一种强大的优化试验条件的数理统计方法，能以最少的试验数量对所感兴趣的响应进行建模和分析[194]，判定因素间的交互作用，并最终获得最优的试验条件[193]。因此，响应曲面分析法在化工、环保等诸多领域均有涉及[195-197]。其中，中心复合设计(central composite design, CDD)是当前应用最广泛的 RSM 经典试验设计方法[198]。

文献检索显示，Tony 等[15]曾通过响应曲面分析法确定了 Fenton 氧化脱水预处理的最佳调理条件。结果发现，在 H_2O_2 105 mg/g DS、Fe^{2+} 21 mg/g DS、初始 pH 为 6 的条件下，污泥的 CST 削减率为 48±3%。然而，这一发现与 Mustranta 和 Viikari[199]的研究结论并不相符，特别是在初始 pH 的选定，后者给出的最佳 pH 为 2.5～3。相反，Lu 等[159]却声称初始 pH(2～7)对 Fenton 氧化脱水效率影响甚微。

本章节的主要研究目的在于：① 系统评价 Fenton 氧化的强化污泥脱水性能；② 通过 RSM 和 CDD 设计试验，优化和确定 Fenton 氧化最佳脱水工艺参数(H_2O_2浓度、Fe^{2+}浓度和初始 pH)；③ 深入剖析 Fenton 氧化强化污泥脱水机理机制，为污泥深度脱水和安全管理提高技术支撑。

4.1.1　材料与试验设计

1. 剩余污泥

剩余污泥取自上海市某污水处理厂的污泥浓缩池，其基本特性如表 4-1 所示。

表 4-1　剩余污泥的物理化学特性

含水率/wt. %	pH	黏度/mPa·s	CST/s	TSS/g/L	VSS/g/L
96.93±0.06	6.94±0.20	179.80±6.44	1 360±141	13.70±0.13	8.42±0.07

2. Fenton 氧化调理预处理

取 100 mL 污泥试样于 250 mL 的玻璃烧杯中，在 300 r/min 匀速搅拌状态下，用 1 mol/L 的 H_2SO_4 或 NaOH 调节污泥试样至特定 pH；然后将新鲜配制的 0.5 mol/L Fe^{2+}溶液和 30 wt. %的 H_2O_2 投加至玻璃烧杯中，并在室温(24±1)℃下，调理预处理 60 min。在特定时间间隔内取样，以 CST 削减率(CST reduction efficiency, E, %)为指标评价其脱水性能。CST 削减率按式(4-1)计算[15]:

$$E(\%) = \frac{CST_0 - CST}{CST_0} \times 100\% \tag{4-1}$$

式中,CST_0和 CST 分别为原生污泥和调理预处理污泥的毛细吸水时间(CST)。

3. 响应曲面试验设计与统计分析

选取 H_2O_2浓度、Fe^{2+}浓度和初始 pH 等 3 个因素为自变量,采用 Minitab 11.0 统计软件和中心复合设计(CDD)方法设计 3 因素 4 水平的优化试验。该试验是一个 3^4的因子设计试验,包括 6 个轴点(±α)、6 个中心复制点(所有自变量在零水平上)在内的 20 组试验。轴点为模式提供曲率分析,增加中心复制点便于对模型进行失拟(lack of fit)检验和试验偏差分析。中心距 α 设定为 $2^{n/4}$,因素 $n = 3$ 时,$\alpha = 1.682$[193]。

H_2O_2浓度(χ_1)、Fe^{2+}浓度(χ_2)和初始 pH(χ_3)作为非独立变量,水平的选取以单因素试验结果为依据,并以编码值+1.682、+1、0、-1、-1.682 代表各自变量的高、中、低水平,按方程 $X_i = (\chi_i - \chi_0)/\Delta\chi$ 对自变量进行编码。式中,X_i为自变量的编码值,χ_i为自变量的真实值,χ_0为试验中心点处自变量的真实值,$\Delta\chi$为自变量的变化步长。设定合适步长后,通过编码方程确定不同水平下各自变量的真实值(χ_i)。根据试验列表进行试验后,对试验数据进行非线性回归拟合,获得带有交互项和平方项的模型,该模型多项式的标准形式为

$$E = A_0 + \sum_{i=1}^{k} A_i\chi_i + \sum_{i=1}^{k} A_{ii}\chi_i^2 + \sum_{i=1}^{k}\sum_{j=1}^{k} A_{ij}\chi_i\chi_j \tag{4-2}$$

式中,E 为预期的响应值,即 CST 削减率(%);A_0为常数项(现行因子);A_i、A_{ii}和 A_{ij}($i=1, 2, 3$; $j=1, 2, 3$)分别为模型线性项、二次项和交互项的回归参数。可决系数(coefficient of determination)R^2 和调整的可决系数 R^2_{adj}(adjusted R^2)用于评价模型拟合优度(goodness of fit);F 检验用来检验统计的显著性;而 t 检验则用来确定回归参数的显著性。

4.1.2 单因素影响试验

1. H_2O_2浓度的影响

本批试验 Fe^{2+}投加量统一为 169 mg/gVSS,初始 pH 均为 6.94(原生污泥

pH为6.94,见表4-1),以考察H_2O_2浓度对污泥强化脱水效率的影响。如图4-1(a)所示,CST削减率(%)随H_2O_2投加量的增加而增大,当H_2O_2浓度为140 mg/gVSS时,CST削减率达到最大,约为96.8%,此后脱水效率基本维持不变,因此,最佳H_2O_2浓度为140 mg/gVSS。

2. Fe^{2+}浓度的影响

本批污泥试样H_2O_2投加量均为140 mg/gVSS,pH为初始值(即6.94)。由图4-1(b)可以看出,CST削减率亦随Fe^{2+}投加量的增加而呈上升的趋势,最佳Fe^{2+}浓度为166 mg/gVSS,此时,CST削减率可达96.7%。

3. 初始pH的影响

基于(1—2)两批试验结果,H_2O_2和Fe^{2+}浓度分别选取为140 mg/g VSS和166 mg/g VSS,并用1 mol/L的H_2SO_4或NaOH将污泥试样初始pH分别调至2.0、3.0、4.0、5.0、6.0和7.0,以考察初始pH对污泥脱水效率的影响。图4-1(c)显示,CST削减率随初始pH的增加呈先增大后减小的趋势,当初始pH为4.0时,脱水效率最优,CST削减率达97.5%左右。

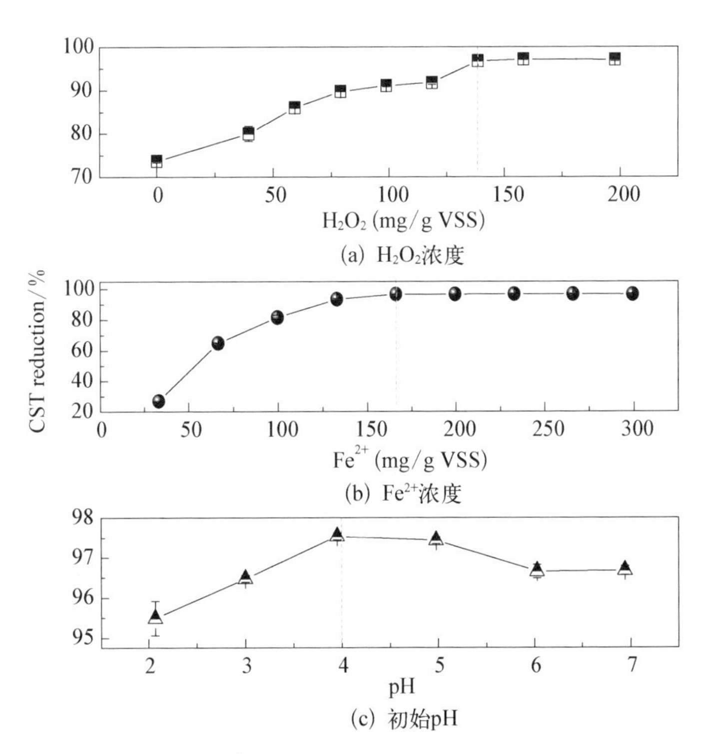

图4-1 H_2O_2浓度(a)、Fe^{2+}浓度(b)和初始pH(c)对剩余污泥脱水性能的影响

4.1.3 响应曲面优化试验

1. 因子水平选取与响应曲面试验设计

依据单因素试验分析结果，利用 Minitab 11.0 软件结合 CDD 法设计 3 因子 4 水平的响应曲面试验，H_2O_2浓度、Fe^{2+}浓度和初始 pH 等 3 因子水平选取如表 4-2 所示，试验设计及污泥脱水效率试验结果如表 4-3 所示。

表 4-2　RSM 试验因子水平表

自变量	符号		水平				
	真实值	编码值	−1.682 (−α)	−1	0	1	1.682 (+α)
H_2O_2(mg/g VSS)	χ_1	X_1	72.72	100	140	180	207.28
Fe^{2+}(mg/g VSS)	χ_2	X_2	110.49	133	166	199	221.51
pH	χ_3	X_3	2.32	3	4	5	5.68

表 4-3　RSM 试验结果及拟合值

试验序号	编码值			真实值			响应值(E, %)	
	X_1	X_2	X_3	χ_1	χ_2	χ_3	试验值	预测值
1	−1	−1	−1	100	133	3	95.42	95.37
2	1	−1	−1	180	133	3	96.65	96.47
3	−1	1	−1	100	199	3	96.98	96.68
4	1	1	−1	180	199	3	97.29	97.49
5	−1	−1	1	100	133	5	95.60	95.36
6	1	−1	1	180	133	5	96.13	96.38
7	−1	1	1	100	199	5	96.46	96.59
8	1	1	1	180	199	5	97.32	97.31
9	−1.682	0	0	72.72	166	4	95.56	95.80
10	1.682	0	0	207.28	166	4	97.51	97.33
11	0	−1.682	0	140	110.49	4	96.13	96.35
12	0	1.682	0	140	221.51	4	97.54	97.53
13	0	0	−1.682	140	166	2.32	96.51	96.68
14	0	0	1.682	140	166	5.68	96.31	96.25

续　表

试验序号	编码值			真实值			响应值 (E, %)	
	X_1	X_2	X_3	χ_1	χ_2	χ_3	试验值	预测值
15	0	0	0	140	166	4	97.08	96.76
16	0	0	0	140	166	4	97.17	97.09
17	0	0	0	140	166	4	97.29	97.09
18	0	0	0	140	166	4	96.92	97.09
19	0	0	0	140	166	4	97.30	97.09
20	0	0	0	140	166	4	97.14	97.09

2. 模型构建及其显著性检验

采用 Minitab 11.0 软件对响应值(表 4－3)进行二阶响应面回归拟合(RSREG),构建 CST 削减率(E,%)与规范变量之间的函数关系式,回归模型方程如下:

$$E\,(\%) = 79.8287 + 0.055\chi_1 + 0.0813\chi_2 + 2.2775\chi_3 - 0.0001\chi_1^2 - 0.0002\chi_2^2 - 0.2683\chi_3^2 - 0.0001\chi_1\chi_2 - 0.0005\chi_1\chi_3 - 0.0006\chi_2\chi_3 \tag{4-3}$$

通过对回归模型进行方差分析(ANOVA),验证回归模型及各回归方程参数的显著性,结果如表 4－4 和表 4－5 所示。由表 4－4 中 F 检验可知,F－value＝12.59、$p<0.0001$ 表明回归模型极显著;失拟项用于描述所用模型与试验拟合的差异程度,本研究的失拟项 F－value＝5.60、$p\approx 0.05$,表明该模型失拟度不显著,残差均由随机误差引起;可决系数 $R^2=0.9189$,说明响应值(CST 削减率)的变化有 91.89%来源于所选变量,仅有 8.11%的响应值总变异不能由该模型解释,因此,该模型的拟合性较好;此外,调整的可决系数 R^2_{adj} 亦达 0.8459,进一步表明,所构建回归模型与实验值拟合度良好。上述分析揭示,回归模型式(4－3)拟合程度良好,预测值和试验值之间具有高度的相关性(图 4－2),因此,可用于描述和解释 Fenton 氧化在污泥调理预处理过程中的强化脱水行为与作用机制。

回归方程参数及其显著性的 t 检验结果如表 4－5 所示,回归参数的 t－value 越大,p 越小,则该参数影响越显著[197]。χ_1、χ_2、χ_3、χ_1^2 和 χ_3^2 对应的回归参数的 p 分别为 0.017、0.028、0.035、0.023 和 0.013,均小于 0.05,表明 H_2O_2

浓度(χ_1)、Fe^{2+}浓度(χ_2)、初始 pH(χ_3)以及 H_2O_2浓度(χ_1)和初始 pH(χ_3)的二次项均对 Fenton 氧化强化脱水效率具有显著影响;其中,H_2O_2浓度的影响最为显著(t - value=2.854,p=0.017),其次为 Fe^{2+}浓度和初始 pH。此外,3 因子的交互项($\chi_1\chi_2$、$\chi_1\chi_3$和 $\chi_2\chi_3$)对脱水效率无显著影响(p>0.05)。

表 4-4 回归模型方差分析

项 目	自由度/DF	平方和/SS	均方/MS	F - value	P - value
总模型	9	7.836 95	0.870 77	12.59	<0.000 1
线性项	3	6.234 55	0.370 41	5.36	0.019
二次项	3	1.551 09	0.517 03	7.48	0.007
交互项	3	0.051 31	0.017 10	0.25	0.861
残差	10	0.691 66	0.069 17		
失拟	5	0.586 82	0.117 36	5.60	0.041
净误差	5	0.104 85	0.020 97		
总离差	19	8.528 61			
R^2		0.918 9			
R^2_{adj}		0.855 9			

表 4-5 回归方程参数显著性检验

参数项	回归参数	标准残差	T - value	P - value
常数项	79.828 7	3.902 13	20.458	0.000
χ_1	0.055 0	0.019 26	2.854	0.017
χ_2	0.081 3	0.031 57	2.574	0.028
χ_3	2.277 5	0.931 31	2.445	0.035
χ_1^2	−0.000 1	0.000 04	−2.679	0.023
χ_2^2	−0.000 2	0.000 08	−1.999	0.074
χ_3^2	−0.268 3	0.088 40	−3.035	0.013
$\chi_1\chi_2$	−0.000 1	0.000 07	−0.802	0.441
$\chi_1\chi_3$	−0.000 5	0.002 32	−0.213	0.835
$\chi_2\chi_3$	−0.000 6	0.002 82	−0.230	0.823

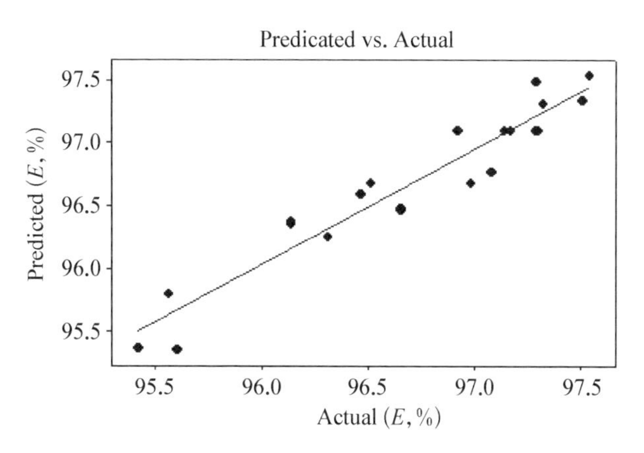

图 4-2 回归模型预测值与试验值

残差分析结果亦显示，回归模型标准化残差近似符合正态分布(图 4-3(a))，残差点完全随机地分布在带状区域内(图 4-3(b))，且无异常点出现(标准化残差均分布在±3.0 范围内[193])(图 4-3(c))，这进一步验证了该回归模型具有较高的精确度和可信度。

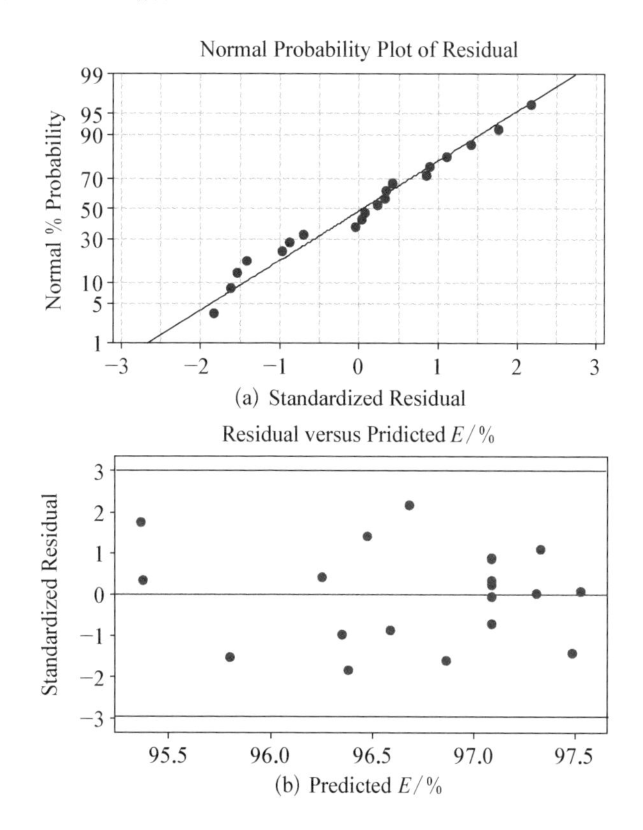

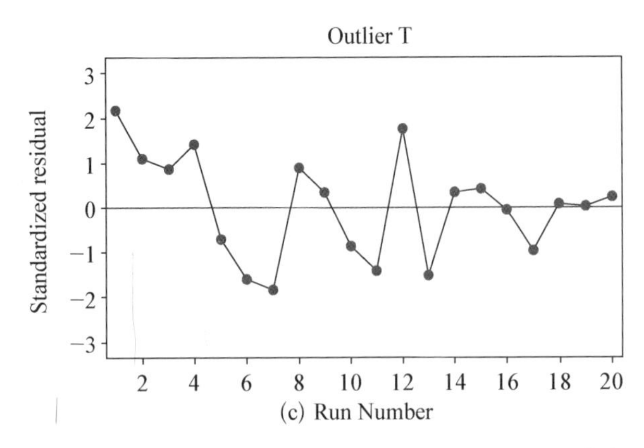

图 4-3　标准化残差正态概率图(a) 残差散点图(b) 异常点(c)

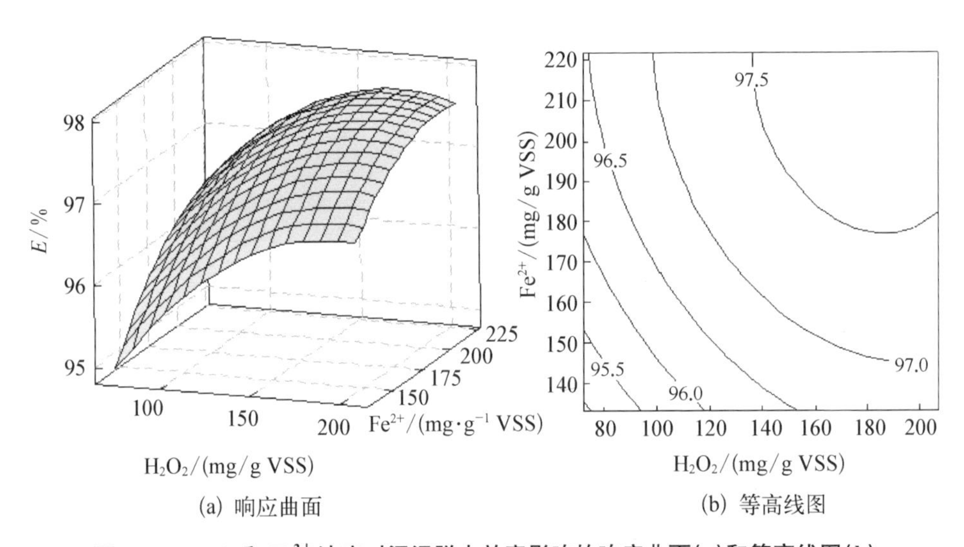

图 4-4　H_2O_2 和 Fe^{2+} 浓度对污泥脱水效率影响的响应曲面(a)和等高线图(b)

3. Fenton 氧化强化脱水的响应曲面分析

利用 Minitab 11.0 软件绘制在 1 因素固定(中心点)时，Fenton 氧化预处理的其他两个因素及其交互作用对污泥脱水效率影响的响应曲面和等高线图，以综合反映各变量与响应值之间以及变量与变量之间的相互关系。图 4-4 显示了初始 pH=4.0 时 H_2O_2 和 Fe^{2+} 浓度对污泥脱水效率的影响。CST 削减率总体随 H_2O_2 和 Fe^{2+} 投加量增加而增大，但并非调理剂投加量越高脱水效率越好，投加过量不仅对脱水效率提高甚小，还易造成调理剂的过度浪费。Tony 等[15]

的研究也相似发现，当 H_2O_2 和 Fe^{2+} 投加量高于最佳剂量时，CST 削减率基本不变，甚至有所减小。这可能是因为 H_2O_2 和 Fe^{2+} 对 OH・自由基的清除效应(scavenging effect)式(4－4)至式(4－5))[14]，降低液相 OH・浓度，因而削弱了 Fenton 氧化的强化效率。

$$H_2O_2 + OH \cdot \rightarrow HO_2 \cdot + H_2O \tag{4-4}$$

$$Fe^{2+} + OH \cdot \rightarrow OH^- + Fe^{3+} \tag{4-5}$$

Fe^{2+} 浓度为 166 mg/g VSS 时，H_2O_2 浓度和初始 pH 对污泥脱水效率的影响见图 4－5。CST 削减率随 H_2O_2 投加量增加、初始 pH 减小而增大。初始 pH 控制着 OH・自由基的产生与 Fe^{2+} 的稳定性，决定了 Fenton 氧化的强化脱水效率[194]。初始 pH 过高或过低均不利于污泥脱水，过高会导致 Fe(II) 和 Fe(III) 的沉淀[200]，过低则会抑制 Fe(III) 与 H_2O_2 之间的络合[201]，影响 OH・的形成，进而削弱 Fenton 氧化的脱水效率。本研究获得的最优初始 pH 为 3.5～4.0，此时，CST 削减率达 98%，与 Badawy 和 Ali[201] 的研究结论相符。

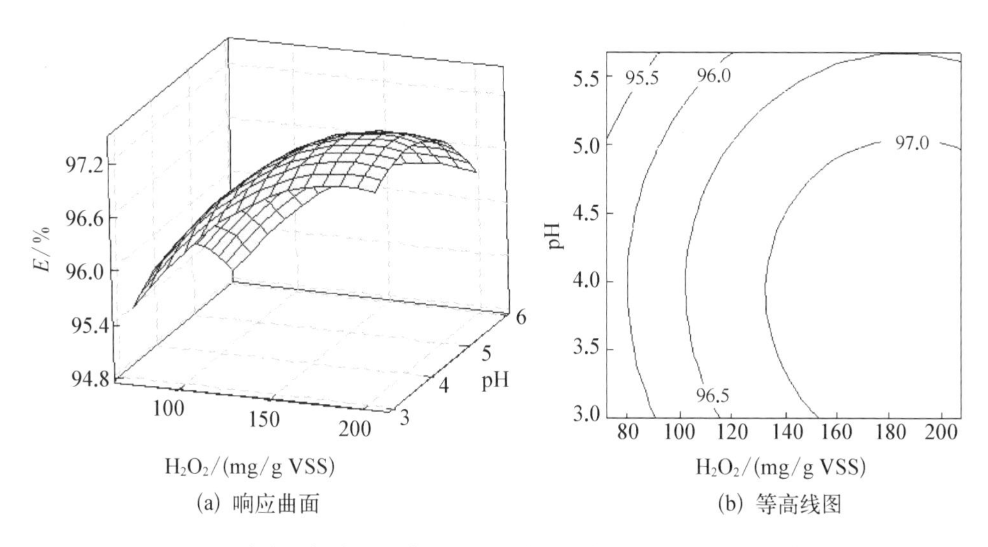

图 4－5　H_2O_2 浓度和初始 pH 对污泥脱水效率影响的响应曲面(a)和等高线图(b)

Fe^{2+} 浓度和初始 pH 的影响研究(H_2O_2 浓度为 140 mg/g VSS)也相似揭示(图 4－6)，酸性 pH 环境在强化污泥脱水中发挥了重要角色。

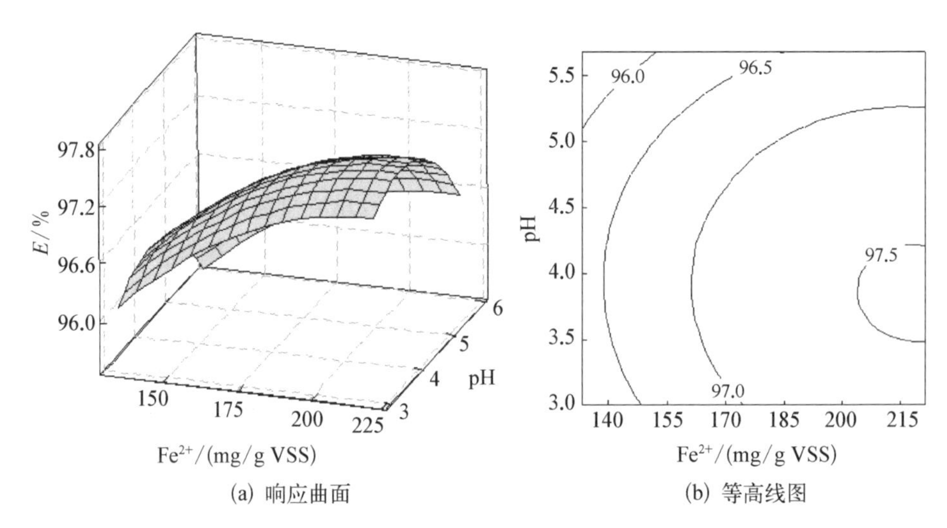

图 4-6 Fe^{2+} 浓度和初始 pH 对污泥脱水效率影响的响应曲面(a)和等高线图(b)

4. Fenton 氧化强化脱水最佳条件的确定与模型验证

运用 Minitab 11.0 软件的响应优化器(response optimizer)对试验结果进行复合优化,以确定 Fenton 氧化强化污泥脱水的最佳工艺条件,y 代表优化得到的实际函数值,曲线对应的各试验条件数值为优化结果。响应优化图谱(图4-7)显示,

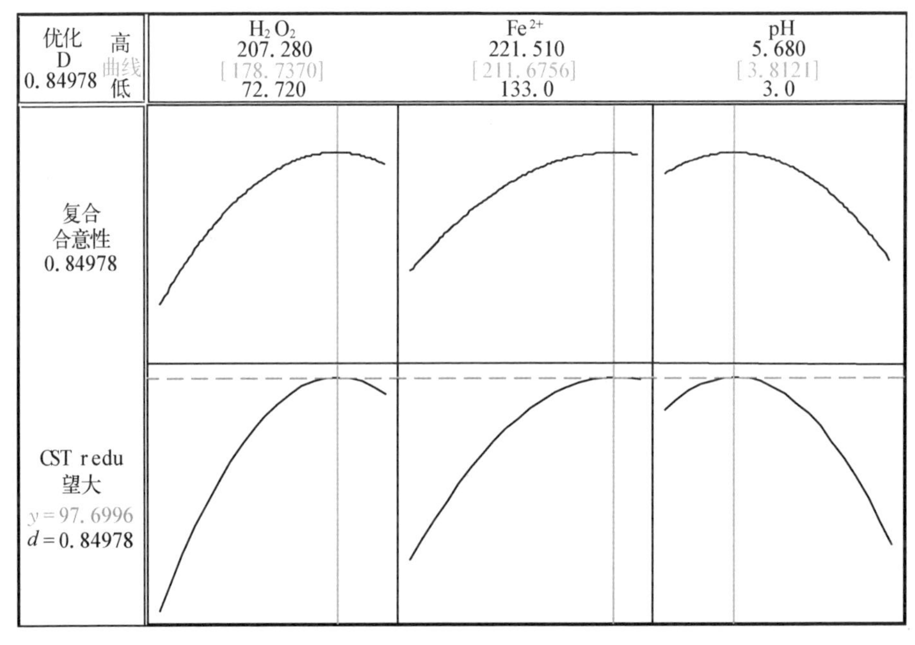

图 4-7 响应优化器寻找最优污泥脱水条件

当 H_2O_2浓度为 178 mg/g VSS、Fe^{2+}浓度为 211 mg/g VSS、初始 pH 为 3.8 时，CST 削减率均处于最高值状态，即 CST 削减率最高，约为 97.7%，复合合意度亦高达 0.849 78。为验证模型方程的精确性和优化条件的可靠性，根据上述优化结果进行了 3 次重复强化脱水验证试验。试验结果表明，在最佳条件下的实测 CST 削减率为 98.25%，与理论预测值基本吻合，证实了该模型的准确性和可靠性。由上述研究可以看出，RSM 法是一种优化污泥脱水工艺参数的有力工具，可为 Fenton 氧化强化脱水最佳工艺的确定及其强化脱水规律与机制的解析提供重要信息。

5. Fenton 氧化强化脱水的机理剖析

为深入剖析污泥强化脱水机制，对 Fenton 氧化调理预处理前后污泥液相中溶解性胞外聚合物(S-EPS)的分子量分布(molecular weight distribution)进行了凝胶过滤色谱(LC-10ADVP, Shimadzu, Japan)分析。该凝胶过滤色谱仪配备有示差检测器 RID-10A(Shimadzu, Japan)和 $G4000PW_{XL}$ TSK 凝胶分离色谱柱(TOSOH Co., Japan)，柱温 40℃，流动相为超纯水(Milli-Q)，流量 0.3～0.6 mL/min，分析结果如图 4-8 所示。调理前后溶解性 EPS 的分子量分布差异显著，预处理前，EPS 分子量主要集中在 0.16～0.63 kDa，而 Fenton 氧化预处理后，分子量在 0.16～0.63 kDa 的有机物含量大幅减少，而分子量为 16～100 kDa 的有机物明显增加。这可能归因于高活性 OH· 对污泥网状结构的攻

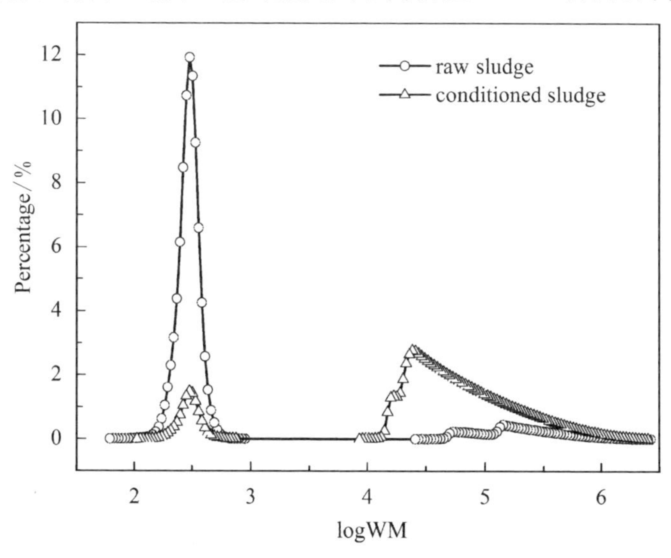

图 4-8　Fenton 氧化调理前后污泥液相溶解性胞外聚合物(EPS)的分子量分布(标准样品：Polyethylene glycol (MW at 1 169, 771, 128, 12, 4, 0.62 and 0.194 kDa)

击和破坏效应,胶体颗粒的破解导致大量胞内高分子有机物的溶出与释放,因而污泥液相高分子有机物含量显著升高。

污泥胶体是一种由水分、无机物、有机物、微生物细胞和 EPS 等组成的多相复杂介质。其中,EPS 是污泥颗粒的重要组成部分,是维持胶体结构稳定[48]、增强污泥持水性、促进微生物细胞在颗粒表面黏附[9,202-203]的重要贡献者。显微镜检测显示(图 4-9(a)),原生污泥结构紧密,EPS 荚膜外沿由污泥表面向液相延伸。EPS 生物高聚物(bioplolymers),如 PN、PS 和 HS 等含量过高会增强污泥胶体空间结构稳定性[59,204],提高污泥持水能力,降低污泥脱水性能。然而,EPS 极易被氧化剂溶解和破坏,由图 4-9(b)可以看出,Fenton 氧化预处理后,EPS 快速降解破坏,污泥颗粒破裂,微生物细胞裸露,胶体粒径变小,胶体颗粒均匀分散。这一现象暗示,Fenton 氧化能有效地降解包裹在污泥胶体外层的 EPS 生物高聚物(式(4-6)),削弱微生物细胞黏附力,促进污泥颗粒的整体失稳和破解。胶体颗粒的有效破解可以为结合水的析出与释放提供重要通道,确保强化脱水过程的顺利实施。此外,Fenton 氧化还可以进一步溶解裸露和被释放的微生物细胞,破坏细胞壁结构,析出和释放细胞结合水和胞内大分子生物高聚物,因而提高剩余污泥脱水性能。

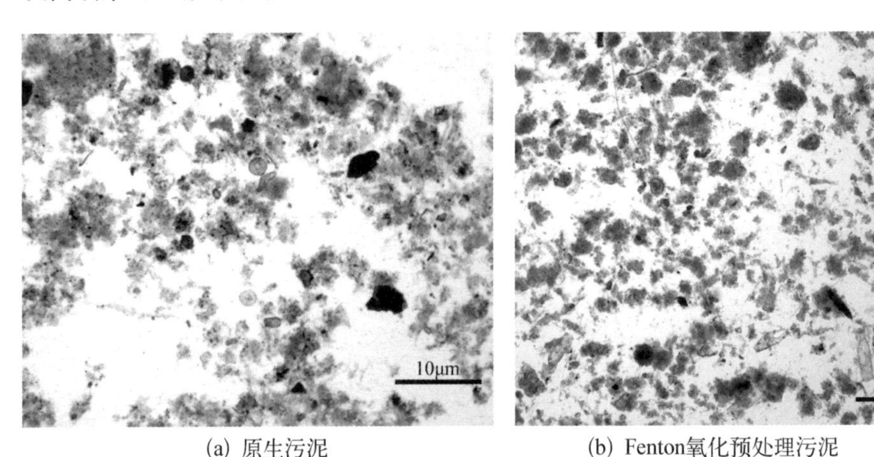

(a) 原生污泥　　(b) Fenton氧化预处理污泥

图 4-9　原生污泥(a)和 Fenton 氧化预处理污泥(b)的显微镜图

基于上述分析可知,Fenton 氧化强化污泥脱水的机制为:OH·自由基作用下污泥颗粒与细胞壁的破解和细胞结合水的释放。更加详细的 Fenton 氧化强化污泥脱水途径及机理见图 4-10。

$$RH + OH \cdot \rightarrow H_2O + R \cdot \tag{4-6}$$

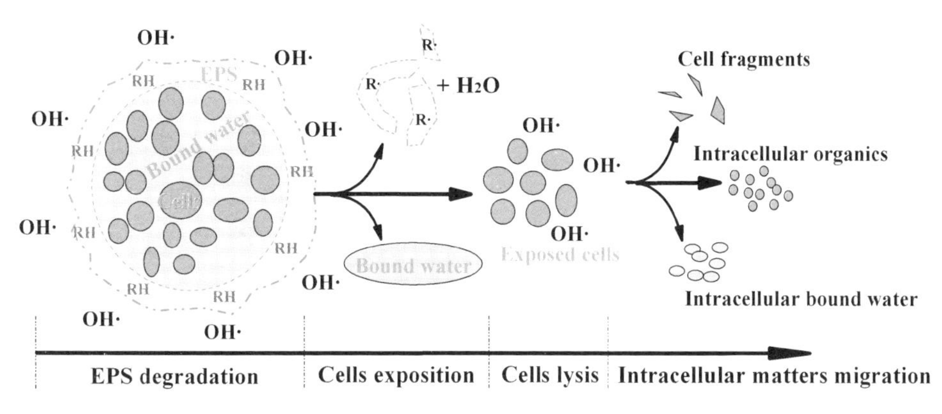

图 4-10　Fenton 氧化强化污泥脱水机制

6. 经济分析

综合各因子对污泥脱水效率的影响，得到最佳的污泥脱水条件为：H_2O_2 浓度 178 mg/g VSS、Fe^{2+} 浓度 211 mg/g VSS、初始 pH 3.8。与传统的污泥脱水预处理技术，如煅烧铝酸盐调理[205]、电解[62,197]等相比，Fenton 氧化脱水具有操作简单、投加量少、脱水效率高等特点，因而具有更高的可操作性和实际应用性。此外，Fenton 氧化调理可一次实现污泥快速脱水，无附加费用输入，经济与环境效益兼备。因此，可以预期 Fenton 氧化调理作为一种有效的污泥脱水预处理技术应用前景广阔。

4.2　十二烷基苯磺酸钠(SDBS)-氢氧化钠耦合调理强化污泥脱水

碱[206-207]和十二烷基苯磺酸钠(sodium dodecylbenzenesulphonate, SDBS)[208]是有效的细胞破碎和有机物溶出强化剂。4.2 节旨在系统探讨十二烷基苯磺酸钠(SDBS)和氢氧化钠(NaOH)耦合作用对污泥细胞破坏、有机物溶出以及污泥脱水性能改善的影响，为进一步寻找污泥高效脱水剂提供理论基础。

4.2.1　材料与试验设计

剩余污泥取自上海市某污水处理厂的二沉池(初始含水率约 81 wt.%)，经

4.0 mm 过筛剔除污泥中各类大型纤维杂质和大小碎石块等无机杂质后，通过添加实验室自来水，调节含水率约 95 wt.%，并在果汁搅拌机上高速打碎1 min，确保泥水的均质混合。

将调节好的污泥投加一定剂量的十二烷基苯磺酸钠(SDBS)和氢氧化钠(NaOH)进行预处理，SDBS 添加剂量均为 0.02 g/g DS[208]，NaOH 的投加量(以 NaOH/DS 质量比计，下同)分别为 0、0.10、0.25、0.75、1.00，其中，NaOH/DS 质量比为零的试样作为空白样。调节均质后放于 37℃的恒温箱，并于恒温预处理的第 1 h、5 h、8 h、18 h 及 55 h 取样检测。

4.2.2 结果与讨论

十二烷基苯磺酸钠(SDBS)-氢氧化钠(NaOH)耦合作用于污泥时，可以有效破坏污泥絮凝结构和微生物细胞结构，水解蛋白质及核酸，分解菌体中的糖类，使污泥微生物细胞中原来不溶性的有机物从胞内释放出来，成为溶解性物质，从而提高污泥液相中的溶解性有机物含量[208]，改善污泥脱水性能。

1. SCOD 的变化规律

污泥溶解性 COD(SCOD)溶出量的高低可以用来表征热碱水解效果的优劣[207,209]。由图 4-11 可知，SDBS-NaOH 耦合作用时，在相同 SDBS 剂量下，SCOD 溶出率随 NaOH 剂量的增加而增加，且在 NaOH/DS 为 0.25 时，溶出效率达到最大，NaOH 的碱融效应导致污泥微生物的胞内有机物大量释放[209-210]。而不同预处理条件下的 SCOD 溶出率整体随时间变化并不明显，空白样和 0.02SDBS+0.25NaOH的预处理条件下，在起初的 10 h 内，SCOD 均呈先升高

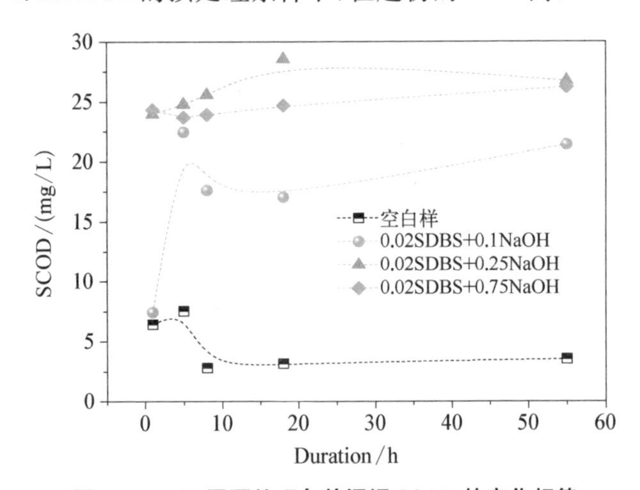

图 4-11 不同预处理条件污泥 SCOD 的变化规律

后降低的趋势，但此后随预处理时间的增加基本保持不变，液相 SCOD 的轻微下降可能与少数存活微生物细胞的代谢活动有关。此外，在高 NaOH/DS 投加比下，SCOD 溶出率可在 20 h 内达到最大，且较空白样高出 11 倍。可以看出，SDBS－NaOH 耦合预处理可在短时间内实现污泥三维絮体结构和微生物细胞的高度破坏。

2. VSS 的溶解规律

VSS 主要由细菌、真菌、原生及后生动物组成，还包括部分颗粒状蛋白质、粗纤维等，一般占污泥有机物的 95 wt. %以上[211]。因此，在 SDBS－NaOH 耦合作用下，VSS 的有机成分会发生不同程度的水解，从而改变污泥量及其结构性质。

从图 4－12 可知，不同预处理条件下，VSS 溶解效率差异较大。空白样的 VSS 虽整体呈下降趋势，但在不同检测期均较其他试样明显偏高。此外，VSS 的溶解效率亦非随 NaOH 添加量的增加而增大，最佳的预处理条件为：0. 02SDBS＋0. 1NaOH，此时，VSS 溶解率可在第 10 h 增至最大，达 64. 0%。这一现象表明，VSS 需要在合适的碱性条件下才会有较高的溶解效率，pH 过高或过低都会对其溶解产生不利的影响。

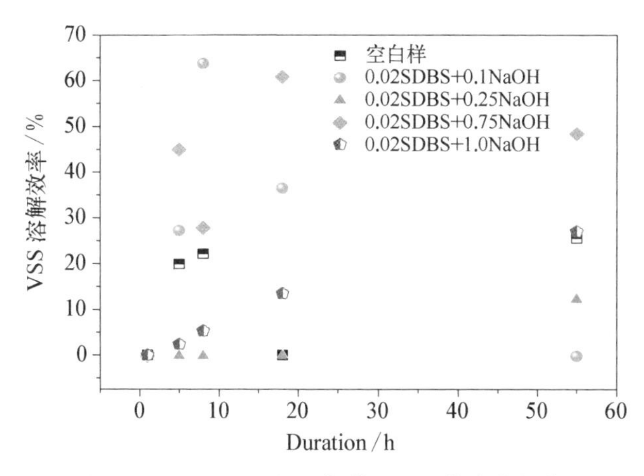

图 4－12　不同预处理条件下 VSS 的变化规律

3. TSS 的溶解规律

由图 4－13 可以看出，TSS 的溶出规律与 VSS 极为相似，在起初的 10 h 内，TSS 含量较快下降，随后又一定幅度的回升。其中以 0. 02SDBS＋0. 1NaOH 时的溶解效率最佳，在第 10 h 时，TSS 含量降至最低，仅为 23. 2 mg/L。

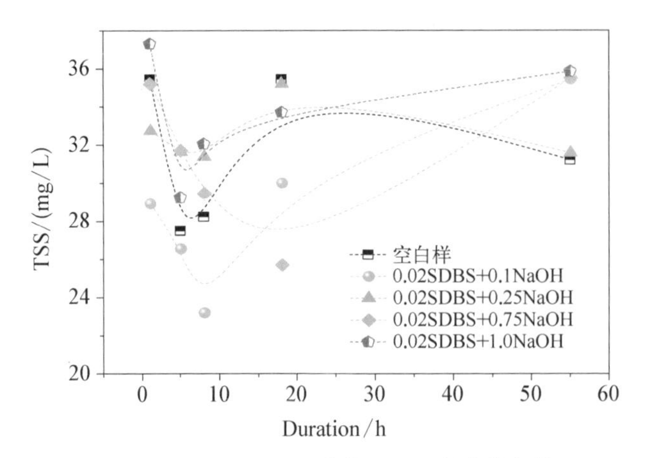

图 4-13　不同预处理条件下 TSS 的变化规律

4. VFA 的溶出规律

在 SDBS-NaOH 耦合作用下，污泥固相有机物不断溶解，这一过程也常伴随着大量乙酸、丙酸、异丁酸等挥发性脂肪酸(VFAs)的游离与释放。

表 4-6 列出了不同预处理条件下水解液中 VFAs 的变化趋势，VFAs 浓度的高低反映了有机物的水解程度[207,211]。由表 4-6 可知，在不同的预处理条件下，VFAs 的浓度随时间均有所增加，但趋势并不明显，这暗示预处理时间的延长并不能有效促进 VFAs 的释放。随着 SDBS 和 NaOH 剂量的增加，VFAs 浓度大幅提升，空白样内只检出少量的乙酸和异丁酸，而在 SDBS-NaOH 耦合作用下，水解液中 VFAs 种类和浓度均出现大幅度增加。当 NaOH/DS 增至 1.0 h，VFAs 浓度有所下降，可能是由于高碱剂量的使用导致体系出现极端碱性环境，因而抑制了 VFAs 的生成[207]。此外，在所有预处理条件下，乙酸均为主要 VFAs 组分，原因在于污泥有机质的主要组分为 PN[207]。上述分析显示，合适剂量的 SDBS 与 NaOH 对污泥 VFAs 的溶出和积累具有较佳的正向效应，但过长的预处理时间对 VFAs 的溶出影响不大。

表 4-6　不同预处理条件下水解液中 VFAs 的分布　　单位：mg/L

预处理条件	时间/h	乙酸	丙酸	异丁酸	正丁酸	异戊酸	正戊酸
空白样(0.02SDBS)	1						
	5	26.21	—	14.24	—	—	—
	8	31.21	—	16.37	—	—	—

续　表

预处理条件	时间/h	乙酸	丙酸	异丁酸	正丁酸	异戊酸	正戊酸
空白样(0.02SDBS)	18	6.97	—	18.97	—	—	—
	55	9.38	—	23.41	—	—	—
0.02SDBS+0.25NaOH	1	321.23	156.81	93.75	166.49	142.29	74.35
	5	342.15	160.82	94.36	170.33	144.81	77.06
	8	338.15	157.15	94.01	168.42	143.90	76.06
	18	349.40	157.90	93.40	167.72	142.24	74.84
	55	371.01	161.49	95.95	171.25	145.55	77.30
0.02SDBS+0.75NaOH	1	388.04	180.85	111.35	190.76	163.82	93.92
	5	396.72	170.30	105.70	180.29	155.25	89.45
	8	393.08	170.02	104.30	180.31	153.90	87.80
	18	388.38	164.76	102.72	172.68	147.24	84.25
	55	436.72	170.74	105.32	179.00	154.29	88.00
0.02SDBS+1.0NaOH	1	297.886	366.38	804.54	136.28	114.91	68.19
	5	387.08	157.69	136.77	171.95	147.53	86.61
	8	358.62	160.54	105.49	166.59	148.87	76.55
	18	378.85	161.64	101.35	170.35	147.72	84.23
	55	425.25	160.57	99.78	168.27	144.82	82.24

5. 脱水污泥含水率的变化规律

污泥含水率与预处理条件密切相关。由图 4-14 可知，原生污泥的脱水性能极差，脱水滤饼的含水率高达 84 wt.%；而经 SDBS-NaOH 耦合预处理后，污泥脱水性能显著提高，当 SDBS 和 NaOH 添加量分别为 0.01 g/g 和 0.25 g/g DS 时，经过 55 h 的调理预处理后，脱水污泥的含水可降至 72 wt.%。这说明 SDBS-NaOH 耦合预处理能改变污泥胶体特性，破坏微生物细胞，加速细内有机物和部分结合水析出与释放，从而大幅改善污泥的脱水性能。

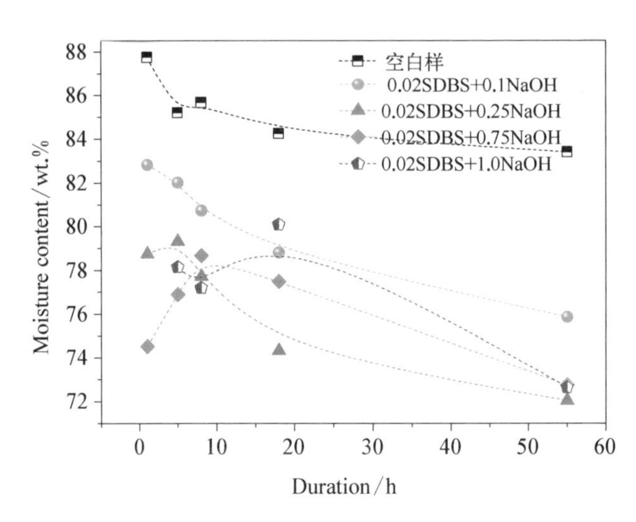

图 4-14　不同预处理条件对脱水泥饼含水率的影响

6. 经济分析

污泥处理费用与脱水剂价格及投加量密切相关，将 SDBS-NaOH 耦合脱水剂与传统高分子絮凝剂进行经济比较（以污泥含水率 95 wt.%为例），分析结果如表 4-7 所示。尽管 SDBS-NaOH 投加量较传统工艺有所增加，导致强碱性废水和碱性污泥的产生，为后续处理带来些许不便，但该工艺的处理费用仅为 36.6 元/t 干污泥，而其他传统处理方法均在 70 元/t 干污泥以上。而且，SDBS 的直链结构易于生物降解，对环境危害极小，因此，SDBS-NaOH 耦合作为污泥脱水剂具有较高的经济可行性和实用性。

表 4-7　经济分析

脱水剂	单价/(元/t)	最佳投加量/(kg/t)	1 t 干污泥
SDBS-NaOH	2 250(NaOH) 17 000(SDBS)	12.5(NaOH) 0.5(SDBS)	36.6 元
PFS[5]	1 800	40.8	74.3 元
PAM[5]	40 000	2.45	98 元
丙烯酸钠-丙烯酸酰胺共聚物[5]	60 000	2.04	122.4 元

4.3 小　结

(1) 采用 RSM 法和 CDD 试验设计对 Fenton 氧化强化脱水条件进行优化，并对脱水机理进行深入剖析。ANOVA 分析揭示了脱水效率影响最为显著的为 H_2O_2(t - value=2.854，p=0.017)，其次为 Fe^{2+} 和初始 pH，交互项($\chi_1\chi_2$、$\chi_1\chi_3$ 和 $\chi_2\chi_3$)的影响最小($p>0.05$)。

(2) Fenton 氧化最佳脱水条件为：H_2O_2 178 mg/gVSS、Fe^{2+} 211 mg/g VSS、初始 pH 3.8，此时，剩余污泥 CST 削减率可达 98.25%；Fenton 氧化能快速降解包裹在污泥胶体外层的 EPS 生物高聚物，削弱微生物细胞黏附力，促进污泥颗粒的整体失稳和破解。此外，Fenton 氧化对裸露和游离细胞的进一步溶解，也加速了细胞壁的破坏和胞内结合水与大分子有机物的析出，最终脱水性能获得改善。

(3) SDBS - NaOH 耦合预处理可有效加速污泥 VSS 和 TSS 溶解，提高液相 SCOD 和 VFAs 浓度；当 SDBS 和 NaOH 投加量分别为 0.02 g/g 和0.25 g/g DS 时，脱水性能最好，污泥滤饼含水率可降至 72 wt. %，减量化率达 42.9%。

第5章

铁-硫($Fe(II)/S_2O_8^{2-}$)氧化调理强化污泥脱水

高级氧化(AOPs)作为一种快速、高效的污泥脱水预处理技术备受研究人员青睐。Fenton($H_2O_2/Fe(II)$)和类 Fenton 氧化作为最常用的 AOPs 技术已被广泛应用于不同种类剩余污泥的深度脱水[13-15,160]。但 Fenton 氧化自身也存在特定缺陷,特别是受 pH 值影响较大,如为避免 Fe(III)的水解和沉淀,获得最佳的脱水效率,污泥初始 pH 必须调至<4.0[201],这亦被本书的前期研究所证实(第 4 章)。然而,pH 的调节不仅会导致脱水工艺更加繁琐,同时也会增加成本投入,削弱其脱水优越性。因此,为探寻合理高效的 Fenton 氧化调理替代技术,环保工作者已致力于新型氧化调理预处理技术的研究与探索工作[212]。激活过硫酸盐(persulfate, $S_2O_8^{2-}$)氧化技术是一种基于硫酸根自由基($SO_4^-\cdot$)的新型高级氧化技术。过硫酸盐在常温下比较稳定(redox potential, $E_0=2.01$ V),但可在诱发剂,如热(heat)、紫外光(UV)、过渡态金属离子(Me^{n+})等激发作用下,生成具有强氧化性的水溶性自由基 $SO_4^-\cdot$,$SO_4^-\cdot$ 氧化还原电位(E_0)较高,约为 2.60 V[213-214],与 OH · 相似(2.70 V),因此,强化污泥脱水的潜力巨大。$SO_4^-\cdot$ 的主要激发与形成途径如式(5-1)至式(5-4)所示[215-217]。

$$S_2O_8^{2-}+2e^-\rightarrow 2SO_4^{2-}\quad E_o=2.01\ \text{V} \tag{5-1}$$

$$S_2O_8^{2-}+\text{heat/UV}\rightarrow 2SO_4^-\cdot \tag{5-2}$$

$$S_2O_8^{2-}+Me^{n+}\rightarrow Me^{(n+1)+}+SO_4^-\cdot+SO_4^{2-} \tag{5-3}$$

$$SO_4^-\cdot+e^-\rightarrow SO_4^{2-}\quad E_o=2.60\ \text{V} \tag{5-4}$$

与 Fenton 氧化相比,激活过硫酸盐氧化具有氧化性强、反应条件温和、受 pH 影响小等优点[215,218],可实现难降解有机物(recalcitrant organic compounds)的高效矿化与快速降解[219],已经被广泛地用于水体和河底沉积物等中各类有机污染物的原位化学修复(in situ chemical oxidation, ISCO)[219-222]。目前,有关激活过硫酸盐氧化技术应用于剩余污泥强化脱水的研究仍未见报道,因此,系统评价激活过硫酸盐氧化技术的强化污泥脱水可行性,对探索与研发新型污泥脱水技术,设计和构建污泥安全生态管理新方案具有重要指导意义。

本章探索了铁-硫($Fe(II)/S_2O_8^{2-}$)氧化强化污泥脱水的可行性,以CST削减率(%)为脱水性能评价指标,系统考察了Fe(II)和$S_2O_8^{2-}$添加量、Fe(II)投加方式、初始pH等因素对污泥脱水性能、EPS组成和污泥黏度等指标的影响,确定最优化$Fe(II)/S_2O_8^{2-}$氧化工艺参数;同时,以乙醇(EtOH)和叔丁醇(TBA)为自由基猝灭剂,通过自由基猝灭试验(radicals quenching study)确定体系中起主导作用的自由基种类,以期为全面解析$Fe(II)/S_2O_8^{2-}$氧化的强化污泥脱水机理提供理论支撑。

5.1 材料与方法

5.1.1 剩余污泥

剩余污泥取自上海市某污水处理厂的二沉池,该污泥的基本物理化学性质见表5-1。

表5-1 剩余污泥的物理化学性质

含水率/wt.%	pH	黏度/mPa·s	CST/s	TSS/(g/L)	VSS/(g/L)
98.24±0.19	6.95±0.15	268.40±2.42	210.00±14.07	16.14±0.07	9.57±0.06

5.1.2 铁-硫($Fe(II)/S_2O_8^{2-}$)氧化调理预处理

取300 mL污泥试样于500 mL的玻璃烧杯中,在300 r/min恒温磁力搅拌器匀速搅拌状态下,将定量新鲜配制的0.5 mol/L Fe(II)溶液($FeSO_4\cdot 7H_2O$, >99.0%)和$S_2O_8^{2-}$($K_2S_2O_8$, >99.5%)投加至玻璃烧杯中,并在室温(25℃)条件下,持续调理45 min,除特别标注外,预处理污泥的pH均为原始值,即6.95。并在特定时间间隔取5.0 mL污泥试样,以CST削减率(%)(计算方法同第4章)为指标评价$Fe(II)/S_2O_8^{2-}$氧化的脱水效率。

在考察初始pH对脱水效率的影响时,pH用1 mol/L的H_2SO_4或NaOH

调节为 1.5、3.0、5.5、7.0、8.5 和 10.0，其余调理过程与上述相同。

在自由基猝灭试验中，$S_2O_8^{2-}$ 浓度为 2.4 mmol/g VSS，Fe(II)浓度为 3.0 mmol/g VSS，pH 为 6.95，先投加定量的乙醇(ethanol，EtOH，>99.7%)和叔丁醇(tert-butyl alcohol，TBA，>98.0%)到反应体系中，再加入 Fe(II)/$S_2O_8^{2-}$ 氧化剂持续调理 45 min，并在特定时间间隔取样分析。

5.1.3 EPS 提取与分析

EPS 采用甲醛- NaOH 法提取[181]，具体步骤见第 3 章的试验方法。

采用 Luminescence spectrometry F - 4500 FL 荧光分光光度计(spectrofluorimeter，Hitachi，Japan)对 EPS 进行三维荧光光谱分析。荧光分光光度计以氙弧灯为激发光源，激发波长(Ex)范围从 250～400 nm，发射波长(Em)范围从 300～550 nm，扫描间隔为 5 nm，激发和发射单色仪的狭缝宽度为 10 nm，扫描速度为 1 200 nm/min。利用 Mili - Q 超纯水的三维荧光光谱校正拉曼散射和消除背景干扰。

5.2 铁-硫(Fe(II)/$S_2O_8^{2-}$)氧化脱水技术新体系的构建

5.2.1 Fe(II)/$S_2O_8^{2-}$ 氧化脱水预处理参数优化

1. Fe(II)/$S_2O_8^{2-}$ 浓度的影响

Fe(II)/$S_2O_8^{2-}$ 浓度是影响污泥脱水效率的重要因素，故在室温(25℃)、pH＝6.95 的条件下，考察了 $S_2O_8^{2-}$ (0.1～1.5 mmol/g VSS)和 Fe(II)浓度(0.3～1.8 mmol/g VSS)对污泥脱水效率的影响。由图 5 - 1 可知，污泥脱水效率可在预处理 1 min 后达到最大，因此，本项目采用预处理 1 min 后的 CST 削减率作为脱水性能优劣的评价指标，以确定最佳的 Fe(II)/$S_2O_8^{2-}$ 投加量，结果如图 5 - 1 所示。

由图 5 - 1(a)的可知，在 Fe(II)浓度设定为 1.5 mmol/g VSS 的条件下，当 $S_2O_8^{2-}$ 浓度从 0.1 mmol/g VSS 增加至 0.3 mmol/g VSS 和 1.2 mmol/g VSS 时，CST 削减率可在1 min 内由 58.7%升高至 61.8%，然后持续攀升至 88.8%，污泥脱水性能明显改善。此后，CST 削减率受 $S_2O_8^{2-}$ 浓度影响甚小，脱水效率并未因 $S_2O_8^{2-}$ 浓度的持续增加(1.2～1.5 mmol/g VSS)而有所改善。在活化剂

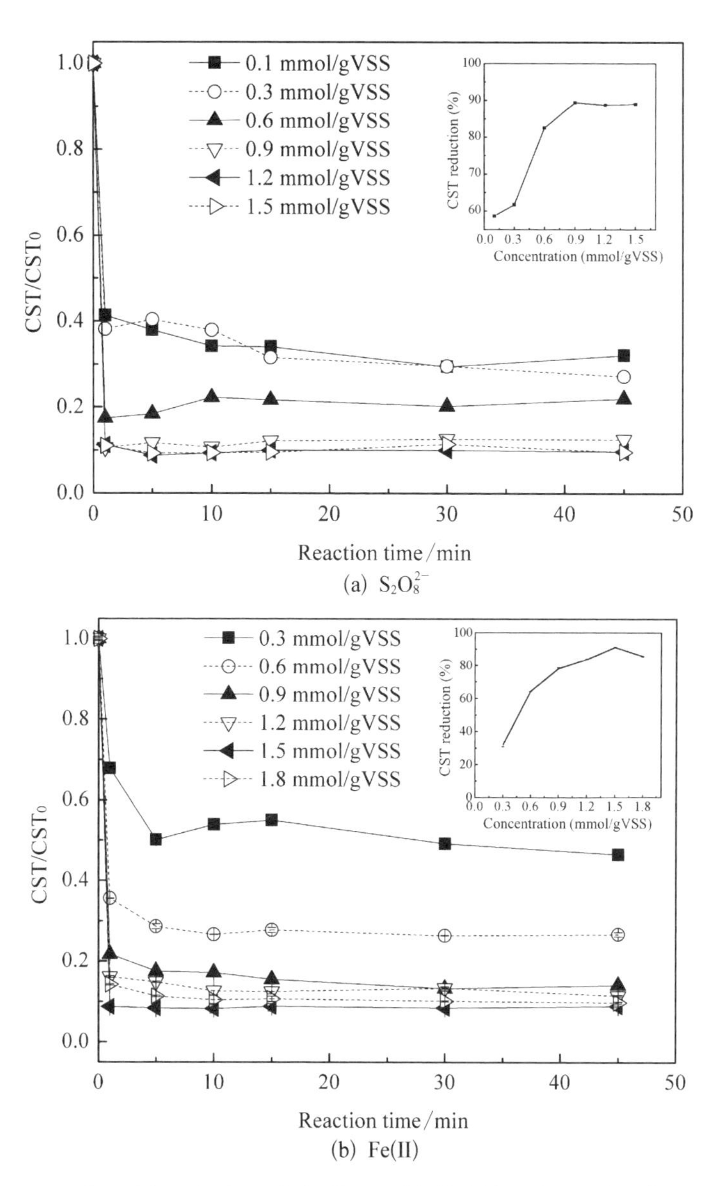

(a) $S_2O_8^{2-}$

(b) Fe(II)

图 5-1　$S_2O_8^{2-}$(a)和 Fe(II)(b)浓度对污泥脱水效率的影响(pH 未调节,即 6.95)

Fe(II)投加量固定的条件下,初始 $S_2O_8^{2-}$ 浓度越高,激发产生的 SO_4^- · 自由基就越多,故而对污泥脱水亦越有利。然而,$S_2O_8^{2-}$ 自身特性较为稳定,对污泥脱水的贡献十分有效,当 $S_2O_8^{2-}$ 浓度增至一定水平后,便会因 Fe(II)不足而无法持续激发 SO_4^- · 的形成,因此,当 $S_2O_8^{2-}$ 浓度大于 1.2 mmol/g VSS 时,CST 削减率基本维持不变。

Fe(II)作为 $S_2O_8^{2-}$ 的活化剂，通过激发 $S_2O_8^{2-}$ 形成 $SO_4^-\cdot$ 自由基，以强化污泥脱水，就此理论而言，提高 Fe(II)投加量对改善污泥脱水效率是十分有利的。然而值得提及的是，如同 $S_2O_8^{2-}$ 浓度的影响，Fe(II)投加量亦存在最佳值，当 Fe(II)投加量由 0.3 mmol/g VSS 增加至 1.5 mmol/g VSS 时，污泥 CST 削减率快速增加并达到最大(即最佳 Fe(II)浓度为 1.5 mmol/g VSS)，此后 CST 削减率随 Fe(II)投加量的增加变化甚微，甚至有所降低(图 5-1(a))。这主要归因于在 $S_2O_8^{2-}$ 浓度固定的条件下，Fe(II)浓度的提高会激发更多 $SO_4^-\cdot$ 的生成，因而污泥脱水性能更加优越；然而，Fe(II)浓度过高时，过量的 Fe(II)则会通过式(5-5)的清除效应(scavenging effect)[216-217,219]消耗部分 $SO_4^-\cdot$ 自由基，降低其液相浓度，从而削弱 Fe(II)/$S_2O_8^{2-}$ 氧化的脱水效率。如 Chen 等[223]采用 Fe(II)/$S_2O_8^{2-}$ 氧化降解废水中甲基叔丁基醚(methyl tert-butyl ether, MTBE)时相似发现，当 Fe(II)/$S_2O_8^{2-}$ 摩尔比为 0.03：1～0.3：1 时，MTBE 降解率随 Fe(II)/$S_2O_8^{2-}$ 摩尔比增加而升高；当 Fe(II)投加过量，MTBE 降解率会因Fe(II)对 $SO_4^-\cdot$ 的消耗而下降。Liang 等[220]在三氯乙烯(trichloroethylene, TCE)的矿化试验中亦证实，当 Fe(II)/$S_2O_8^{2-}$ 摩尔比在 0.25：1～0.75：1 时，TCE 降解率与 Fe(II)/$S_2O_8^{2-}$ 摩尔比呈正相关；此后，TCE 降解效率未因 Fe(II)/$S_2O_8^{2-}$ 摩尔的进一步提高(>0.75：1)而有所促进。此外，Rastogi 等[200]在采用过氧化单硫酸盐(peroxymonosulfate, PMS)为氧化剂降解多氯联苯(polychlorinated biphenyls, PCBs)的试验中亦获得了相似的结论，他们给出的最佳 Fe(II)/PMS 摩尔比为 1：1，此时 PCBs 降解率达到最大，此后随 Fe(II)/PMS 摩尔比的增加基本维持不变。可以看出，优化和确定 Fe(II)、$S_2O_8^{2-}$ 浓度及摩尔比是实现 Fe(II)/$S_2O_8^{2-}$ 氧化脱水效率最大化的前提和核心。

$$Fe^{2+} + SO_4^-\cdot \rightarrow Fe^{3+} + SO_4^{2-} \quad k = 4.6 \times 10^9 \text{ mol/L/s} \qquad (5-5)$$

基于上述研究，以最小化 Fe(II)的 $SO_4^-\cdot$ 消耗效应为前提，脱水效率最大化为目标，本试验获得的最佳 Fe(II)、$S_2O_8^{2-}$ 预处理浓度为：1.5 mmol·Fe(II)/g VSS、1.2 mmol·$S_2O_8^{2-}$/g VSS，即 Fe(II)/$S_2O_8^{2-}$ 摩尔比为 1.25：1。

2. 活化剂 Fe(II)投加方式的影响

为全面解析 Fe(II)/$S_2O_8^{2-}$ 氧化影响因素，系统构建 Fe(II)/$S_2O_8^{2-}$ 氧化污泥强化脱水新体系，本项目进一步考察了活化剂 Fe(II)投加方式对 Fe(II)/$S_2O_8^{2-}$ 氧化脱水效率的影响。具体考察方式如下：取 300 mL 污泥试样(初始 pH=

6.95)于 500 mL 的玻璃烧杯中,在 300 r/min 恒温磁力搅拌器匀速搅拌下,投加 1.2 mmol·$S_2O_8^{2-}$/g VSS,随后将 0.9 mmol·Fe(II)/g VSS 1 次(方法 1)或分 3 等份后在特定时间间隔 3 次投加(方法 2)。由图 5-2 可知,Fe(II)投加方式对 $Fe(II)/S_2O_8^{2-}$ 氧化脱水效率影响不大,Fe(II) 1 次或分 3 次投加的最终 CST 削减率分别为 83.9%和 87.9%,仅增加 4%。然而,这一发现与 Yan 等[215]人的研究结论存在差异,Yan 等[215]在使用磁性纳米 Fe_3O_4(Fe_3O_4 MNs)作为 $S_2O_8^{2-}$ 活化剂处理磺胺间甲氧嘧啶(N1-(6-methoxyl-4-pyrimidinyl) sulfanilamide, SMM)时发现,Fe_3O_4 MNs 投加方式对 Fe_3O_4 MNs/$S_2O_8^{2-}$ 氧化体系性能影响较大,SMM 降解率由 1 次投加时的 36.5%大幅增加至 3 次投加时的 46.9%。

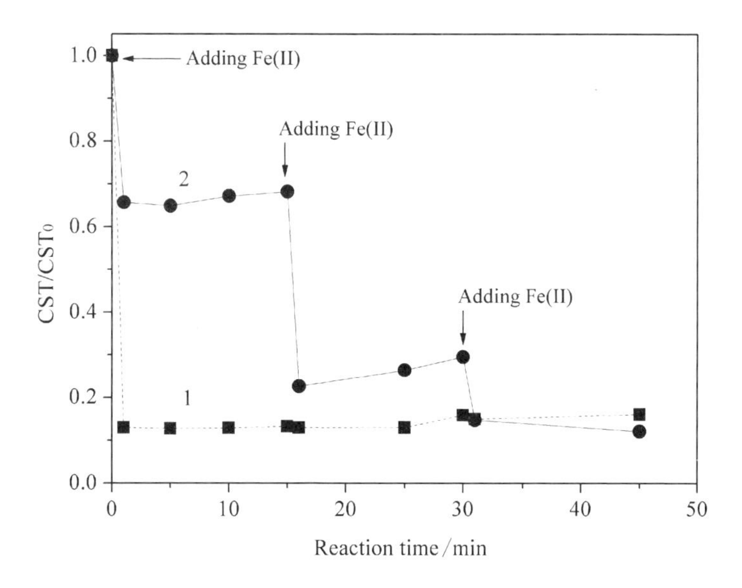

图 5-2 活化剂 Fe(II)投加方式对污泥脱水效率的影响:(1) 1 次投加;(2) 3 次投加 ([$S_2O_8^{2-}$]=1.2 mmol/g VSS、[Fe(II)]=0.9 mmol/g VSS、pH 未调节)

两者之间存在的明显差异可能与两种氧化体系反应途径的不同有关。$S_2O_8^{2-}$ 活性所需活化能较低,约为 14.8 kcal/moL[224],以 Fe(II)为活化剂的 $S_2O_8^{2-}$ 氧化体系反应速率极快,当 Fe(II)投加并与 $S_2O_8^{2-}$ 发生有效碰撞后,大量高活性 SO_4^-·即可瞬间形成。因此,对于特定投加量的 Fe(II)而言,Fe(II)投加方式的改变几乎难以影响 SO_4^-·的形成途径及产生速率。相比而言,以 Fe_3O_4 MNs 为活化剂的 $S_2O_8^{2-}$ 氧化体系反应途径较为复杂。Fe_3O_4 MNs 为球状颗粒且活性较高,溶解初期颗粒表层极易钝化失活,颗粒内部有效组分的性能也无法体现。当溶液中 SO_4^-·与 Fe_3O_4 MNs 共存时,Fe_3O_4 MNs 表层钝化与

Fe_3O_4MNs/SO_4^-·氧化反应之间会产生激烈的竞争关系，一旦表层钝化占据优势，Fe_3O_4MNs/SO_4^-·体系的氧化性能便大打折扣。此时，Fe_3O_4MNs/SO_4^-·体系的氧化性能也会因 Fe_3O_4MNs 投加方式的不同而有受到影响，一方面，Fe_3O_4MNs 分次投加可防止 Fe_3O_4MNs 未能及时反应而过早钝化，另一方面，也可确保液相 $S_2O_8^{2-}$ 含量丰裕，增加 Fe_3O_4MNs 与 $S_2O_8^{2-}$ 有效碰撞的概率，从而使 Fe_3O_4MNs/SO_4^-·氧化屏蔽表层钝化成为氧化体系的主反应。此外，污泥脱水和 SMM 降解内在强化机理的不同也可能导致活化剂投加方式影响的差异。

3. 初始 pH 的影响

不同初始 pH 对 Fe(II)/$S_2O_8^{2-}$ 氧化污泥强化脱水效率的影响如图 5-3 所示，其中，$S_2O_8^{2-}$ 浓度为 1.2 mmol/g VSS、Fe(II)浓度为 1.5 mmol/g VSS，初始 pH 分别设为 1.5、3.0、5.5、7.0、8.5 和 10.0。由图可知，Fe(II)/$S_2O_8^{2-}$ 氧化具有较广的 pH 适应性，在初始 pH 为 3.0～8.5 时，经 15 min 预处理后污泥 CST 削减率可达 90%左右，脱水性能均明显改善。Liang 和 Su[225] 研究证实，在接近中性的 pH 环境中，Fe(II)/$S_2O_8^{2-}$ 会诱发形成更多的 SO_4^-·和 HO·自由基，两类自由基同时存在时，Fe(II)/$S_2O_8^{2-}$ 氧化强化脱水的优势更加明显，因而 CST 削减率亦更高。

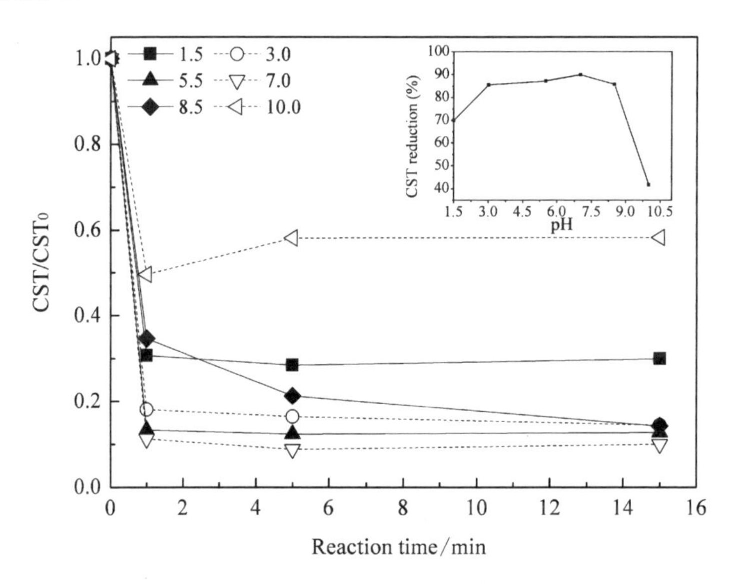

图 5-3 初始 pH 对污泥脱水的影响([$S_2O_8^{2-}$]=1.2 mmol/g VSS、[Fe(II)]=1.5 mmol/g VSS)

然而,初始 pH 也不宜过酸(<3.0)或过碱(>8.5),过酸和过碱均会对污泥脱水产生不利影响。如图 5-3 所示,初始 pH=1.5 时,CST 削减率较 pH 为 3.0~8.5 时,降低约 20%,这可能与 $SO_4^- \cdot$ 的自我清除反应(scavenging reactions)有关。在强酸(如 pH=1.5)条件下,$SO_4^- \cdot$ 是氧化体系的主体自由基,强酸 pH 可以通过酸催化作用(acid-catalyzation)加速 $SO_4^- \cdot$ 的形成,形成途径如式(5-6)和式(5-7);当 $SO_4^- \cdot$ 浓度达到一定程度后,$SO_4^- \cdot$ 自由基便会通过式(5-8)和式(5-9)发生自我清除现象或与 $S_2O_8^{2-}$ 反应而被消耗[226]从而减小 $SO_4^- \cdot$ 与污泥颗粒的有效碰撞,影响 $Fe(II)/S_2O_8^{2-}$ 体系氧化性能,降低了 CST 削减率。值得一提的是,尽管初始 pH=1.5,CST 削减率仍高达 70.0%,暗示 $Fe(II)/S_2O_8^{2-}$ 氧化脱水工艺不会因污泥 pH 过酸而无法正常运行,这一特点与 Fenton 氧化相比优势明显。一般而言,在酸性 pH 环境下,Fenton 体系脱水效率会更加优越;但其所处 pH 环境不宜过酸,过酸的 pH 不仅会加速 $(Fe(II)(H_2O_2))^{2+}$ 的生成[227],降低液相的自由 Fe(II) 浓度,亦会通过阻止 Fe(III) 与 H_2O_2 的络合[14]而抑制 Fe(II) 通过 Fe(III) 途径的再生。活化剂 Fe(II) 的不足将会不可避免地削弱 Fenton 体系的氧化性能,恶化污泥的脱水效率。从图 5-3 中 pH 为 1.5 时较高的 CST 削减率可以推测,在 $Fe(II)/S_2O_8^{2-}$ 体系中,强酸性 pH 对 Fe(II) 含量和污泥脱水效率影响甚小。

$$S_2O_8^{2-} + H^+ \rightarrow HS_2O_8^- \tag{5-6}$$

$$HS_2O_8^- \rightarrow H^+ + SO_4^- \cdot + SO_4^{2-} \tag{5-7}$$

$$SO_4^- \cdot + SO_4^- \cdot \rightarrow S_2O_8^{2-} \quad k = 4.0 \times 10^8 \text{ mol /L/s} \tag{5-8}$$

$$SO_4^- \cdot + S_2O_8^{2-} \rightarrow SO_4^{2-} + S_2O_8 \cdot \quad k = 6.1 \times 10^5 \text{ mol/L/s} \tag{5-9}$$

此外,与酸性(<3.0)和中性(3.0~8.5)pH 相比,碱性 pH 对 $Fe(II)/S_2O_8^{2-}$ 体系的抑制效应最为显著,尤其当 pH=10.0。当 pH=10.0 时,CST 削减率仅为 42.0%,与 pH 1.5 和 3.0~8.5 相比,分别降低 28.0% 和 48.0%。其主要原因如下,在碱性条件下,Fe(II) 和 Fe(III) 被以 $Fe(OH)_{2(s)}$ 和 $Fe(OH)_{3(s)}$ 的形式沉淀[200],这不仅会降低 $Fe(II)/S_2O_8^{2-}$ 体系的 Fe(II) 和 Fe(III) 含量,阻止活化剂 Fe(II) 的再生,同时也会抑制氧化剂 $S_2O_8^{2-}$ 的分解和 $SO_4^- \cdot$ 的形成;另外,$SO_4^- \cdot$ 亦会通过式(5-10)被部分消耗,尽管此过程会伴随 HO· 的生成并逐渐占主导作用,但这种非特异性的自由基也极易被 $Fe(II)/S_2O_8^{2-}$ 体系中多种

反应物，包括含量丰富的 SO_4^{2-}[221]所消耗。由于 SO_4^{2-} 等反应物对 HO· 自由基的争夺效应，可用于攻击污泥颗粒的 HO· 数量相应减小，因而污泥脱水效率会急剧恶化。

$$SO_4^- \cdot + OH^- \rightarrow SO_4^{2-} + OH \cdot \quad k = 6.5 \times 10^7 \text{ mol/L} \tag{5-10}$$

总体而言，$Fe(II)/S_2O_8^{2-}$ 氧化强化污泥脱水新技术具有 pH 操作范围广、受 pH 影响小等优点。而且，原生污泥的初始 pH 基本维持在 $Fe(II)/S_2O_8^{2-}$ 氧化的最优 pH 范围(3.0～8.5)内，故而无需 pH 调节。因此，$Fe(II)/S_2O_8^{2-}$ 氧化操作简单，经济高效，推广应用前景广阔。

5.2.2 $Fe(II)/S_2O_8^{2-}$ 氧化脱水机理剖析

1. 自由基主成分的鉴定(自由基猝灭实验)

SO_4^-· 和 OH· 是 $Fe(II)/S_2O_8^{2-}$ 氧化过程中产生的两种重要自由基[221]，两者的主导效应决定了 $Fe(II)/S_2O_8^{2-}$ 体系的强化脱水性能。因此，为确定 $Fe(II)/S_2O_8^{2-}$ 体系的自由基，诠释 $Fe(II)/S_2O_8^{2-}$ 氧化脱水机理，本项目以乙醇(EtOH)和叔丁醇(TBA)为自由基猝灭剂，利用自由基与 EtOH 和 TBA 反应速率(rate constant)的差异来鉴定起主导作用的自由基类型。醇类的反应活性以及同自由基的反应速率通常与 α - hydrogen 的存在与否密切相关[228]。含 α - hydrogen 的醇类，如 EtOH 与自由基 SO_4^-· 和 OH· 均具有较高的反应速率，反应速率常数分别为 $(1.6 \sim 7.7) \times 10^8$ mol/L/s 和 $(1.2 \sim 2.8) \times 10^9$ mol/L/s；无 α - hydrogen 存在的醇类，如 TBA 与 OH· 的反应速率为 $(3.8 \sim 7.6) \times 10^8$ mol/L/s，然而与 SO_4^-· 的反应速率常数仅为 $(4.0 \sim 9.1) \times 10^5$ mol/L/s，前者较后者高出 400～1 900 倍[221,229]。因此，通过向 $Fe(II)/S_2O_8^{2-}$ 系统投加两种自由基猝灭剂，以脱水效率为评价指标，可以快速鉴别起主效应的自由基种类。

自由基鉴定试验结果如图 5-4 所示，自由基猝灭试验条件为：$S_2O_8^{2-}$ 浓度 2.4 mmol/g VSS、Fe(II)浓度 3.0 mmol/g VSS、pH 6.95。可以看出，当 EtOH 投加量为 50 mmol/g VSS 时，CST 削减率从未投加时的 88.9%减小至 80.1%，降低约 8.8%；而在相同 TBA 投加量(50 mmol/g VSS)下，CST 削减率降至 83.1%，减小约 5.8%。总体而言，TBA 对 CST 削减率的抑制效应较 EtOH 偏低(低约 3.0%)，表明在中性 pH 环境中两种自由基均对 $Fe(II)/S_2O_8^{2-}$ 氧化强化脱水存在贡献作用，但 SO_4^-· 略占优势。正如前面所述，当体系中 SO_4^-· 和 OH· 同时存在时，EtOH 因含有 α - hydrogen，可以快速消耗两类自由基；未含

α-hydrogen的 TBA 主要与 OH·选择性作用,而与 SO_4^-·反应缓慢[218],因此当用 TBA 作为猝灭剂时,体系中仍携带大量未消除的 SO_4^-·,故而对 CST 削减的抑制相对较弱。

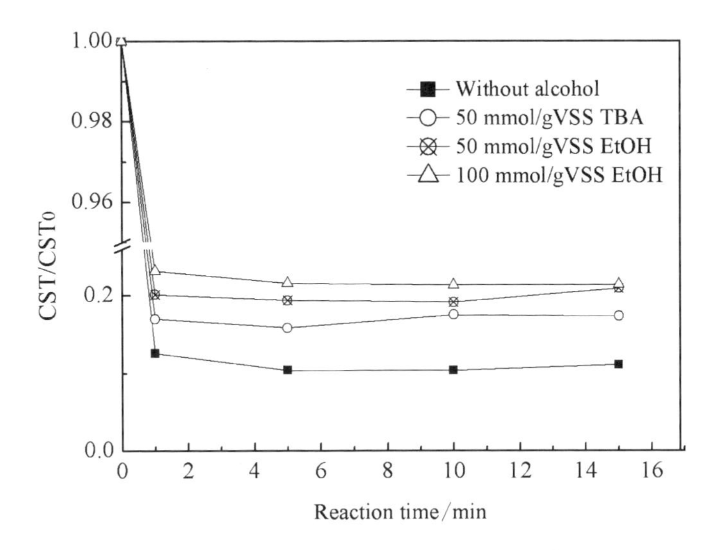

图 5-4　猝灭剂 EtOH 和 TBA 对污泥脱水的抑制效应([$S_2O_8^{2-}$]=1.2 mmol/g VSS、[Fe(II)]=1.5 mmol/g VSS、pH 未调节)

此外,低浓度的 EtOH 对 CST 削减的抑制效应十分有限,暗示猝灭剂投加量不足或 $Fe(II)/S_2O_8^{2-}$ 体系存在非自由基强化脱水途径(non-radical enhancement pathway)[200]。因此,为进一步揭示 $Fe(II)/S_2O_8^{2-}$ 体系的强化脱水机制,EtOH 投加量增加至 100 mmol/g VSS,此时 CST 削减率下降至 78.0%,较低投加量时的 80.1%降低了 2.1%。CST 削减受抑制程度随 EtOH 投加量增加而升高,进一步证实 $Fe(II)/S_2O_8^{2-}$ 体系的自由基途径(radical-based pathway)是实现污泥强化脱水的关键推动力。

2. EPS 的角色解析

EPS 是微生物群落在一定环境条件下,通过新陈代谢、细胞自溶等途径形成并包裹在污泥胶体外的一层多聚化合物。作为污泥颗粒的重要有机组成[46],EPS 是制约污泥脱水的关键因素之一[8,62]。因此,解析 EPS 变化规律、明确 EPS 演变途径对揭示 EPS 的精确角色和全面阐明 $Fe(II)/S_2O_8^{2-}$ 氧化强化脱水机理具有重要指导意义。

3D-EEM 荧光光谱分析具有检测快速、灵敏度高、无需化学试剂等特点,因此,已被广泛应用于溶解性有机物、污泥 EPS 等的定性和半定量分析[61,230]。

本项目选择两种脱水性能差异较大的污泥样品，提取 EPS(S－EPS 和 B－EPS)后进行 3D－EEM 荧光光谱分析。一种为原生污泥，脱水性能较差，CST 约 210 s；另一种为预处理污泥，CST 约 18 s，荧光光谱分析结果如图 5－5 所示。Fe(II)/$S_2O_8^{2-}$ 氧化对污泥脱效率的影响主要体现在对 S－EPS 的降解和去除。原生污泥的 S－EPS 含有 3 个明显的荧光特征峰，激发/发射波长(Ex/Em)分别位于 275～280 nm/295～310 nm、325～220 nm/365～370 nm 和 310～315 nm/380～390 nm；而氧化预处理后，其特征峰减至 2 个，Ex/Em 分别为 75～280 nm/305～310 nm 和 310～315 nm/380～390 nm，且荧光峰密度明显降低。相比而言，B－EPS 受影响相对较小，荧光特征峰数目和峰密度未因 Fe(II)/

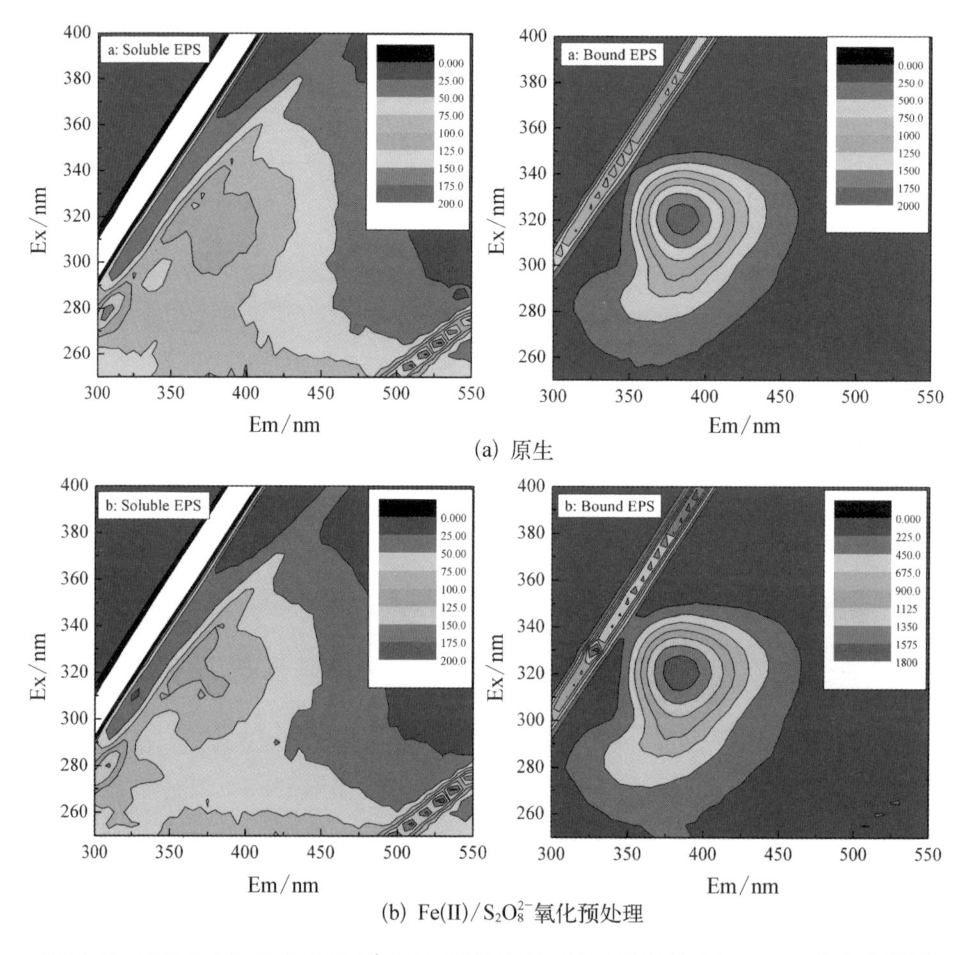

图 5－5 原生(a)和 Fe(II)/$S_2O_8^{2-}$ 氧化预处理(b)污泥 EPS 的 3D－EEM 荧光光谱图 ([$S_2O_8^{2-}$]＝1.2 mmol/g VSS、[Fe(II)]＝1.5 mmol/g VSS、pH 未调节)

$S_2O_8^{2-}$氧化作用而明显改变，预处理前后的荧光峰均位于315～325 nm/380～390 nm处。这一现象表明，污泥脱水性能主要受S-EPS调控，而非B-EPS。这一发现与Yuan等[152]的结论一致，他们发现污泥脱水性能与S-EPS呈负相关关系；Li和Yang[59]也证实了LB-EPS在污泥生物絮凝和固液分离中的不利角色，LB-EPS中大分子有机物向外延伸，含量越高，位阻作用越大，污泥压缩和脱水性能越差。S-EPS黏附于微生物细胞表面，高度水合[231]，S-EPS含量越高，污泥颗粒愈加松散，结合水能力越强，脱水性能就越差[59]。因此，$Fe(II)/S_2O_8^{2-}$氧化对S-EPS的降解和去除是实现污泥强化脱水的重要原因。$Fe(II)/S_2O_8^{2-}$氧化通过形成氧化性极强的SO_4^-·自由基，降解EPS生物高聚物，促进胶体颗粒失稳破解和细胞壁结构的熔融破坏，细胞结合水和胞内有机物析出和释放，最终污泥脱水效率大幅提高。

然而，也有报道对EPS给予了正面的评价，如Houghton等[232]发现尽管高含量的EPS不利于污泥脱水，但当EPS浓度低于35 mg/gSS时却可促进污泥脱水性能的改善；此外，Feng等[9]和Yuan等[62]也给出了相似的结论。低浓度的S-EPS黏附于污泥颗粒表面，为微生物细胞的黏附和结合提供有效位点[59,233]，从而促进污泥颗粒的絮凝和沉降。而Ye等[233]相反指出，污泥沉降性能与LB-EPS中的PN相关，但与EPS总量无关。不难发现，有关EPS的角色仍存在较大分歧，这可能与EPS提取方法、污泥种类和污泥浓度的不同有关[47]。

3. 污泥黏度的角色解析

黏度是控制污泥脱水性能的另一关键因素。Pearson相关性分析显示，CST与污泥黏度呈显著的正相关关系($R_p=0.883$, $p=0.00$)(图5-6)，黏度越高，污泥脱水难度越大。Li和Yang[59]也报道了污泥黏度与SRF的正相关关系，Pearson相关系数$R_p=0.943$, $p=0.05$。此外，Yuan等[62]亦给出了相似的结论。EPS黏附聚集于污泥胶体和微生物细胞表面，因此，污泥黏度受EPS影响显著。Sanin和Vesilind[234]以及Li和Yang[59]等研究者均曾证实，黏度与EPS的关系甚密，EPS含量越高，污泥黏度越大。这一结论也被学者Nagaoka[235]和Forster[236]等分别在浸没式膜分离器内的混合液(mixed liquor)和剩余污泥的定性分析中得以证实。EPS高度亲水，可以结合大量的水分，含量越高，污泥颗粒与液相黏附力越大，黏度就越大。因此，降低黏度是改善污泥脱水效率的前提，而降解和去除EPS是实现污泥成功脱水的关键和保证。

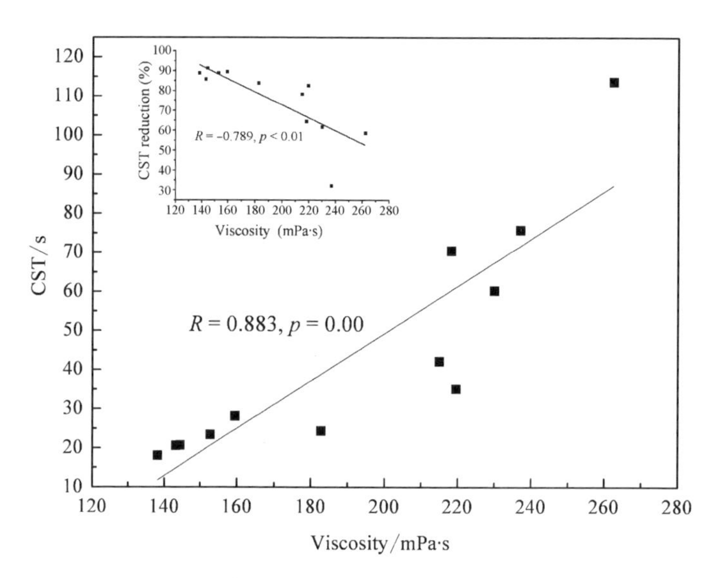

图 5-6 污泥黏度与脱水性能(CST)的 Pearson 相关关系

5.3 铁-硫($Fe(II)/S_2O_8^{2-}$)氧化脱水技术的广谱实用性分析

污泥来源(sludge source)是影响污泥脱水性能的重要因素,来源不同,污泥物理组成和理化特性不同,其脱水性能也会相差甚远。而且,同一脱水预处理技术因污泥来源不同,其脱水效率也相应改变。基于此,5.3 节以 3 种全规模污水厂(WWTPs)的剩余污泥为研究对象,系统考察污泥来源对 $Fe(II)/S_2O_8^{2-}$ 氧化强化脱水效率的影响,为该技术在不同源污泥的深度脱水应用提高基础数据。此外,EPS 作为影响污泥脱水效率的最重要因素之一,近年来备受关注。尽管有关 EPS 的影响研究层出不穷[47,55-57,59,237],迄今为止,EPS 在污泥脱水中所扮演的角色仍无定论,研究结论差异较大,甚至相互矛盾[54,61,212,238]。基于此,本节在 5.3 节的基础之上,继续以 3D-EEM 荧光光谱分析为手段,系统表征并深入剖析不同 EPS 组分作用机制;同时,通过分离和提取污泥胞内物质(intracellular substances),评价 $Fe(II)/S_2O_8^{2-}$ 氧化对微生物代谢活性(metabolic activity)的影响,以期为 $Fe(II)/S_2O_8^{2-}$ 氧化强化脱水机理的透彻理解和系统构建提供有价值的信息。

5.3.1 试验设计与内容

1. 剩余污泥来源

试验所用剩余污泥取自上海某 3 个全规模污水厂的二沉池，废水源分别为城市生活污水(sewage, Sample 1)、工业废水(industrial wastewater, Sample 2)和特殊工业废水(special wastewater, Sample 3)(表 5 - 2)。

2. 铁-硫($Fe(II)/S_2O_8^{2-}$)氧化调理预处理

分别取 3 种污泥试样 300 mL 于 500 mL 的玻璃烧杯中，在 300 r/min 恒温磁力搅拌器匀速搅拌状态下，将定量新鲜配制的 0.5 mol/L Fe(II)溶液($FeSO_4 \cdot 7H_2O$，>99.0%)和 $S_2O_8^{2-}$($K_2S_2O_8$，>99.5%)投加至玻璃烧杯中，并在室温(25℃)条件下，持续调理 35 min；在特定时间间隔取 5.0 mL 污泥试样，以模化 CST(normalized CST，模化 CST=CST/TSS，单位为 s·L/g TSS)[61]为指标评价 $Fe(II)/S_2O_8^{2-}$ 氧化的脱水效率。$Fe(II)/S_2O_8^{2-}$ 投加量为前期研究确定的最佳条件[237]，即 $S_2O_8^{2-}$ 投加量为 1.2 mmol/g VSS、Fe(II)投加量为 1.5 mmol/g VSS，pH 均为初始值。

3. EPS 和胞内物质的提取与分析

EPS 和胞内物质的提取方法详见第 3 章，采用热提取法[181]将 EPS 分 3 类提取，即 S-EPS、LB-EPS 和 TB-EPS。3 种 EPS 和胞内物质经 0.45 μm 微孔滤膜过滤除渣后，用于 TOC 测试和 3D-EEM 荧光光谱分析。TOC 在 TOC-V CPN 型总有机碳分析仪(SHIMADZU, Japan)上完成。

5.3.2 结果与讨论

1. 污泥特性分析

3 种污泥试样的基本物理化学性质如表 5 - 2 所示。城市污水厂(Sample 1)与工业废水厂污泥(Sample 2)的脱水性能较为相似，模化 CST 分别为 13.79 s·L/g 和 11.90 s·L/g TSS；而特殊行业废水厂污泥(Sample 3)的模化 CST 高达23.45 s·L/g TSS，脱水性能明显差于前 2 种污泥。但就污泥黏度而言，其变化趋势与模化 CST 相反，Sample 3 的黏度最低，Sample 1 其次，Sample 2 最高。污泥黏度与模化 CST 的不一致性可能归结于污水来源、处理工艺和污泥种类的不同。

表 5-2 不同污水厂剩余污泥的物理化学性质

污泥源	编号	处理工艺[b]	污泥特性指标[c]							
			TSS/g/L	VSS/g/L	含水率/wt.%	pH	黏度/mPa·s	模化 CST/s·L/g TSS	电导率/μS/cm	氧化还原电位/mV
城市污水厂	Sample 1	A^2O	16.83±0.35	11.32±0.89	98.33±0.12	6.93±0.01	92.33±0.35	13.79±0.52	1 422±9.85	1.0±0
工业废水厂	Sample 2	SBR	42.22±0.14	16.67±0.05	95.83±0.01	6.68±0.57	259.50±11.30	11.90±0.01	1 582±9.00	15±0.10
特殊行业废水厂	Sample 3	AO	25.67±0.02	13.41±0.35	97.47±0.03	6.86±0.01	8.00±0.50	23.45±0.46	699±2.12	5.0±0.50

a WWTP, wastewater treatment plants.
b A^2O, anaerobic-anoxic-oxic process; SBR, sequencing batch reactor; AO, anaerobic-oxic process.
c TSS, total suspended solids; VSS, volatile suspended solids; CST, capillary suction time.

为深入理解不同来源污泥间的微观形貌和形态学差异性，对 3 种污泥进行了显微镜观测，分析结果如图 5-7 所示。可以看出，3 种污泥胶体均呈细小、疏松的三维网状结构，并有少量丝状体(filaments)和针尖状胶体颗粒(pin-pointed flocs)存在(图 5-7(a)、(c)和(e))，与 Li 和 Yang[59] 以及 Wilen 等[239]研究者对污泥颗粒的分析结果相符。此外，与 Sample 1 相比，Sample 2 和 Sample 3 的污

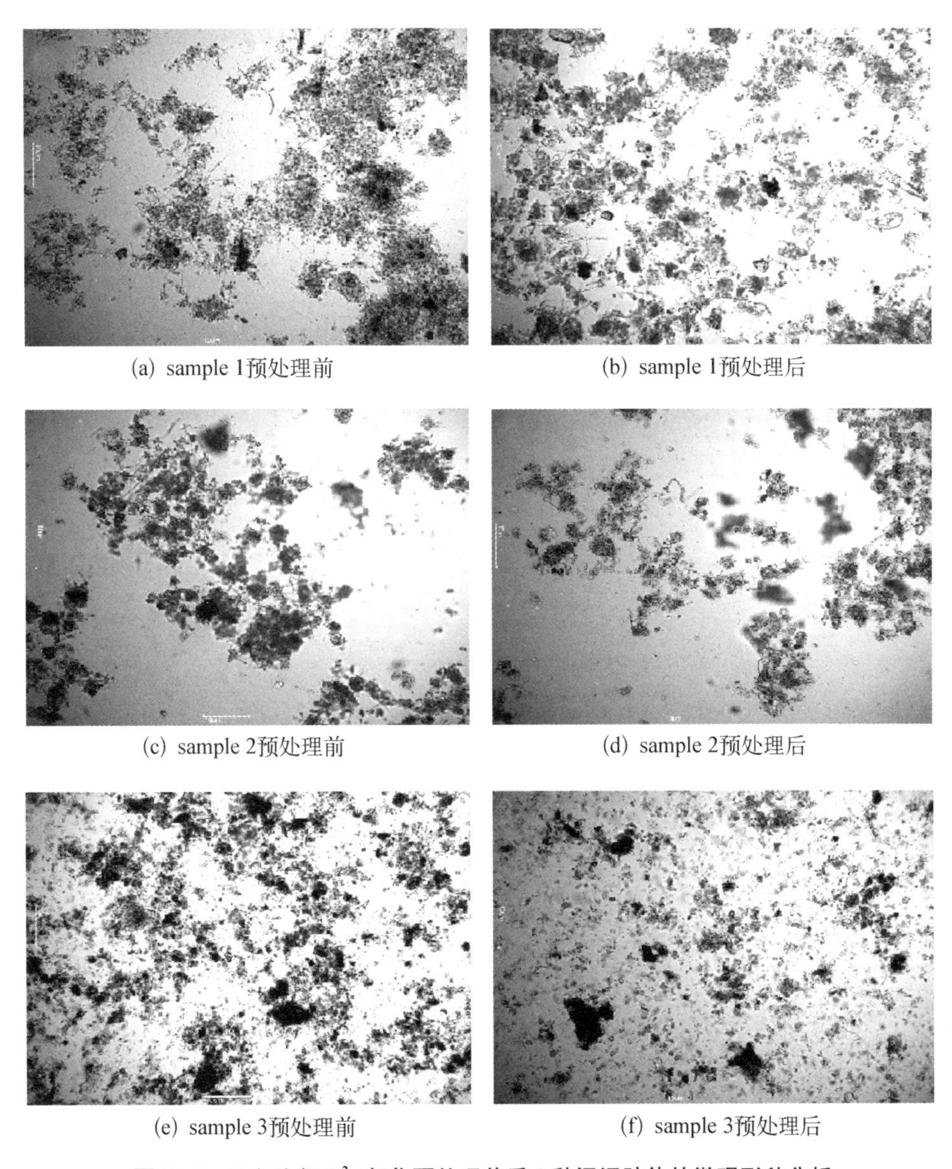

(a) sample 1预处理前　(b) sample 1预处理后

(c) sample 2预处理前　(d) sample 2预处理后

(e) sample 3预处理前　(f) sample 3预处理后

图 5-7　Fe(Ⅱ)/$S_2O_8^{2-}$ 氧化预处理前后 3 种污泥胶体的微观形貌分析

泥胶体稍加密实，且颗粒紧簇而成型。然而，污泥颗粒受 Fe(II)/$S_2O_8^{2-}$ 氧化破解的程度并未因密实度的不同而有差异，经 30 min 的 Fe(II)/$S_2O_8^{2-}$ 氧化预处理后，污泥菌胶团(zoogloea flocs)结构均被严重破损，大量细微胶粒随之形成(图 5-7(b)、(d)和(f))。Sample 1、Sample 2 和 Sample 3 的污泥颗粒体积中间粒径(volume-based median size)分别从起初的 45、15 和 4 μm 减小至预处理后的 6、5 和2 μm。胶体颗粒坍塌破坏，细小胶粒均匀分散，部分因失去外层保护膜而从胶粒上脱落的单体细胞清晰可见，这一过程与光- Fenton[240]、高铁酸钾氧化[212]和 H_2O_2 调理[241]预处理对污泥颗粒的破解途径极为相似。Fe(II)/$S_2O_8^{2-}$ 氧化预处理通过氧化和溶解颗粒表层 EPS 保护层，削弱表面 Zeta 电位，压缩颗粒表面双电层结构，导致胶体失稳碎裂，单体细胞释放破解，污泥颗粒三维网状体系最终失衡瓦解。

2. 铁-硫(Fe(II)/$S_2O_8^{2-}$)氧化强化脱水的效率评估

在 $S_2O_8^{2-}$ 和 Fe(II)投加量分别为 1.2 mmol/g VSS 和 1.5 mmol/g VSS 时，3 种污泥试样的模化 CST 变化趋势如图 5-8 所示。在 Fe(II)/$S_2O_8^{2-}$ 投加之前(0～5 min)，模化 CST 持续恒定；当 Fe(II)/$S_2O_8^{2-}$ 投加之后(>5 min)，Sample 1、Sample 2 和 Sample 3 的模化 CST 分别从初始的 13.79、11.90 和 23.45 s·L/g TSS 快速下降至 1 min 后的 2.73 s·L/g、1.62 s·L/g 和 4.39 s·L/g TSS，随

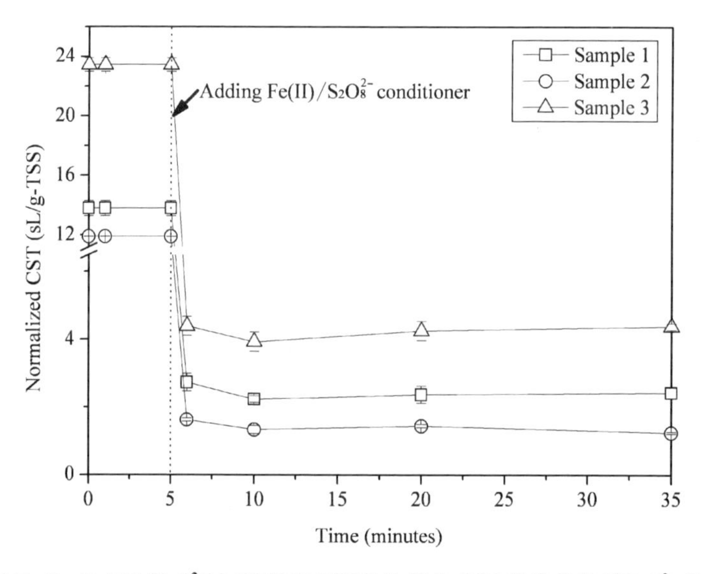

图 5-8 Fe(II)/$S_2O_8^{2-}$ 氧化预处理污泥的模化 CST 变化趋势([$S_2O_8^{2-}$]=1.2 mmol/g VSS、[Fe(II)]=1.5 mmol/g VSS、pH 未调节)

后模化CST随时间的推移基本维持不变，模化CST最终削减率达80.2%、86.4%和81.3%，3种污泥样品脱水性能均大幅提高。这一发现与本项目的前期结论十分吻合(CST削减率约88%)[237]，但较传统的预处理方法，如Yuan等[151]的电解、Feng等[9]的超声波调理和Tony等[15]的Fenton预处理等优势明显，后者报道的最大CST削减率分别为18.5%～31.7%、11.8%和48.0%。显而易见，$Fe(II)/S_2O_8^{2-}$氧化作为一种新型的强化脱水方法，具有受污水源、处理工艺和污泥种类等因素影响小、快速、高效等优点，因此，可用于不同来源污泥的深度脱水与安全处置预处理。

自由基猝灭试验曾证实，$Fe(II)/S_2O_8^{2-}$体系的自由基途径(radical-based pathway)是强化污泥脱水的关键推动力[237]。EPS高聚物高度合水[54,238]，也是污泥胶体结构稳定的重要维系者[242]，但其极易为SO_4^-·和OH·自由基所氧化降解。$Fe(II)/S_2O_8^{2-}$体系的溶解和氧化导致EPS含量变小，EPS结合水下降，污泥黏度减小，因而模化CST削减，污泥脱水性能得到改善[234]。同时，EPS的去除也会减低胶体颗粒表面电荷，静电斥力减小，双电层受到压缩，污泥胶体因脱稳而趋向聚集和颗粒化。此外，在$Fe(II)/S_2O_8^{2-}$体系的使用过程中，以Fe(III)为核心的阳离子絮凝剂大量生成，Fe(III)通过中和胶体表面负电荷，压缩双电层结构，降低颗粒表面电位，提高胶体脱稳和凝聚速率，加速污泥固液分离。

针对胶体粒径(flocs size)，正如5.4.2.1节所述，$Fe(II)/S_2O_8^{2-}$氧化可以促进污泥菌胶团结构破解和大量胶粒的生成(图5-7)。学者Higgins和Novak[71]的研究曾声称，粒径在1～100 μm的“超级胶体颗粒”(supracolloidal flocs)对污泥脱水影响最为严重，这部分颗粒的含量越高，脱水性能则越差。然而，本项目的结论与之截然不同，污泥胶体的破坏整体利大于弊，有效的破解不仅未对污泥脱水产生不利影响，反而为颗粒内部结合水的析出和释放提供有利通道(passages)，为强化脱水提供便利条件。

3. 不同EPS组分的角色解析

污泥胶体的特性常因污水源和污水厂操作工艺的不同而有所差异[239]，受外界攻击后的防御抵抗力也不同。然而，由预处理前后不同EPS组分的变化趋势(图5-9)可知，经$Fe(II)/S_2O_8^{2-}$氧化预处理后，3种污泥不同EPS组分的变化规律极为相似，EPS含量均明显下降。

EPS聚集包裹于污泥表层，对维系胶体稳定极为重要，是支撑絮体结构和功能完整性的“骨架”，但EPS在氧化调理过程中极易氧化降解。由图5-9(a)可

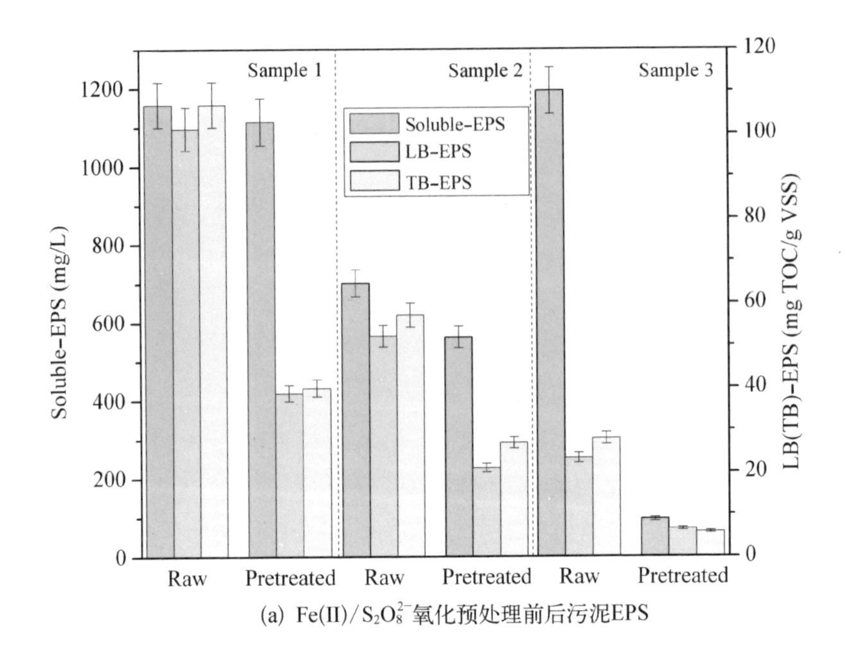

(a) Fe(II)/$S_2O_8^{2-}$氧化预处理前后污泥EPS

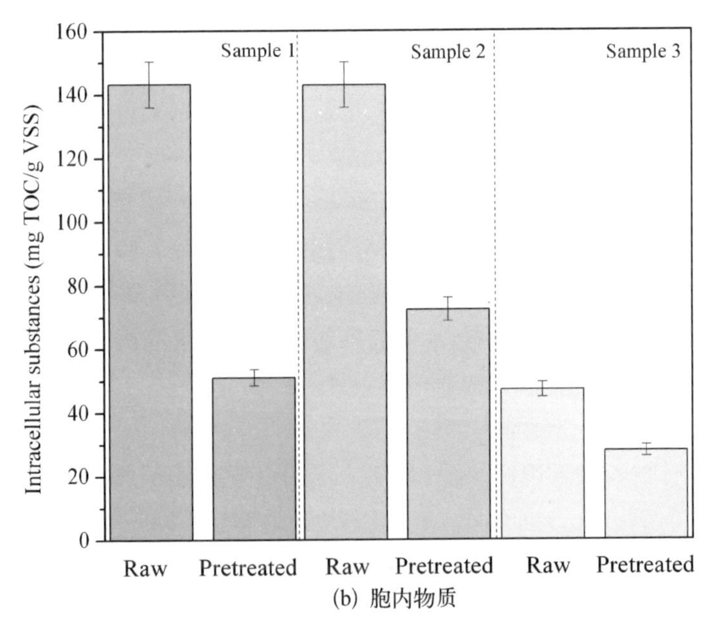

(b) 胞内物质

图 5－9　Fe(II)/$S_2O_8^{2-}$ 氧化预处理前后污泥 EPS(a)和胞内物质(b)的变化趋势

以看出，经 30 min 预处理后，Sample 1 的 S-EPS 和 LB-EPS 含量分别由起始的 1 158.0 mg/L 和 101.2 mg·TOC/g VSS 下降至预处理后的 1 110.0 mg/L 和 38.6 mg·TOC/g VSS，较原生污泥削减了 4.1%和 61.9%；Sample 2 和 Sample 3 的 S-EPS 和 LB-EPS 也分别由起始的 700.7 mg/L 和 52.1 mg·TOC/g VSS 下降至预处理后的 562.0 mg/L 和 21.0 mg·TOC/g VSS，以及由起始的 1 193.2 mg/L 和 23.4 mg·TOC/g VSS 减小至 95 mg/L 和6.5 mg·TOC/g VSS。脱水效率通常与 EPS 含量和污泥水分分布特征相关，根据水分与污泥的物理绑定位置不同，一般可将污泥水分分为自由水、毛细结合水、表面吸附水和内部结合水等四类[243]。EPS 含量越高，污泥亲水性越强，黏度就越高，则毛细结合水和表面吸附水等也相应增加。因此，EPS 含量越高，模化 CST 越大，污泥越难以脱水。由图 5-8 和 5-9(a)可以明显看出，S-EPS 和 LB-EPS 的削减与模化 CST 的变化趋势相一致，两类 EPS 含量越低，脱水性能越好，这一现象揭示 $Fe(II)/S_2O_8^{2-}$ 氧化对 S-EPS 和 LB-EPS 的有效降解和专一破坏是改善污泥脱水性能的重要因素。$Fe(II)/S_2O_8^{2-}$ 氧化通过对 EPS 的快速降解，促进了污泥颗粒的崩裂，毛细结合水、表面吸附水和部分内部结合水获得释放，因此脱水效率明显提升。

与 S-EPS[9,152]和 LB-EPS 相比[59,212]，TB-EPS 因结合水能力较弱而被认为对污泥脱水的影响无足轻重，因此，在污泥脱水领域，研究人员并未给予其足够的重视。不过，值得提起的是，传统的污泥脱水方法，如电解、Fenton 氧化、高铁酸钾氧化以及超声波等预处理工艺，由于破解能力有限，仅能降解部分包裹于胶体颗粒外层的 S-EPS 和 LB-EPS，而对深藏其内的 TB-EPS 破坏甚小，甚至毫无影响。因此，由于相关信息的匮乏与不足，TB-EPS 对污泥脱水的贡献情况仍不明朗，确切影响亟待了解。TB-EPS 位于污泥胶体内部，可以通过强大的黏合力将细胞黏附、固定于胶体之内[202]。但微生物细胞通常会携带大量的细胞结合水，因而导致污泥菌胶团亲水性能变强，脱水难度增加。所以，TB-EPS 的去除对于降低细胞结合水，改善污泥脱水性能至关重要。由图 5-9(a)清晰可见，经 30 min 的 $Fe(II)/S_2O_8^{2-}$ 氧化调理后，Sample 1、Sample 2 和 Sample 3 的 TB-EPS 含量分别由起初的 106.9 mg·TOC/g、57.1 mg·TOC/g 和 27.9 mg·TOC/g VSS 下降至预处理后的 39.9 mg·TOC/g、26.9 mg·TOC/g 和 5.8 mg·TOC/g VSS。TB-EPS 的大幅削减暗示，$Fe(II)/S_2O_8^{2-}$ 氧化预处理不仅可以高效降解 S-EPS 和 LB-EPS 双层，亦可对 TB-EPS 层实施有效去除。TB-EPS 的坍塌导致污泥三维网状结构的持续瓦解，大量微生物细胞释放、裸露。基于上述分析，不难推断，强大的自由基将会穿透微生物细胞膜，增加细胞膜渗透压，最终引起裸露细胞的破裂和胞结合水的无阻释放。

为进一步验证上述的假设机理，本研究进而以胞内物质为检测指标，对污泥胶体的微生物代谢活性进行了分析表征，结果见图 5-9(b)。Fe(II)/$S_2O_8^{2-}$ 氧化预处理后，3 种污泥样品的胞内物质含量大幅减少，分别由起初的 143.1 mg・TOC/g (Sample 1)、142.9 mg・TOC/g(Sample 2)和 47.1 mg・TOC/g VSS (Sample 3)下降至51.0 mg・TOC/g、72.4 mg・TOC/g 和 27.9 mg・TOC/g VSS，微生物代谢活性明显变差，微生物细胞大量溶解和凋亡。因此，可以断定 EPS 高度降解、细胞彻底溶裂是 Fe(II)/$S_2O_8^{2-}$ 氧化强化污泥脱水的理论核心。细胞体的溶解实现胞内物质的释放，析出的胞内物质又可被液相中过量的自由基(如 SO_4^-・等)所矿化，因此，胞内结合水含量急剧减低，自由水含量明显升高，脱水性能也随之改善。

4. 不同 EPS 组分的 3D-EEM 荧光光谱分析

图 5-10 给出了 Fe(II)/$S_2O_8^{2-}$ 氧化预处理前后 3 种污泥试样中不同 EPS 组分(即 S-EPS、LB-EPS 和 TB-EPS)的典型 3D-EEM 荧光光谱谱图。3D-EEM荧光光谱分析可用于反映和揭示与 EPS 荧光基团的结构、官能团、构型、非均质性、分子内与分子间的动力学特征等[184]相关的一系列光谱信息，是非常有用的光谱指纹分析技术。

由图可知，污泥来源不同，EPS 荧光特性也不尽相同。对于 Sample 1 和 Sample 2 而言(图 5-10(a)至(b))，污泥原样的不同 EPS 组分均具有 4 个明显的特征荧光峰(Peaks A—D)，Ex/Em 波长中心分别位于 225/335～355 nm (Peak A)、280/335～340 nm(Peak B)、275/425～435 nm(Peak C)和 340/420～435 nm(Peak D)。其中，Peak A 为类芳香族蛋白荧光物(aromatic protein-like substances)，Peak B 为类色氨酸蛋白荧光物(tryptophan protein-like substances)[186,188,230,244]。与 Baker[245]报道的蛋白质类物质特征荧光峰(276～281 nm/340～370 nm)相比，Peak B 沿发射波长方向发生了轻微的蓝移(blue shift)。此外，Peak C 和 Peak D 代表了可见光区类腐殖质荧光物(visible humic-like fluorescence)和类富里酸荧光物(visible fulvic-like fluorescence)[188,246]，这两类荧光物在天然溶解性有机物(natural dissolved organic matter, DOM)[246]、浸没式膜生物反应器(submerged membrane bioreactor, SMBR)出水的 DOM[230]以及序批式生物反应器(sequencing batch bioreactor, SBR)内活性污

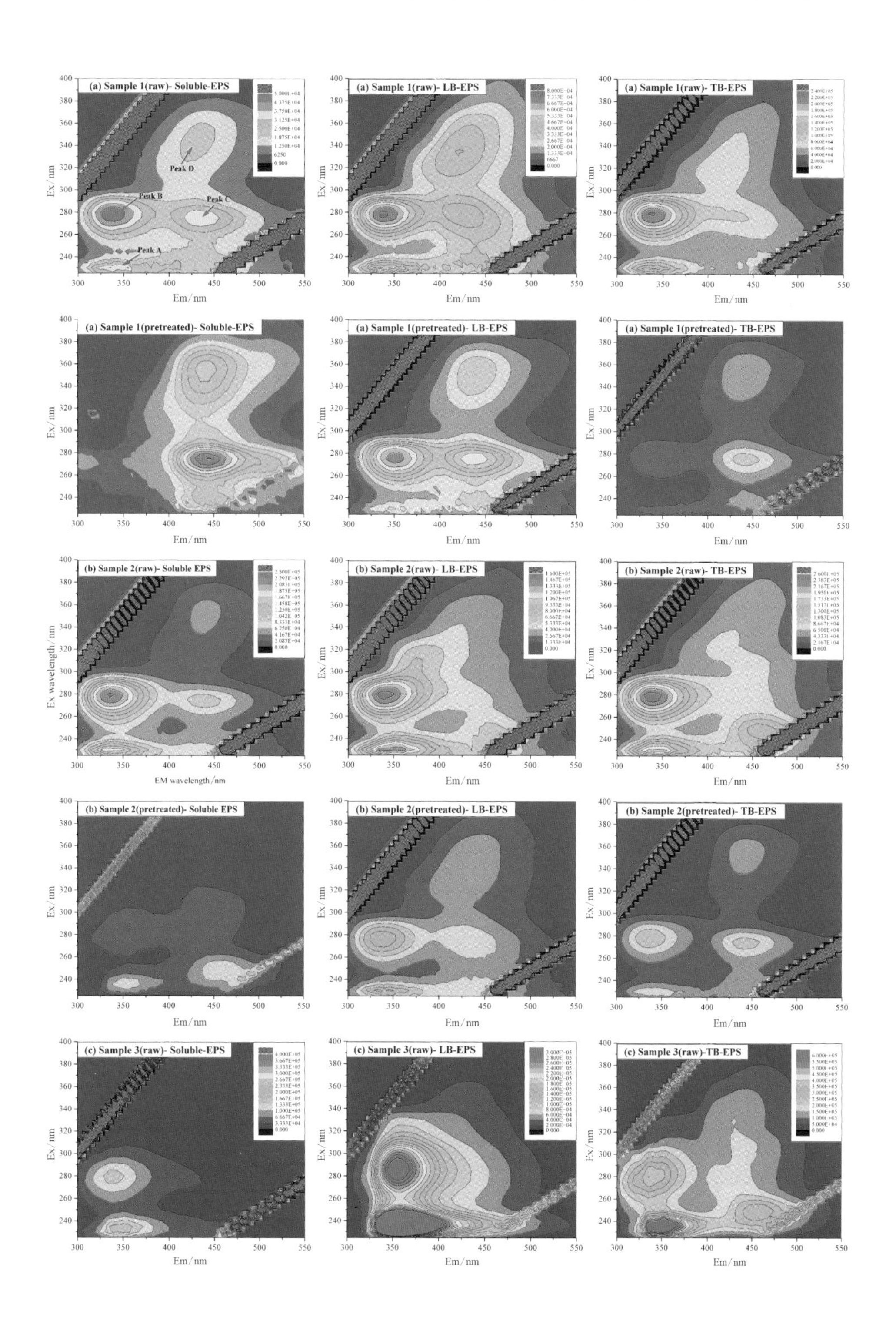
(a) Sample 1(raw)- Soluble-EPS
(a) Sample 1(raw)- LB-EPS
(a) Sample 1(raw)- TB-EPS
Peak A
Peak B
Peak C
Peak D
(a) Sample 1(pretreated)- Soluble-EPS
(a) Sample 1(pretreated)- LB-EPS
(a) Sample 1(pretreated)- TB-EPS
(b) Sample 2(raw)- Soluble EPS
(b) Sample 2(raw)- LB-EPS
(b) Sample 2(raw)- TB-EPS
(b) Sample 2(pretreated)- Soluble EPS
(b) Sample 2(pretreated)- LB-EPS
(b) Sample 2(pretreated)- TB-EPS
(c) Sample 3(raw)- Soluble-EPS
(c) Sample 3(raw)- LB-EPS
(c) Sample 3(raw)-TB-EPS
Ex/nm
Em/nm
Ex wavelength/nm
EM wavelength/nm

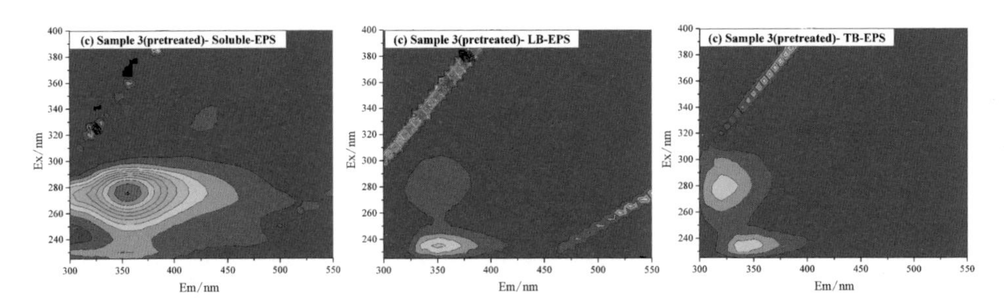

图 5-10　3 种污泥 $Fe(II)/S_2O_8^{2-}$ 氧化预处理前后不同 EPS 组分的 3D-EEM 荧光光谱图

泥的 EPS[187] 中均有报道。较 Mobed 等[247] 获得的腐殖质荧光物(325 nm/452 nm)和富里酸荧光物(320 nm/443 nm)的最大荧光峰位置而言,Peak C 和 Peak D 分别沿激发和发射波长发生不同程度的蓝移现象。

对于 Sample 3,与 Sample 1 和 Sample 2 明显不同,EPS 的 3D-EEM 荧光光谱分析仪检出 Peak A(225 nm/345～355 nm)和 Peak B(280 nm/335 nm)等两种主要荧光基团(图 5-10(c)),而代表可见光区类腐殖质和类富里酸荧光物的 Peak C 和 Peak D 并未出现。这一现象与 Wang 等[230] 的结论相符,但与 Sheng 和 Yu[186] 以及 Liu 等[185] 不同。污泥的来源不同,EPS 分布复杂多变,EPS 结构、化学组成和荧光特性也因此会有所差异。

荧光峰位置和荧光强度是表征荧光基团荧光特性的重要参数,峰位置和强度的改变是 EPS 空间结构、关键官能团等降解或转化的重要标志。表 5-3 描述了 EPS 中重要荧光基团的 Ex/Em 峰位置(peak location)和相应的荧光强度(fluorescence intensity)。$Fe(II)/S_2O_8^{2-}$ 氧化对 EPS 的荧光特征具有明显影响,氧化预处理后,EPS 的荧光峰位置发生轻微偏移。如对于 Sample 1 和 Sample 2,预处理污泥中三种 EPS 组分(即 S-EPS、LB-EPS 和 TB-EPS)的 Peak A、Peak B、Peak C 和 Peak D 分别较原样出现了 5～10 nm、5～15 nm、5～15 nm 和 0～15 nm 的红移(red shift);而 Sample 3 的特征峰 Peak A 和 Peak B 分别较原样发生了 5～10 nm 和 5～15 nm 的蓝移。Ex/Em 峰中心位置的偏移暗示了 $Fe(II)/S_2O_8^{2-}$ 氧化预处理过程中,污泥 EPS 荧光基团构造结构发生了改变或重组。红移现象通常与荧光基团中羰基(carbonyl)、羟基(hydroxyl)、烷氧基(alkoxyl)、氨基(amino)官能团的增加有关[185,188];而蓝移与特定官能团物质,如羰基、羟基、胺(amine)、芳香环(aromatic rings)等的去除和 π-电子体系度(degree of π-electron systems)的减小、链状结构中的芳香环和共轭键

表5-3 不同EPS组分的3D-EEM荧光光谱参数

Types of sludge	Cond. [a]	EPS fractions	Peak A		Peak B		Peak C		Peak D	
			Ex/Em	Int. [b] ($\times 10^4$)	Ex/Em	Int. [b] ($\times 10^4$)	Ex/Em	Int. [b] ($\times 10^4$)	Ex/Em	Int. [b] ($\times 10^4$)
Sample 1	Raw	Soluble - EPS	225/340	2.8	280/335	5.0	275/430	3.7	340/425	2.1
		LB - EPS	225/350	3.9	280/340	7.5	275/425	4.5	340/420	3.9
		TB - EPS	225/335	9.3	280/340	2.2	275/430	8.3	340/430	6.7
	Pret. [c]	Soluble - EPS	225/345	0.1	280/335	0.5	275/445	5.1	340/440	2.8
		LB - EPS	225/355	2.1	280/350	6.9	275/435	5.9	340/435	3.0
		TB - EPS	225/345	2.2	280/345	3.9	275/440	8.9	340/440	5.0
Sample 2	Raw	Soluble - EPS	225/340	12.7	280/335	23.2	275/435	9.4	340/435	4.4
		LB - EPS	225/350	10.3	280/340	15.5	275/430	4.8	340/420	4.1
		TB - EPS	225/335	12.7	280/335	25.2	275/435	7.7	340/430	6.5
	Pret. [c]	Soluble - EPS	225/350	1.9	280/350	3.7	275/430	2.6	340/435	1.9
		LB - EPS	225/340	7.1	280/340	8.9	275/435	5.1	340/430	3.7
		TB - EPS	225/345	5.9	280/335	10.3	275/445	9.6	340/440	4.7
Sample 3	Raw	Soluble - EPS	225/345	8.2	280/335	14.8	275/430	3.5	340/415	2.7
		LB - EPS	225/355	18.9	280/355	32.6	275/430	8.3	340/430	4.1
		TB - EPS	225/350	19.9	280/335	40.2	275/430	17.9	340/435	14.2
	Pret. [c]	Soluble - EPS	225/340	7.8	280/355	35.9	275/430	10.2	340/435	3.4
		LB - EPS	225/350	2.1	280/350	3.9	275/430	0.9	340/410	0.5
		TB - EPS	225/340	4.1	280/320	14.9	275/425	2.1	340/415	0.9

a: Cond.: Conditioning; b: Int.: Intensity; c: Pret.: pretreated.

(conjugated bonds)数目的降低、线性环体系(linear ring system)向非线性体系(non-linear system)的转变等有关[185,230,246]。

同时,由表 5-3 亦可看出,经 $Fe(II)/S_2O_8^{2-}$ 氧化预处理后,三种污泥中 EPS 的荧光峰荧光强度均较原样出现大幅削减,与模化 CST 的变化趋势一致,表明污泥脱水性能主要由 S-EPS、LB-EPS 和 TB-EPS 中的类芳香族蛋白、类络氨酸蛋白、可见光区类腐殖质和类富里酸荧光物共同决定。Yu 等[61]研究认为除类蛋白物质外,黏液 EPS(slime EPS)和 LB-EPS 中的类腐殖质与类富里酸荧光物也是影响污泥脱水性能的重要因素,这与本研究的结论基本相同。Katsiris 和 Kouzeli-katsiri[248]以及 Liu 和 Fang[249]也在污泥厌氧/好氧消化试验中相似发现,脱水性能随污泥腐殖化程度的增加而恶化。此外,Wang 等[230]和 Liu 等[185]也指出 EPS 中蛋白质类物质是膜污染的主要贡献者,蛋白质含量越高,膜阻抗越大,膜污染越严重。

由上述分析可知,脱水性能的改善与污泥 EPS 中关键荧光基团的降解和去除密切相关。$Fe(II)/S_2O_8^{2-}$ 体系通过形成活性极强的 SO_4^- · 自由基等,促进 EPS 荧光基团中特征官能团的破坏和高聚物骨架(polymeric backbone)间结合键的断裂[54],造成 EPS 结合水、胞内物质和细胞结合水等的释放,是提高污泥脱水效率的根本原因。

5. 强化脱水工程验证

污泥强化脱水验证工程位于无锡某污泥处理新型燃料有限公司,采用污泥调理压滤脱水制再生燃料技术路线,验证工程处理规模为 300 t/d。通过应用本书前期研发的新型调理剂,对污泥进行调理预处理,调理污泥经泵送设备传输至特制的耐压弹性板框压榨机压榨腔内,通过液压式压榨即可使污泥含水率快速下降至 60 wt.%以下。耐压弹性板框压榨机其板框内部增设弹性介质(图 5-11),在承受压力时可弹性收缩,故而可实现污泥水分的快速、充分脱除。调理污泥从泵送至压榨泥饼解脱,仅需 120~150 min。压榨后的泥饼含水率低而松脆,经 2~3 d 自然晾晒后,含水率即可降至 20 wt.%以下,热值 ≥3 000 kcal/kg (1 kcal=4.186 8 J)(图 5-12)。污泥再生燃料与热电厂燃煤 3∶7 掺烧后,可直接进行焚烧,目前,验证工程运行效果良好,已经正常运行 1 年。该污泥调理深度脱水工艺技术简单,脱水污泥满足焚烧或填埋的质量要求,省去露天养护环节,避免了恶臭等环境二次污染,大幅度提高污泥处理效率。

图 5-11　污泥压榨脱水装备及运行

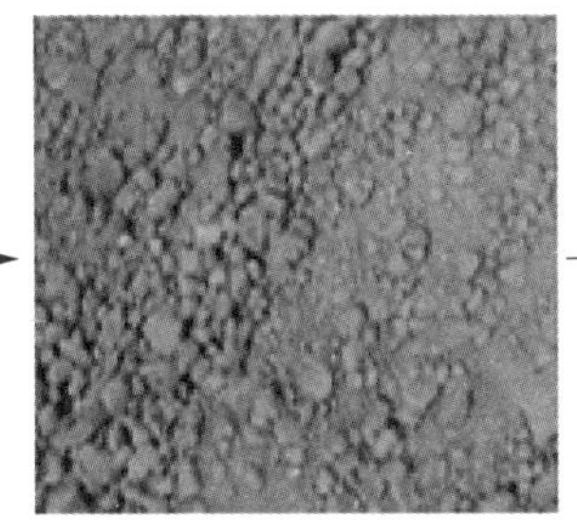

图 5-12　污泥生物质燃料

5.4　铁-硫($Fe(II)/S_2O_8^{2-}$)氧化对污泥厌氧自消化性能的影响

5.4.1　试验设计与内容

1. 污泥来源

厌氧自消化试验所用剩余污泥取自上海某全规模污水厂的二沉池，其基本特性见表 5-4 所示。

表 5-4　剩余污泥的物理化学性质

TSS/(g/L)	VSS/(g/L)	含水率/(wt. %)	pH	黏度/(mPa·s)	模化 CST/(s·L/g TSS)	电导率/(μs/cm)	氧化还原电位/mV
20.7±0.4	15.0±0.3	97.9±0.2	6.6±0.1	234.6±11.3	27.7±0.8	963±155	−4.5±0.5

2. 铁-硫($Fe(II)/S_2O_8^{2-}$)氧化调理预处理

取污泥试样 350 mL 于 500 mL 的玻璃烧杯中，投加定量([$S_2O_8^{2-}$]为 0、0.4 mmol/g、0.8 mmol/g 和 1.2 mmol/g VSS)(表 5－5)摩尔比为 1.25∶1 的 $Fe(II)/S_2O_8^{2-}$ 调理剂[237]，并在 300 r/min 恒温磁力搅拌器匀速搅拌状态下，持续调理 15 min；在特定时间间隔取 5.0 mL 污泥试样，以模化 CST(s·L/g TSS)为指标评价 $Fe(II)/S_2O_8^{2-}$ 氧化的脱水效率。

表 5－5　$Fe(II)/S_2O_8^{2-}$ 氧化调理预处理方案

样 品 编 号	$Fe(II)/S_2O_8^{2-}$ 投加量/mmol/g VSS	
	[$S_2O_8^{2-}$]	[Fe(II)]
Control	—	—
SF_0	0.4	0.5
SF_1	0.8	1.0
SF_2	1.2	1.5

3. 批式厌氧自消化跟踪试验

取 200 mL 预处理污泥装入 300 mL 血清瓶中，加盖橡胶塞和铝封。经氮气顶空吹扫 2 min(0.5 L/min)后放置于 37℃±1℃恒温摇床(DKY－II，上海某自动化设备有限公司)中进行厌氧消化，摇床振荡频率为 100 r/min，跟踪试验时间为 40 d。试验过程中，定期(第 12 天、18 天、25 天和 40 天)检测生物气中硫化氢(H_2S)浓度。生物气体积(mL)采用 10 mL 或 20 mL 玻璃针筒通过平衡血清瓶内部和外界气压测定[53]。

4. 分析方法

EPS 采用热提取法[59,181]提取，包括 S－EPS、LB－EPS 和 TB－EPS，具体步骤参见第 3 章 3.3.1 节。

H_2S 浓度采用亚甲蓝分光光度法(methylene blue spectrophotometric method)测定[250]。

5.4.2　结果与讨论

1. 铁-硫($Fe(II)/S_2O_8^{2-}$)氧化预处理

不同 $Fe(II)/S_2O_8^{2-}$ 氧化预处理下污泥的模化 CST 变化趋势如图 5－13 所示。可以看出，在整个调理过程中(15 min)，原生污泥(control)的脱水性能未发生明显变化，模化 CST 基本维持在 27.0～28.0 s·L/g TSS。然而，一旦投加 $Fe(II)/S_2O_8^{2-}$ 氧化剂后，污泥试样 SF_0、SF_1 和 SF_2 的模化 CST 可在 1 min 之内从起初的(27.7±0.8)s·L/g TSS 分别急剧下降至(5.2±0.5)s·L/g、(2.3±0.1)s·L/g 和(1.6±0.1)s·L/g TSS，削减率达 81.2%、93.3%和 94.2%；随后(1～15 min)，模化 CST 出现平台期，变化甚微(标准偏差 SD<0.5 s·L/g TSS)，证实 $Fe(II)/S_2O_8^{2-}$ 氧化可以显著强化污泥的脱水效率($F_{observed}=917.00$，$F_{significance}=6.59$，$p_{(0.05)}=3.95\times10^{-6}<0.05$)。这一发现与本书的前期研究结论极为一致[237,251]，但明显优于 Zhang 等[252]的高铁酸钾(K_2FeO_4)氧化效率，他们获得的最大 SRF 削减率仅为 30.5%。脱水效率的提高与 $Fe(II)/S_2O_8^{2-}$ 体系产生的 $SO_4^-\cdot$ 有关，$SO_4^-\cdot$ 通过加速污泥 EPS 降解与细胞融胞，促进 EPS 结合水和胞内结合水的释放，从而达到强化脱水的效果。

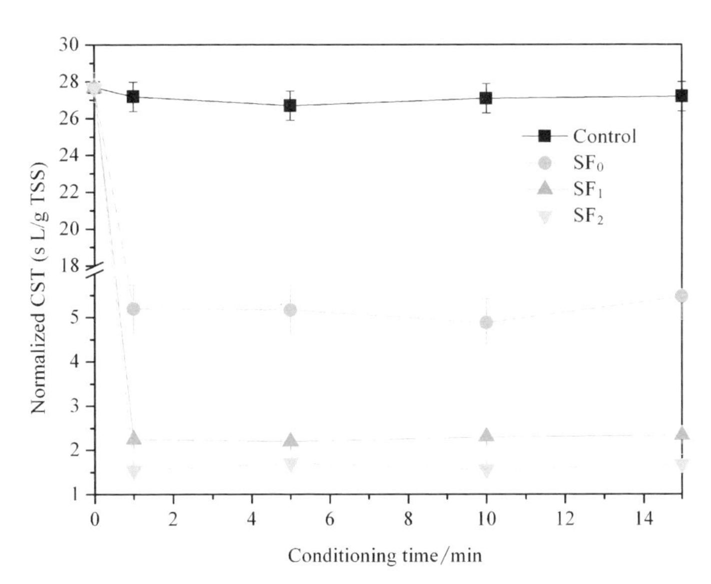

图 5-13　$Fe(II)/S_2O_8^{2-}$ 氧化预处理污泥的模化 CST 变化趋势

2. 厌氧自消化过程中污泥脱水性能的变化

不同预处理污泥脱水性能随厌氧自消化时间的变化曲线见图 5-14 所示。厌氧消化过程中污泥脱水性能的变化行为与 $Fe(II)/S_2O_8^{2-}$ 氧化存在与否密切相关。由图可知，厌氧自消化导致预处理污泥的脱水性能严重恶化，污泥试样 SF_0、SF_1 和 SF_2 的模化 CST 分别从第 1 天的(5.1±0.4)s·L/g、(2.5±0.1)s·L/g 和(1.7±0.2)s·L/g TSS 骤升至第 12 天的(17.0±0.1)s·L/g、(12.0±0.4)s·L/g 和(10.7±0.3)s·L/g TSS，较起始值增加约 233.3%、

380.0%和529.4%；随后，模化CST保持整体平稳直至追踪试验结束。相比而言，原生污泥(control)的模化CST在厌氧消化启动阶段(0～4 d)出现小幅降低，由起始的(27.7±1.1)s·L/g TSS减小至第4天的(15.6±0.1)s·L/g TSS；但随着自消化时间的推移，模化CST逐渐回升，并在第25天达到最大，约为24.0 s·L/g TSS。尽管在追踪试验结束时(40 d)，污泥试样SF_0、SF_1和SF_2的模化CST仍显著($p<0.05$)低于原生污泥(control)(分别低约10.9%、56.9%和37.6%)，但总体而言，脱水性能均明显变差，暗示厌氧自消化对污泥强化脱水极为不利。Tomei等[253]在污泥序批式厌氧-好氧消化处理试验研究中相似报道，厌氧阶段会导致污泥CST平均增长164.6%，在好氧阶段CST会继续增加60.1%。Houghton等[103]亦证实了厌氧消化对污泥强化脱水的不利影响。脱水性能的严重恶化部分归因于污泥水解过程大量细小荷电胶体颗粒和生物高聚物的分离与释放[254]，这不仅会增加污泥颗粒的Zeta电位，还易造成污泥滤饼和过滤介质的严重堵塞，故而固液分离效率降低。

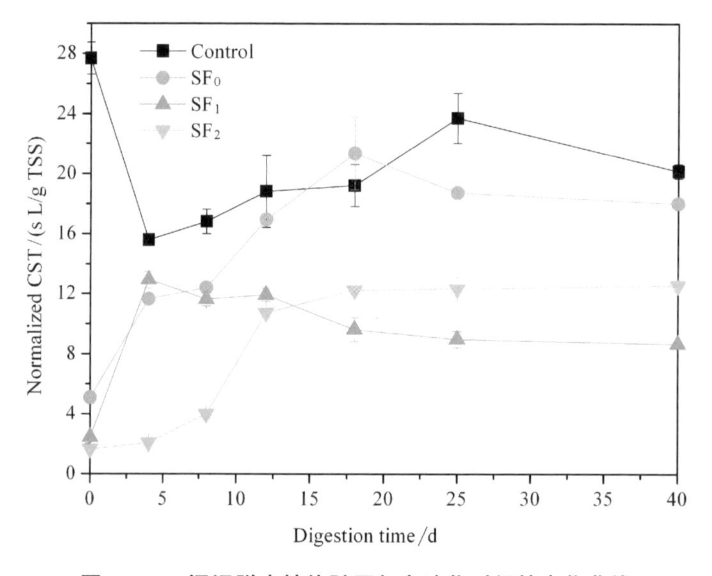

图5-14 污泥脱水性能随厌氧自消化时间的变化曲线

3. 厌氧自消化过程中污泥黏度的变化

尽管有关厌氧自消化污泥脱水性能的变化特性研究并不鲜见[68,255]，但自消化过程中有关污泥流变性(即黏度)的行为规律仍未见报道。污泥黏度随厌氧自消化时间的变化曲线如图5-15所示，污泥黏度受$Fe(II)/S_2O_8^{2-}$氧化剂投加量影响甚小，经 5 d 的自消化后，从起初的 208～234 mPa·s 快速下降至 101～121 mPa·s。从第 8 天起，原生污泥(control)的黏度明显低于试样 SF_0、SF_1 和 SF_2，与模化 CST 的变化趋势(图 5-14)相去甚远。

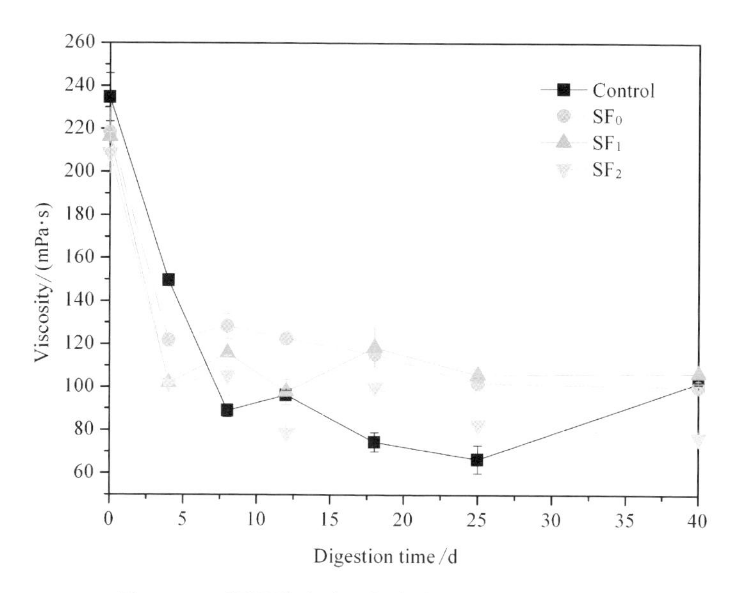

图 5-15　污泥黏度随厌氧自消化时间的变化曲线

黏度是影响污泥脱水性能的重要因素之一，一般而言，黏度越高，污泥越难以脱水。Jin 等[58]报道显示，污泥 CST 与黏度高度相关($R=0.756, p<0.002$)，污泥黏度升高，脱水性能变差。Li 和 Yang[59]也相似发现，污泥 SRF 与黏度之间存在强相关性($R=0.943, p=0.05$)。本书在第 5.3.2.3 节[237]中，也曾证实了黏度对污泥脱水的显著影响($R=0.883, p=0.00$)。然而，本项目中 Pearson 相关性分析显示，预处理试样 SF_0、SF_1 和 SF_2 的模化 CST 与黏度呈较强的负相关关系，R_p 分别为 $-0.854(p=0.014)$、$-0.900(p=0.006)$ 和 $-0.679(p=0.09)$，而原生污泥(control)的模化 CST 与黏度无明显相关性存在($R_p=0.492, p=0.264$)。这一发现与前人的研究结论有较大出入，甚至相反，造成这一现象的原因仍有待考究。但值得提及的是，黏度不仅与污泥理化特性有关[59,88]，而且受仪器和测试方法的影响[90]。不同因素的复杂交互作用一定程度上降低了黏度测量的准确度和可重复性，故而牵制了其作为脱水性能评价指标的应用潜能。污泥脱水影响因素繁多，作用机制复杂，因此，要系统阐明和揭示脱水机制不仅需要对黏度进行表征，还需对 EPS、粒径分布和 Zeta 电位等(见第 6 章)进行全面解析。

4. 厌氧自消化过程中污泥 TSS 和 VSS 的变化

污泥 TSS 和 VSS 随厌氧自消化时间的变化趋势见图 5-16,由图可知,随着厌氧自消化的推移,原生污泥(control)的 TSS 和 VSS 均出现大幅度减小,分别由起初的 20.7 L/g 和 15.1 L/g 下降至第 12 天的 15.4 L/g 和 10.3 L/g,去除率约为 25.4%和 32.0%。而对于预处理污泥,$Fe(II)/S_2O_8^{2-}$ 调理剂的投加严重抑制了污泥的降解,而且调理剂投加量越高,TSS 和 VSS 去除效率越差。预处理试样 SF_0、SF_1 和 SF_2 的 TSS 和 VSS 去除效率分别为 24.0%、29.0%、14.0%和 21.6%以及 17.0%和 16.9%,明显低于原生污泥(control)($p<0.05$)。厌氧跟踪试验结束时,原生污泥(control)的 TSS 和 VSS 分别减小至 14.0 L/g 和 9.0 L/g,去除效率达 32.0%和 41.0%,较预处理污泥分别高出 8.0%~16.0%和 11.0%~18.9%。Tomei 等[253]获得的 VS 去除率为 32%±5%。Ferrer 等[255]在污泥中温厌氧消化试验研究中给出的 VS 去除效率在 40%~50%之间。

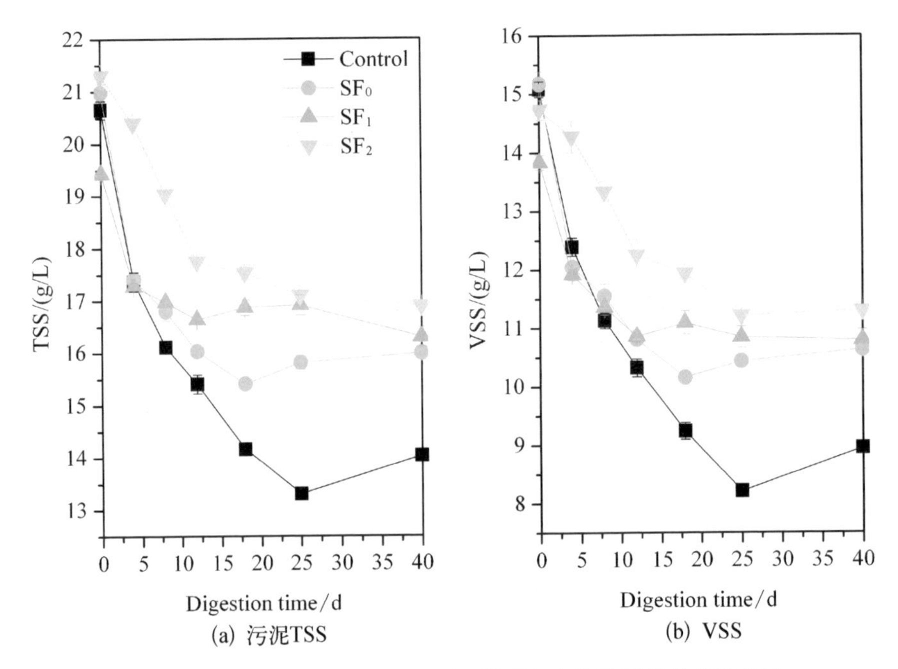

(a) 污泥TSS (b) VSS

图 5-16 污泥 TSS (a) 和 VSS (b)随厌氧自消化时间的变化曲线

大量报道所述,诸多预处理技术,如超声波[254]、酸[16]、热碱/皂化(saponication)[256]和微波-碱耦合[132]等可以促进污泥破裂,加速水解,提高污泥厌氧消化速率。相反,$Fe(II)/S_2O_8^{2-}$ 氧化预处理虽可加速污泥固相溶解,对其厌氧消化极端不利，消化速率明显变缓。预处理污泥 TSS 和 VSS 去除效率的下降可能与微生物代谢活性的受抑制有关。$Fe(II)/S_2O_8^{2-}$ 氧化通过形成SO_4^- • 自由基，穿透微生物细胞膜，增加细胞膜渗透压，导致裸露细胞的破裂和微生物失活。因此，污泥自消化性能被严重抑制。

5. 厌氧自消化过程中污泥 EPS 的变化

EPS 是影响污泥脱水性能的重要因素之一。EPS 尤其是 LB－EPS，通常结构松散，且多孔而蓬松，持水性极强[231]。因此，EPS 含量越高，EPS 结合水含量越多，污泥脱水性能就越差。Neyens 等[54]曾指出，EPS 的降解有助于降低污泥胶体持水性，加速 PES 结合水的游离和释放，提高污泥脱水效率。Li 和 Yang[59]在文章中称，大量 LB－EPS 的存在对污泥压滤和脱水十分不利。本项目也相似发现，模化 CST(图 5－14)与 LB－EPS 和 TB－EPS(图 5－16)的变化趋势相一致，EPS 含量升高，模化 CST 增大，污泥脱水性能变差。EPS 作为污泥胶体的主要有机组分，不仅在维系微生物聚合体的结构完整和功能齐全等方面发挥着关键角色，同时，也是污泥絮体内微生物菌落有效抵抗外界环境毒性的重要防护膜[51]。如图 5－17 所示，在低 $Fe(II)/S_2O_8^{2-}$ 投加量下(SF_0 和 SF_1)，EPS 含量未因厌氧自消化时间的推进而发生明显改变。而当 Fe(II)和 $S_2O_8^{2-}$ 投加量增至 1.2 mmol/g 和 1.5 mmol/g VSS 时(SF_2)时，污泥 LB－EPS 和 TB－EPS 均出现大幅下降，分别从起初的 58.3 mg • TOC/g 和 64.4 mg • TOC/g 减小至第 8 天的 35.0 mg • TOC/g 和

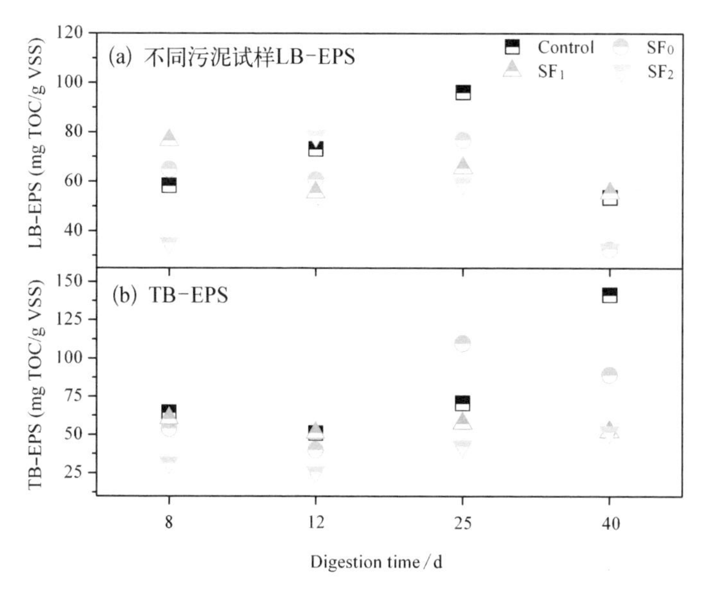

图 5－17 不同污泥试样 LB－EPS(a)和 TB－EPS(b)的变化特征

31.7 mg·TOC/g VSS。此时，试样 SF_2 的 TSS 和 VSS 去除效率明显变差，仅为原生污泥(control)的 48.6%和 35.8%(图 5-16)。这一发现暗示，EPS 含量的减小是Fe(II)/ $S_2O_8^{2-}$ 预处理污泥自消化进程受抑制的直接原因。EPS 通过阻断化学毒素向细胞内的渗透路径，为微生物菌落的正常演替和繁殖提供安全的生存环境[51,53]。如 Hessler 等[52]研究所证实，EPS 含量的增加可有效增强微生物菌落的抗 UV/TiO_2辐射能力，降低细胞破解度。

如 3D-EEM 荧光光谱分析所证实(图 5-18)，当 Fe(II)/$S_2O_8^{2-}$ 投加量过高时(SF_2)(图 5-18(a))，大量 SO_4^-·的形成会加速 EPS 的氧化降解和污泥胶体结构的破损，类络氨酸(Peak A，Ex/Em 为 270～280 nm/310～315 nm)和类色氨酸蛋白荧光物(Peak B，Ex/Em 为 270～280 nm/340～360 nm)荧光峰明显降低，EPS 防护层的防御能力受到严重削弱。而且，Fe(II)/$S_2O_8^{2-}$ 氧化的抑制效应也会进一步阻碍厌氧消化过程中EPS的分泌和再生，直至厌氧自消化第 8 天(图 5-18(b))，EPS 含量均处于较低状态。因此，在 Fe(II)/$S_2O_8^{2-}$ 氧化的双重抑制效应下，微生物活性和自消化速率均急剧变差。在追踪试验中后期，尽管 EPS 含量出现轻微上升(图 5-17)，但污泥厌氧自消化性能并未发生任何改观，可见

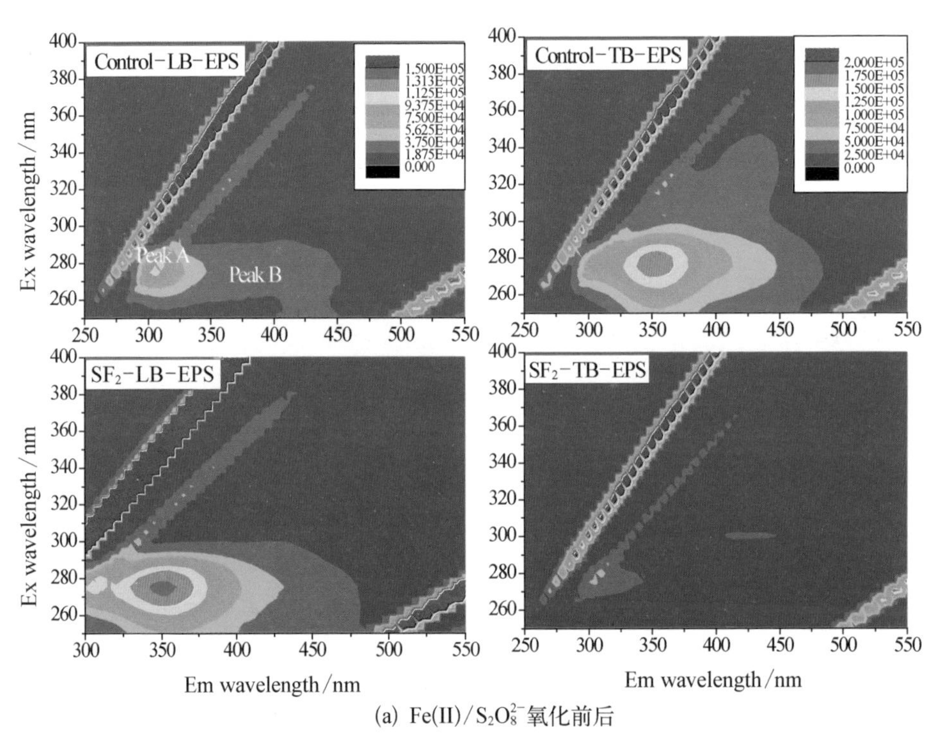

(a) Fe(II)/$S_2O_8^{2-}$氧化前后

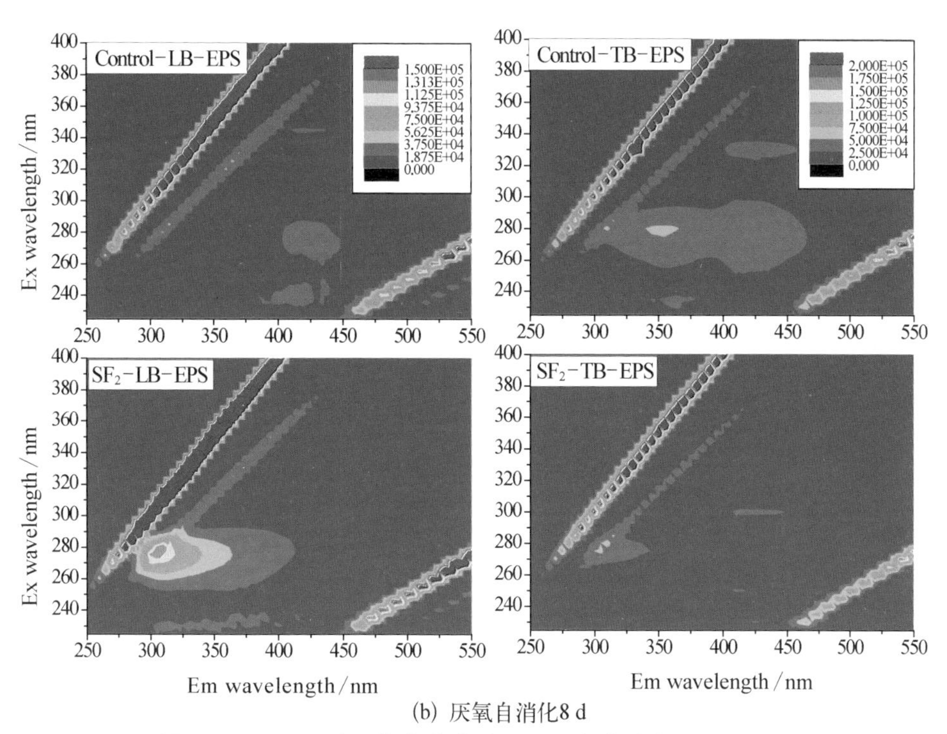

(b) 厌氧自消化8 d

图 5-18　$Fe(II)/S_2O_8^{2-}$ 氧化前后(a)和厌氧自消化 8 d(b)不同 EPS 组分的 3D-EEM 荧光光谱图

微生物活性对高剂量 $Fe(II)/S_2O_8^{2-}$ 氧化的毒性效应极为敏感。因此，$Fe(II)/S_2O_8^{2-}$ 氧化虽是一种高效的污泥脱水预处理方法，但用于强化污泥厌氧自消化时效果并不理想。

6. H_2S 的释放与抑制

$Fe(II)/S_2O_8^{2-}$ 氧化的应用会不可避免地向污泥中引入 $S_2O_4^{2-}$ 和 S^{2-} 等溶解性硫化物[257]，因此，预处理对污泥厌氧自消化过程中 H_2S 产出潜能的影响有待探究。表 5-6 给出了不同预处理条件下 H_2S 的累积产生情况。低投加量的 $Fe(II)/S_2O_8^{2-}$ 氧化(SF_0)会导致 H_2S 产量的显著增加($p<0.05$)，第 40 天时的累积体积约为(1 903.2±50.1)mL，较原生污泥(control)增加 243.4%；然而当 [Fe(II)]≥1.0 mmol/g VSS、$[S_2O_8^{2-}]$≥0.8 mmol/g VSS 时，H_2S 产生受到明显抑制，预处理试样 SF_1 和 SF_2 的 H_2S 累积产量分别为(218.7±41.1)mL 和(362.4±23.0)mL，较原生污泥(control)削减 60.5%和 34.6%。H_2S 产量的减小主要由以下 3 个因素引起：(i) 硫酸盐还原菌(sulfate-reducing bacteria, SRB)活性极低，硫酸盐还原形成 H_2S 的生物合成路径被阻断；(ii) $SO_4^{-}\cdot$ 对

H_2S 重要产生源 PN[257]的有效矿化，降低了其向 H_2S 的转化；(iii) 通过铁硫反应途径以 FeS、FeS_2 和 S^0 等难溶物的形式被沉淀和固定[250]。由上述分析可知，合适剂量的 Fe(II)/$S_2O_8^{2-}$ 氧化对污泥的恶臭(H_2S)污染控制具有重要的工程应用价值。

表 5-6　不同预处理污泥的 H_2S 累积产生情况(μg)

样品编号	厌氧消化时间/d			
	12	18	25	40
Control	166.1±5.5	240.0±38.9	365.1±8.5	554.3±45.0
SF_0	161.9±65.3	385.4±46.9	745.5±11.0	1 903.2±50.1
SF_1	17.7±4.8	107.1±60.3	211.1±50.9	218.7±41.1
SF_2	36.9±28.8	70.5±31.5	184.7±63.2	362.4±23.0

5.5 小　　结

(1) Fe(II)/$S_2O_8^{2-}$ 氧化调理能显著改善污泥的脱水性能，当 $S_2O_8^{2-}$ 和 Fe(II) 的添加量分别为 1.2 mmol/g VSS、1.5 mmol/g VSS、pH 为 3.0～8.5 时调理效果最佳，经 1 min 预处理后，污泥 CST 即可由起初的 210 s 减少至 18 s，削减率达 88.8%。

(2) Fe(II) 投加方式对 Fe(II)/$S_2O_8^{2-}$ 氧化的强化脱水效率无明显影响，Fe(II) 1 次和分 3 次投加的 CST 削减率分别为 83.9%和 87.9%，仅增 4.0%；Fe(II)/$S_2O_8^{2-}$ 氧化的 pH 操作范围较广(3.0～8.5)，原生污泥 pH 基本维持在此范围内，故无需 pH 调节。

(3) Fe(II)/$S_2O_8^{2-}$ 氧化受污泥源控制较小，1 min 预处理之后，Sample 1、Sample 2 和 Sample 3 的模化 CST 分别从初始的 13.79 s · L/g、11.90 s · L/g和 23.45 s · L/g TSS 快速下降至 1 min 后的 2.73 s · L/g、1.62 和 4.39 s · L/g TSS，模化 CST 最终削减率达 80.2%、86.4%和 81.3%，污泥脱水性能均大幅改善。

(4) EPS 和黏度是影响污泥脱水的关键因素。CST 与黏度呈显著正相关关系(R_p=0.883，p=0.00)，黏度越高，污泥脱水难度越大；而 EPS 黏附于污泥胶体和微生物细胞表面，高度亲水，因此，EPS含量越高，污泥与液相黏附力越大，黏度越大，携带EPS结合水越多。故降低黏度和去除EPS是提高污泥脱水效率的重要前提。

(5) 3D-EEM荧光光谱分析揭示，污泥脱水性能由S-EPS、LB-EPS和TB-EPS中的类芳香族蛋白、类络氨酸蛋白等荧光物质共同决定。脱水性能的改善与EPS关键荧光基团的降解和矿化密切相关。$Fe(II)/S_2O_8^{2-}$体系通过形成活性极强的$SO_4^-\cdot$自由基，促进EPS荧光基团特征官能团的破坏和高聚物骨架间结合键的断裂，造成胶体失稳和细胞溶融破解，细胞结合水和胞内有机物获得释放。

(6) $Fe(II)/S_2O_8^{2-}$氧化虽可强化污泥脱水，但对污泥厌氧自消化并非有利。$SO_4^-\cdot$通过破坏EPS防护层，阻碍厌氧自消化过程中EPS的分泌和再生，加速微生物细胞的破裂与失活，延缓自消化进程；预处理污泥的TSS和VSS去除效率显著减小($p<0.05$)，较原始污泥分别削减8.0%～16.0%和11.0%～18.9%；水解步骤导致大量细小荷电胶体和生物高聚物的分离与释放，造成污泥滤饼和过滤介质的严重堵塞，导致预处理污泥模化CST回升，固液分离效率变差。

(7) 当$[Fe(II)]\geqslant 1.0$ mmol/g VSS、$[S_2O_8^{2-}]\geqslant 0.8$ mmol/g VSS时，H_2S产生受到明显抑制，累积产量较原生污泥削减34.6%～60.5%，因此，合适剂量的$Fe(II)/S_2O_8^{2-}$氧化对污泥恶臭(H_2S)的污染控制具有较高的工程应用价值。

第6章 铁-硫($Fe(II)/S_2O_8^{2-}$)氧化衍生耦合污泥强化脱水

6.1 低温热(25℃～80℃)-$Fe(II)/S_2O_8^{2-}$氧化衍生耦合脱水技术

热处理(thermal pretreatment)是一种经典的污泥预处理方法,能够破解微生物细胞壁,释放细胞内物质和结合水,增强污泥厌氧消化和脱水性能,通常采用的温度范围在40℃～200℃[10-11]。Bougrier等[113]给出的最适宜的温度阈值为150℃,温度过低则不利于污泥脱水。Liu等[258]发现175℃、60 min的热处理可有效破坏污泥细胞,促进可溶性糖和蛋白质的溶出与生物降解,污泥黏度降低,脱水性能变好。但热处理也存在诸多不足,主要表现为能耗过高;同时,热处理温度过高(>180℃)还易导致大量毒性、抑制性的中间体(toxic/inhibitory intermediates)的释放[259]。故而,操作费用昂贵,环境安全令人担忧。

近年来,热化学耦合预处理(thermo-chemical pretreatment)作为一种能耗密集、经济高效的预处理手段逐渐兴起。Guan等[86]论述了$CaCl_2$溶液-低温(50℃～90℃)耦合工艺用于污泥脱水的可行性,发现协同预处理可以增强Ca^{2+}-胶体的架桥连接,促进污泥沉降和脱水。Abelleira等[116]研究也证实,H_2O_2-低温耦合预处理可以极大地降低污泥的滤过时间(time-to-filter,TTF),提高污泥脱水效率。Neyens等[10]采用H_2SO_4-低温联合强化污泥脱水时获得的滤饼含固率高达70 wt.%,较原样滤饼高出47.5%。此外,$Ca(OH)_2$-低温(100℃)联用强化污泥脱水亦有报道,污泥脱水效果显著[18]。可以看出,热化学耦合预处理不仅具有协同增效的优点,而且温度适中,因此,是平衡能耗与效益的理想选择。

以本书前期研究成果(第 5 章)为基础,本章提出低温热(25℃～80℃)-$Fe(II)/S_2O_8^{2-}$ 氧化衍生耦合预处理强化污泥脱水新思路,以 CST、Zeta 电位、粒径分布等为评价指标,以 3D - EEM 荧光光谱、傅里叶红外光谱(FT - IR)和扫描电子显微镜(SEM)等尖端设备为手段,系统评估协调增效机制与强化脱水机理。为研发和构建联合、高效与环境友好型污泥脱水与管理技术新体系提供理论依据。

6.1.1　材料与试验设计

1. 剩余污泥

剩余污泥取自上海市某污水处理厂的二沉池,基本特性见表 6 - 1。

表 6 - 1　剩余污泥的物理化学性质

含水率/(wt.%)	pH	CST/s	黏度/(mPa·s)	TSS/(g/L)	VSS/(g/L)	电导率/(μs/cm)	氧化还原电位/mV
97.2±0.1	5.9±0.1	3 006.1±160.0	293.2±19.0	26.4±0.2	20.4±0.2	1 575.0±7.1	33.3±2.1

2. 低温热(25℃～80℃)- $Fe(II)/S_2O_8^{2-}$ 氧化衍生耦合调理预处理

序批式低温热(25℃～80℃)- $Fe(II)/S_2O_8^{2-}$ 氧化衍生耦合脱水试验,在配备有温控探头和磁力搅拌系统的 DF - 101S 型集热式磁力搅拌器(西域机电,上海)上进行。取 300 mL 污泥试样,加热至预定温度(25℃、40℃、60℃和 80℃)后,投加定量摩尔比为 1.25∶1 的 $Fe(II)/S_2O_8^{2-}$ 调理剂[237],并在 200 r/min 搅拌状态下,持续调理 20 min。在特定间隔取 5.0 mL 样品,以 CST 为指标评价其脱水性能。

3. EPS 的提取

EPS 采用修订的热提取法[260]提取。取事先浓缩至 5.0 g/L 的污泥试样 50 mL,在 4℃、4 000 g 条件下离心 5 min,分离提取 S - EPS;剩余污泥颗粒采用超纯水清洗 2 次后,磨碎至粒径＜0.18 mm;然后,用超纯水稀释到初始体积(50 mL),并在 80℃水浴锅中热处理 30 min,待热处理结束后,取出污泥悬浮液并在 4℃、5 000 g 下离心 15 min,上清液即为附着型 EPS(B - EPS)。EPS 样品经 0.45 μm 微孔滤膜过滤除渣后,保存于 4℃冰箱。

4. 测试方法

污泥试样抽滤脱水后,于 105℃烘干 24 h,研磨后用于 FT - IR 分析。

6.1.2 结果与讨论

1. 污泥脱水性能评价

不同低温热（25℃～80℃）- Fe(II)/$S_2O_8^{2-}$ 氧化预处理条件下，污泥脱水性能的变化趋势如图 6-1(a)所示。热处理单独作用下，预处理温度为 25℃时，在整个调理过程（20 min），CST 变化甚微，基本维持在（3 006.1±160.0）s～（3 119.2±92.5）s 范围内；当温度升高至 60℃和 80℃，CST 急剧增加至（4 981.5±202.7）s 和（7 074.7±631.9）s，较原生污泥分别增加约 65.7%和 135.4%，暗示单独热处理会导致脱水性能的严重恶化。这一发现与 Bougrier 等[113]的研究极为相似，Bougrier 等[113]将热处理温度由 20℃升高至 130℃时，CST 相应由 1 300 s 快速攀升至 2 030 s；Guan 等[86]的文章报道了相似发现，80℃、120 min 的热处理可以导致 CST 增加近 2.0 倍；Abelleira 等[116]也证实，<125℃的热处理会显著降低污泥的脱水效率。脱水性能的急剧恶化可能与热处理作用下微生物细胞壁的破解和细胞物质的释放有关[261-262]。

相比而言，当与 Fe(II)/$S_2O_8^{2-}$ 氧化耦合联用时（[Fe(II)]=1.5 mmol/g VSS；[$S_2O_8^{2-}$]=1.2 mmol/g VSS），CST 随热处理温度的增加快速削减，当温度为 25℃、40℃、60℃、80℃时，经 5 min 的调理后，CST 即可由起始的（3 006.1±160.0）s 分别下降至预处理后（174.2±23.6）s、（136.9±37.5）s、（103.3±14.4）s 和（106.3±12.8）s，削减率高达 94.2%、95.4%、96.6%和 96.5%；随后，CST 出现平台期，在随后的 15 min 内几乎维持不变。表明低温热- Fe(II)/$S_2O_8^{2-}$ 氧化衍生耦合预处理技术具有闪速、高效等优点，可在极短时间内实现污泥脱水性能的大幅改善。

图 6-1(b)给出了不同预处理温度下 Fe(II)/$S_2O_8^{2-}$ 投加量（Fe(II)/$S_2O_8^{2-}$ 摩尔比为 1.25∶1）对污泥脱水性能的影响。CST 随 $S_2O_8^{2-}$ 投加量的增加而逐渐减小，并在 1.2 mmol/g VSS（即[Fe(II)]=1.5 mmol/g VSS）处达到最佳；随后，脱水性能受 $S_2O_8^{2-}$ 影响甚小，CST 基本保持平稳。因此，最佳的 Fe(II)/$S_2O_8^{2-}$ 预处理条件为：[Fe(II)]=1.5 mmol/g VSS、[$S_2O_8^{2-}$]=1.2 mmol/g VSS。对于温度而言，如同预料，在特定的 Fe(II)/$S_2O_8^{2-}$ 投加量下，脱水效率随预处理温度的增加而增加。以[Fe(II)]=1.5 mmol/g VSS、[$S_2O_8^{2-}$]=1.2 mmol/g VSS 为例（图 6-1(b)），当温度由 25℃增加至 40℃、60℃和 80℃时，CST 从（188.6±9.4）s 分别减小至预处理后的（157.3±2.1）s、（131.0±

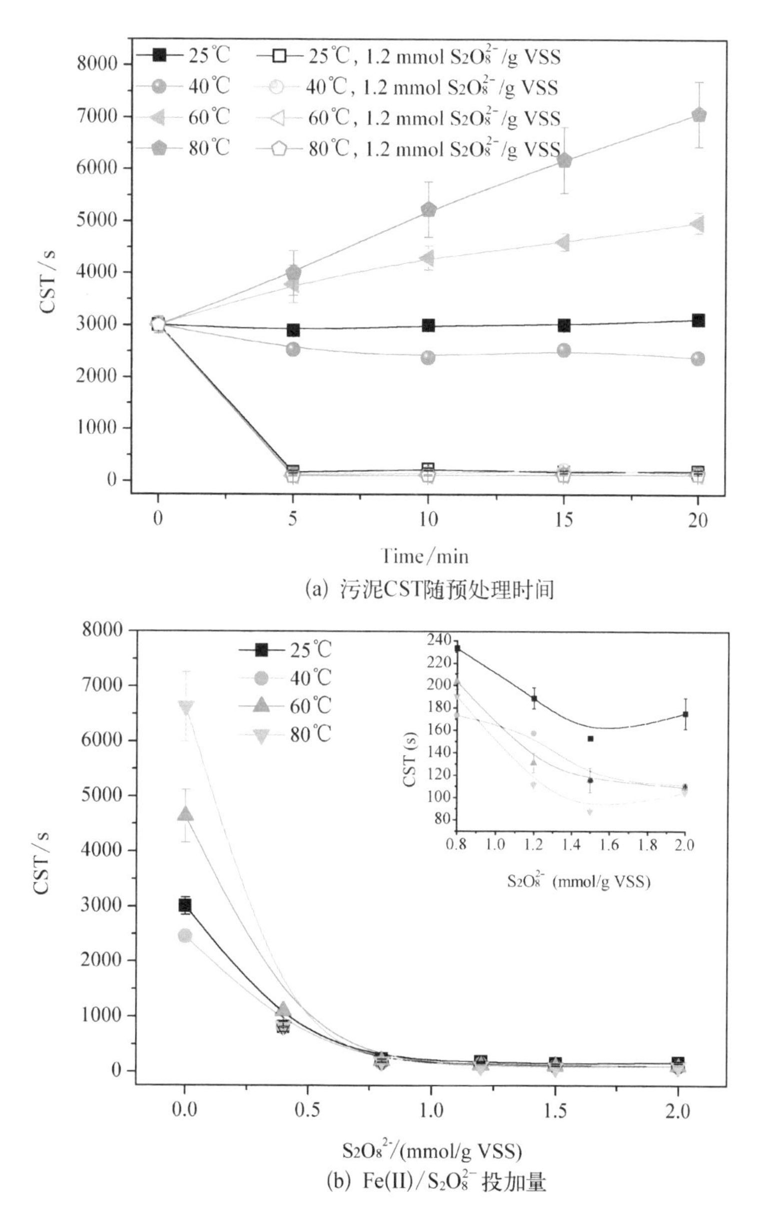

图 6-1　污泥 CST 随预处理时间(a)和 $Fe(II)/S_2O_8^{2-}$ 投加量(b)的变化趋势($Fe(II)/S_2O_8^{2-}$ 摩尔比为 1.25：1,下同)

8.6)s和(111.5±2.7)s,相应削减了约 16.6%、30.5%和 40.9%。Yang 等[263]在以 $S_2O_8^{2-}$ 为氧化剂的偶氮染料酸性橙红(azo dye Acid Orange 7,AO7)的降解试验中,也证实了温度提高对强化 AO7 降解的积极效应。杨照荣等[264]在热激活 $S_2O_8^{2-}$ 降解卡马西平的研究亦发现,当 $S_2O_8^{2-}$ 浓度为 8.0 mmol/L、反应时间 90 min 时，卡马西平的降解率可由 30℃时的 15.7%增加至 40℃下的 52.7%，以及 50℃时的 65.5%。这种强化效应主要归因于 Fe(II)和热对 $S_2O_8^{2-}$ 的协同激活作用[215]，温度越高，$S_2O_8^{2-}$ 中的 O—O 键越容易断裂[264]，分解产生的自由基 SO_4^- · 就越多，对 EPS 降解、细胞壁破坏和脱水强化就愈加有利。

由上述分析可以看出，低温热(25℃～80℃)- Fe(II)/$S_2O_8^{2-}$ 氧化衍生耦合预处理技术具有操作温度低、作用时间短、处理效率高等优点，为污泥的强化脱水提供了新方法，开启了新思路。

2. Zeta 电位的影响

Zeta 电位是影响污泥脱水性能的重要因素之一，不同操作温度下污泥胶体 Zeta 电位的变化情况(图 6-2(a))。由图可知，原生污泥在 25℃时的 Zeta 电位为(−12.6±1.4)mV；当温度增加至 80℃时，Zeta 电位快速升至(−18.0±1.6) mV，污泥颗粒表面所带的负电荷急剧增加。如 Laurent 等[265]、Audrey 等[261]和 Guan 等[86]学者所言，Zeta 电位的增加可能与热处理条件下，微生物细胞破裂引起的大量带负电荷的生物高聚物与无机组分的无序释放有关，高聚物浓度越高，胶体表面负电荷聚集越多，因而 Zeta 电位就越高。

然而，Fe(II)/$S_2O_8^{2-}$ 氧化的耦合使用可以一定程度，甚至完全消除单独热处理对 Zeta 电位造成的不利影响。如图 6-2(a)可知，当[Fe(II)]=1.0 mmol/g VSS、[$S_2O_8^{2-}$]=0.8 mmol/g VSS 时，Zeta 电位随预处理温度的增加几乎恒定不变；当[Fe(II)]>1.5 mmol/g VSS、[$S_2O_8^{2-}$]>1.2 mmol/g VSS 时，Zeta 电位随温度的增加而略有减小，暗示颗粒表面荷电量的减小。这主要是因为，Fe(II)/$S_2O_8^{2-}$ 氧化可以通过自由基降解途径或产生于 Fe(II)/$S_2O_8^{2-}$ 体系的 Fe(II)和 Fe(III)的电中和作用，降低热处理下产生的负电性高聚物的浓度或电荷量，从而修正和维系颗粒的 Zeta 电位平衡。

此外，Fe(II)/$S_2O_8^{2-}$ 浓度亦对 Zeta 电位产生明显影响，如图 6-2(b)所示，Zeta 电位随 Fe(II)/$S_2O_8^{2-}$ 投加量的增加而逐渐降低。在预处理温度分别为 25℃、40℃、60℃和 80℃时，当 $S_2O_8^{2-}$ 投加量从 0 增加至 1.2 mmol/g VSS 时，Zeta 电位分别由(12.6±1.4)mV、(−12.8±1.4)mV、(−14.5±2.1)mV 和(−18.0±1.6)mV 下降至(4.2±0.2)mV、(−2.8±0.4)mV、(−2.9±0.4)mV 以及(−0.4±0.1)mV；此后，随着Fe(II)/ $S_2O_8^{2-}$ 投加量([Fe(II)]>1.5 mmol/g VSS、[$S_2O_8^{2-}$]>1.2 mmol/g VSS)的持续增加，Zeta 电位逐渐平稳，并趋近于等

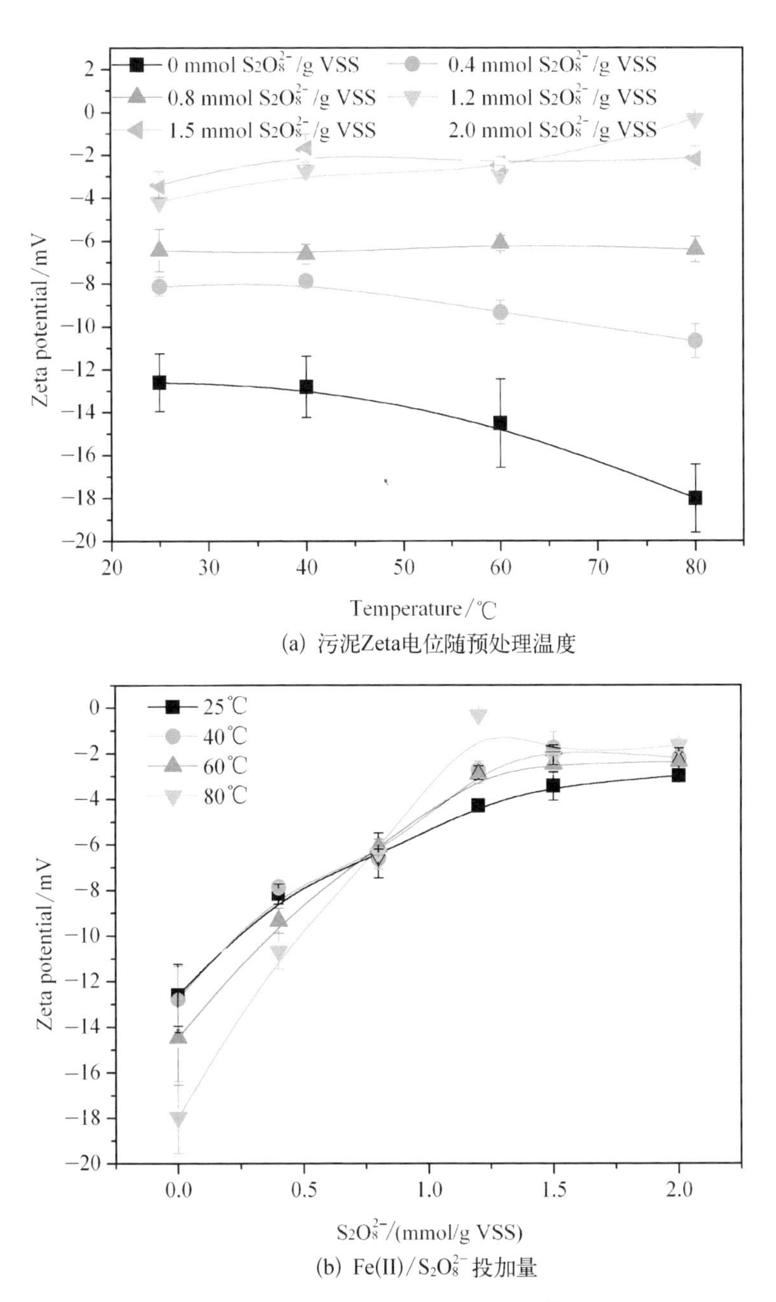

图 6-2　污泥 Zeta 电位随预处理温度(a)和 $Fe(II)/S_2O_8^{2-}$ 投加量(b)的变化趋势

电点(zero point of charge, 0 mV)。污泥胶体的聚凝性能与颗粒表面荷电量有关,根据 DLVO 理论(Derjaguin Landau Verwey Overbeek theory)[266],带相同负电性的胶体颗粒相互靠近到一定程度会因压缩双电层而产生静电斥力,Zeta

电位越低，荷电量越少，胶体表面静电斥力越小，可压缩性越强，疏水性能越好，则越有利于污泥胶体的聚集和泥水分离。

当[Fe(II)]=1.5 mmol/g VSS、[$S_2O_8^{2-}$]=1.2 mmol/g VSS时，污泥Zeta电位(−0.4±0.1 mV)接近于0 mV，因此，沉降和脱水性能达到最佳。Liu等学者[98]的研究也证实生物淋滤污泥的脱水性能会随Zeta电位(由−28 mV减小至约0 mV)的降低而极大改善。

3. 粒径分布的影响

不同预处理条件下污泥胶体颗粒的体积粒径分布规律如图6-3所示。从图中可以看出，在25℃时，污泥颗粒的粒径分布特征受Fe(II)/$S_2O_8^{2-}$氧化预处理影响较小，粒径大于(110.4±5.7)μm的污泥颗粒累积体积占50%，即dp50>(110.4±5.7)μm(图6-3(a))。此外，当热处理单独作用时(图6-3(b)~(d))，颗粒粒径并未因操作温度的增加而出现大幅波动，分布特征基本维持相同，暗示低温热处理(40℃~80℃)的破解能力较为缓和，不会造成污泥絮体的

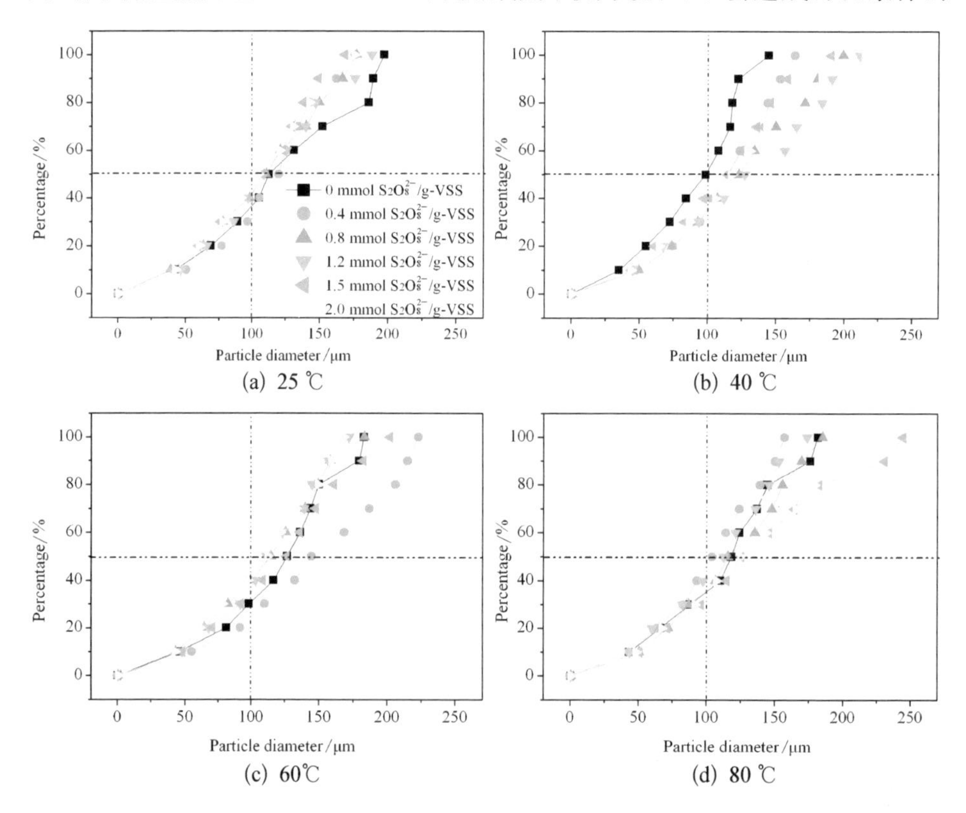

图6-3 不同温度下粒径分布与Fe(II)/$S_2O_8^{2-}$投加量的变化关系

彻底瓦解。Laurent 等[265]的研究也证实,热处理(50℃～95℃)虽有利于污泥融胞,但对胶体结构的破坏作用却十分有限。

不过,当 $Fe(II)/S_2O_8^{2-}$ 氧化耦合联用时,低温热处理对颗粒分布规律的影响开始增强。如图所示,随着 $Fe(II)/S_2O_8^{2-}$ 投加量的增加,粒径分布曲线向粒径增大的方向偏移,在 40℃、60℃ 和 80℃ 时,颗粒的 dp50 值分别增加到了 (119.4±5.4) μm、(124.2±13.0) μm 和 (117.6±8.6) μm。根据 Bougrier 等[11]和 Audrey 等[261]学者的"再絮凝理论(re-flocculation phenomenon)假说",污泥粒径的增大可能与絮体的再絮凝效应有关。低温热(25℃～80℃)- $Fe(II)/S_2O_8^{2-}$ 氧化的耦合作用易导致胞内和胞外物质的过度溶出,并于液相均匀分散,这些被释放的生物大分子高聚物通过架桥途径最终增强了破裂絮体的再聚合。另外,粒径的增加还源自 $Fe(II)/S_2O_8^{2-}$ 体系中 Fe(II) 和 Fe(III) 的助凝效应,阳离子 Fe(II) 和 Fe(III) 作为助凝剂可以吸附于带负电性的污泥胶体表面,通过电中和、吸附架桥和网捕沉淀等作用[98]促进胶体的聚团和颗粒化。

粒径分布是影响污泥脱水效率的重要因素[162,251],一般而言,"超级胶体颗粒"(1～100 μm)含量越高,污泥滤饼微孔越易堵塞,脱水效率便会越差[71]。然而,由上述分析不难发现,低温热(25℃～80℃)- $Fe(II)/S_2O_8^{2-}$ 氧化耦合技术具有对污泥絮体"高度破解"和"再度絮凝"的双重功效,"高度破解"可以为颗粒内部结合水的有效释放提供通道,而"再度絮凝"则为污泥碎片的再度聚凝和泥水分离的强化创造条件。污泥絮体"再度絮凝",因此,脱水性能明显提高。

4. 3D - EEM 荧光光谱分析

EPS 是影响污泥脱水效率的关键因素[9],EPS 精确作用机制的系统揭示是构建和完善污泥强化脱水理论体系的重要组成部分[151,186,202,249]。原生污泥和 $Fe(II)/S_2O_8^{2-}$ 氧化预处理污泥不同 EPS 组分(即 S - EPS 和 B - EPS)的典型 3D - EEM 荧光光谱特征如图 6 - 4 所示,预处理污泥的试验条件为:[Fe(II)]=1.5 mmol/g VSS、[$S_2O_8^{2-}$]=1.2 mmol/g VSS、预处理温度 25℃,调理时间为 20 min。

由图 6 - 4 可知,EPS 共检出 4 个荧光特征峰(Peak A～D),其中,Peak A 位于 Ex/Em 波长 270～280 nm/305～310 nm 处,属于 Chen 等[188]人提出的 EEM 荧光光谱图 5 区分布法中的类络氨酸蛋白荧光物(tyrosine protein-like substances);Peak B 位于 Ex/Em 波长 280 nm/350 nm～360 nm 处,与类色氨

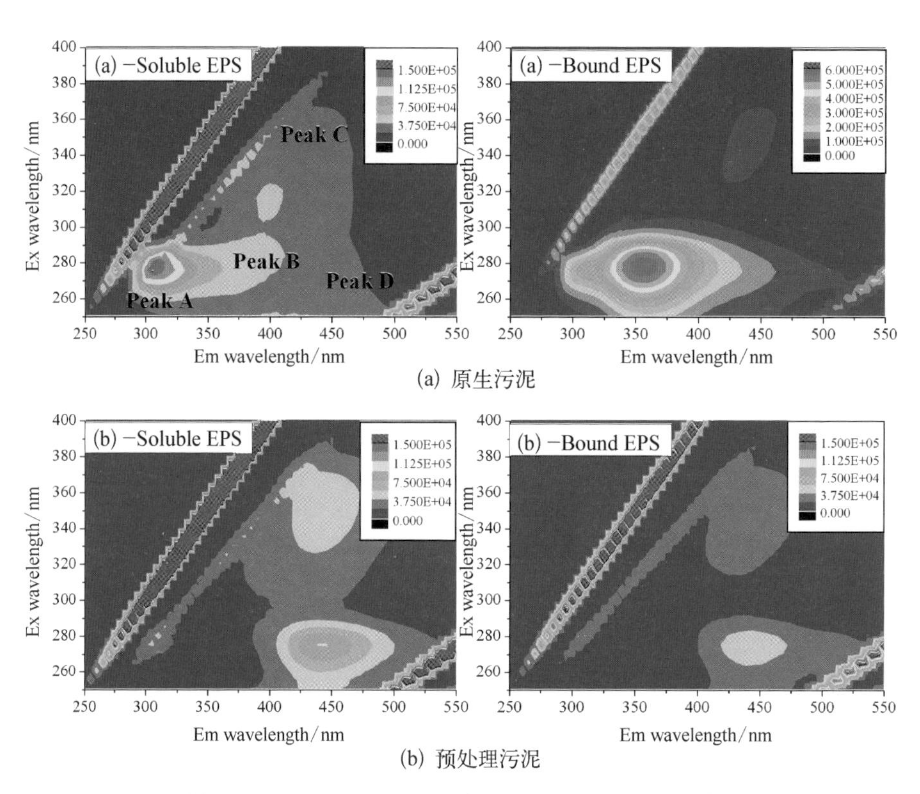

图 6-4 原生污泥(a)和预处理污泥(b)中 S-EPS 和 B-EPS 的典型荧光光谱图

酸蛋白荧光物有关[188]，与学者 Baker[245] 描述的类蛋白荧光峰(Ex/Em 276～281 nm/340～370 nm)相比，沿发射波长出现了蓝移；Peak C 和 Peak D 的 Ex/Em 波长分别为 345 nm/435～445 nm 和 275 nm/435～445 nm，属于可见光区类腐殖质荧光物和类富里酸荧光物[230,246]，在 Coble[246] 和蔡文良等[267] 文章报道的天然 DOM 以及论文前期提取的污泥 EPS[251] 中也均有检出。较 Mobed[247] 报道的腐殖质(Ex/Em 325 nm/452 nm)和富里酸荧光物(Ex/Em 320 nm/443 nm)而言，Peak C 沿激发波长发生了约 20 nm 的红移。EPS 的结构和组成常因污泥源、EPS 提取法等的不同而有所差异，因此，特征峰数目也不尽相同。如 Wang 等[230] 在提取于 MBR 的 EPS 混合物中发现了 Peak A 和 Peak C 等 2 组主荧光峰；除特征峰 Peak B 和 Peak C 外，Sheng 和 Yu[186] 在取自于传统活性污泥系统的 EPS 中亦观察到了 Ex/Em＝225 nm/340～350 nm 的类芳香族蛋白荧光峰；此外，除本研究检出的 4 组特征峰外，Liu 等学者[185] 也相似报道了位于 225/300 和 225 nm/340～350 nm 的 2 组新荧光峰。

图 6-4 和图 6-5 分别给出了不同 EPS 组分中重要荧光基团的 Ex/Em 峰

位置和相应的荧光强度等光谱信息。由图 6-4 可知,经 $Fe(II)/S_2O_8^{2-}$ 氧化调理预处理后,S-EPS 和 B-EPS 的特征峰 Peak C 和 Peak D 均较原生污泥沿 Ex/Em 的长波长方向发生 0～5 nm 的红移,而 Peak B 仅在 B-EPS 中沿短波长方向蓝移了约 5 nm;此外,Peak A 并未出现明显的移动现象。荧光峰中心位置的移动或改变暗示了 $Fe(II)/S_2O_8^{2-}$ 氧化作用下,EPS 关键荧光基团的空间结构、特征官能团等的改变和重构[188,230,246]。

不同预处理温度下,EPS 特征峰强度随 $Fe(II)/S_2O_8^{2-}$ 投加量的变化趋势如图 6-5 所示。可以看出,热处理单独作用下,当温度从 25℃升高至 80℃时,B-EPS 的 Peak A 和 Peak B 峰强度均出现大幅下降,削减率达 80.7%和 88.9%;而在 S-EPS 中,Peak A 和 Peak B 相反分别升高了 215.0%和 896.8%,暗示 B-EPS 中类络氨酸和类色氨酸蛋白荧光物的溶解和向 S-EPS 的转移。热处理通过加速污泥絮体的破解和微生物细胞的溶融,促进胞外和胞内类蛋白高聚物的解离与释放[261,265],最终导致了 S-EPS 中 Peak A 和 Peak B 峰强度的明显增加。而且,热处理温度越高,S-EPS 释放量越大,胶体表面荷电量越多,因此,

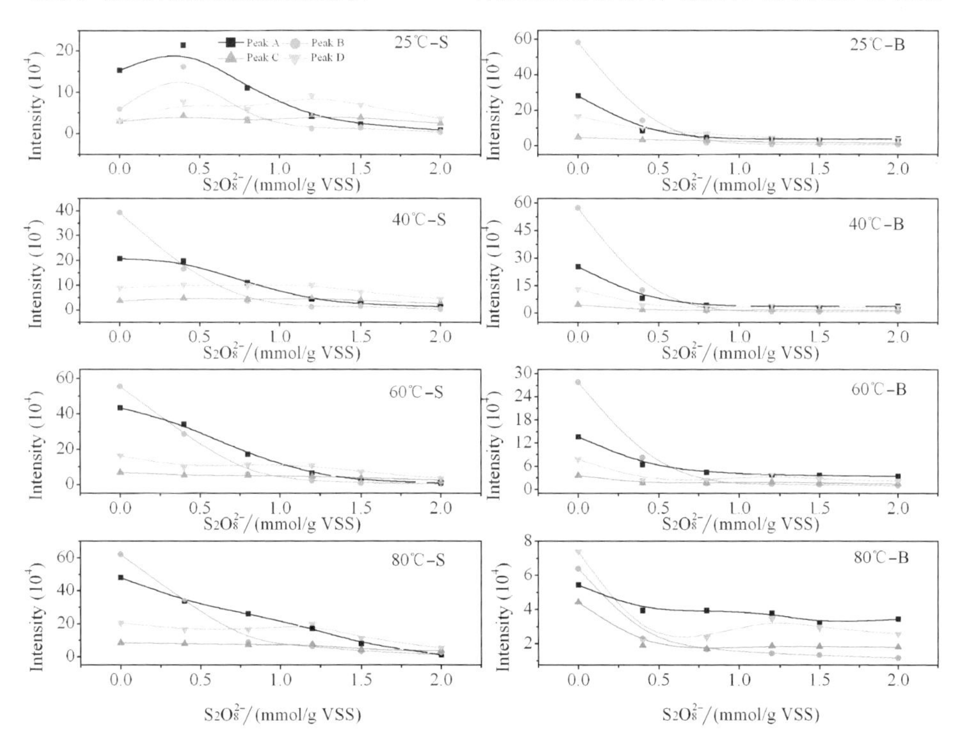

图 6-5　不同 $Fe(II)/S_2O_8^{2-}$ 投加量和温度下污泥 S-EPS(S)和 B-EPS(B)的荧光峰强度

污泥固液分离就越差(图 6-1(a))。

与单独热处理相比,低温热-Fe(II)/$S_2O_8^{2-}$氧化耦合联用工艺不仅可促进B-EPS和胞内高聚物的溶解和释放,还可以通过SO_4^-·的强攻击作用高效降解污泥固有的和后续被释放的S-EPS。如图 6-5 可知,当热处理温度为25℃、40℃、60℃和80℃、$S_2O_8^{2-}$投加量由0升至1.2 mmol/g VSS时,S-EPS中Peak A和Peak B峰强度分别削减达71.9%和76.2%、78.8%和96.0%、85.3%和95.0%以及64.3%和88.9%。这表明低温热-Fe(II)/$S_2O_8^{2-}$氧化的联合较单独热处理具有更强的破解能力,可以实现S-EPS和B-EPS中关键荧光基团的同步矿化。污泥胶体荷电有机物大量消失,因此,脱水效率大幅提高。此外,值得提及的是,与Peak A和Peak B相比,特征峰Peak C和Peak D受Fe(II)/$S_2O_8^{2-}$投加量和热处理温度的影响甚小,峰强度基本保持不变。本项目前期研究[251]曾指出污泥脱水性能可能受EPS中的类芳香族蛋白、类色氨酸蛋白、类腐殖质和类富里酸等荧光物的共同影响。此发现进一步证实了对污泥脱水性能起主控效应的是EPS中类络氨酸和类色氨酸蛋白荧光物,而非类腐殖质和类富里酸荧光物。B-EPS中类络氨酸和类色氨酸蛋白荧光物的降解是污泥脱水性能获得提升的核心机制。这一结论与Liu等[185]的报道相似,他们在论述EPS对膜过滤阻抗的影响研究中曾指出,EPS中的类蛋白物质是导致膜污染的关键原因;Wang等[230]人也有相似报道,称类蛋白物质含量越高,跨膜压差(transmembrane pressure,TMP)增加就越快。

5. FT-IR分析

图 6-6 描述了25℃时不同Fe(II)/$S_2O_8^{2-}$投加量下污泥胶体的FT-IR光谱图。根据Gulnaz等[268]、Laurent等[262]和Pei等[162]学者的报道,在波数为3 299 cm^{-1}处较宽的强吸收谱带主要由酚羟基和醇羟基官能团的O—H伸缩振动(ν_1)引起;波数位于2 923 cm^{-1}和2 852 cm^{-1}的尖吸收谱峰分别为脂肪类物质(aliphatic structures)和脂质类(lipids)中CH_2键的不对称性和对称性伸缩振动;1 716 cm^{-1}处的肩峰与羧基官能团的C═O伸缩振动有关;谱图中波数为1 654 cm^{-1}和1 540 cm^{-1}的两处肩峰是酰胺I带化合物(C═O、C—N)和酰胺II带化合物(N—H肽键)的特征峰,为蛋白质的典型二级结构[70],暗示污泥中大量蛋白质物质的存在;1 457 cm^{-1}处的谱带为CH_2的变形振动;1 418 cm^{-1}谱带处的吸收峰与羧基化合物(carboxylates)的C═O伸缩振动、醇类(alcohols)和酚类物质(phenols)的OH变形振动有关;波数在1 037~1 088 cm^{-1}的吸收谱带为多糖或多聚糖类物质(polysaccharides)的C—O—C和C—O振动特征峰;

此外，吸收波数<1 000 cm^{-1}的谱带是磷酸和硫酸官能团(phosphate or sulfur functional groups)的“指纹区”。

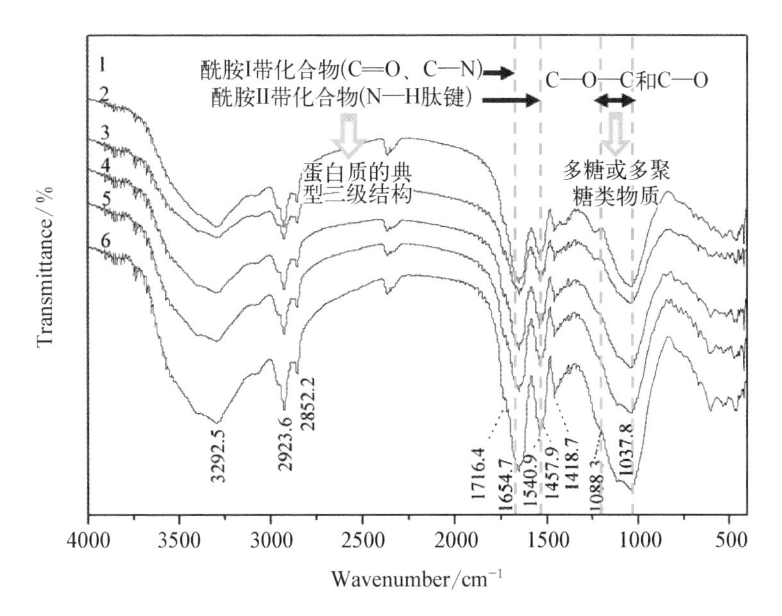

图 6-6　25℃时不同 $Fe(II)/S_2O_8^{2-}$ 投加量下污泥颗粒的 FT-IR 光谱图：$[S_2O_8^{2-}]$=0 mmol/g VSS(1)；0.4 mmol/g VSS(2)；0.8 mmol/g VSS(3)；1.2 mmol/g VSS(4)；1.5 mmol/g VSS (5)；2.0 mmol/g VSS(6) ($Fe(II)/S_2O_8^{2-}$ 摩尔比为 1.25∶1)

EPS 是由蛋白质、多糖以及少量的脂类、核酸和腐殖质类等多种化合物组成的高聚物。EPS 特征化合物的检出(图 6-6)显示了污泥中大量 EPS 的存在。EPS 作为污泥的重要有机组成部分，其含量高低决定了污泥特征官能团的红外吸收强度[262]。由图 6-6 可知，随着 $Fe(II)/S_2O_8^{2-}$ 投加量的增加，位于1 654 cm^{-1}和1 540 cm^{-1}处的肩峰逐渐变小，显示了 $Fe(II)/S_2O_8^{2-}$ 氧化对 EPS 中类蛋白物质的高效降解和专一性去除，与 3D-EEM 分析结果(图 6-4 至图 6-5)基本一致。

6. 扫描电子显微镜(SEM)分析

SEM 是表征污泥胶体内部微观结构与形体的有力手段，因此，为深入揭示低温热(25℃～80℃)-$Fe(II)/S_2O_8^{2-}$ 氧化耦合作用下污泥颗粒空间构造和微观形貌的变化特征，系统阐述污泥强化脱水的机理机制，对不同预处理条件下的污泥颗粒进行 SEM 分析(图 6-7)。

可以看出，经不同预处理的污泥颗粒形貌差异显著。原生污泥菌胶团结构完整，颗粒表面圆润光滑，大量 EPS 包裹聚集于胶体外部(图 6 - 7(a))，此时污泥颗粒结构稳定和持水性极强。然而，经 Fe(II)/$S_2O_8^{2-}$ 氧化预处理(25℃)后，污泥颗粒规则度有所下降，胶体表面出现裂痕，并伴有大量微孔形成，表明菌胶团结构受到损坏(图 6 - 7(b))。此后，随着热处理温度的增加，Fe(II)/$S_2O_8^{2-}$ 氧化对污泥的破解效应愈加强大，当热处理温度达到 80℃时，絮体结构彻底瓦解，污泥颗粒和微生物细胞支离破碎。EPS 聚集包裹于污泥表层，是支撑絮体结构和功能完整性的"骨架"，对维系胶体稳定极为重要。低温热(80℃)- Fe(II)/$S_2O_8^{2-}$ 氧化耦合作用下，污泥菌胶团结构严重破坏，暗示了 EPS 降解和"骨架"角色的丧失。EPS 的氧化和降解加速了污泥颗粒的坍塌和细胞的破解，EPS 结合水、间隙水和胞内水获得释放，最终污泥脱水性能明显提高。

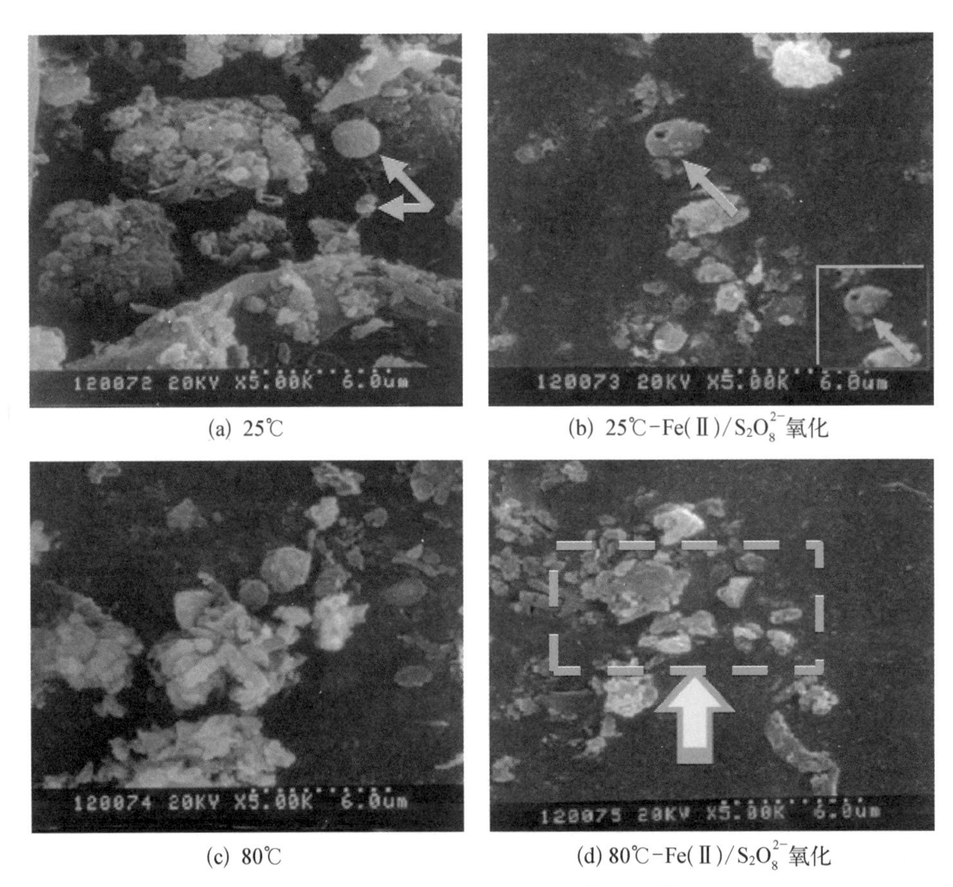

(a) 25℃　　(b) 25℃-Fe(Ⅱ)/$S_2O_8^{2-}$氧化

(c) 80℃　　(d) 80℃-Fe(Ⅱ)/$S_2O_8^{2-}$氧化

图 6 - 7　不同预处理条件下污泥颗粒的 SEM 图([Fe(II)]=1.5 mmol/g VSS、[$S_2O_8^{2-}$]=1.2 mmol/g VSS)

6.2　低压电化学(5～25 V)- $Fe(II)/S_2O_8^{2-}$ 氧化衍生耦合脱水技术

电化学处理(electrolysis pretreatment)具有高效的污泥间隙水驱除能力[148]和较小的环境危害性,因此,在污泥强化脱水领域逐渐得到关注[152-153]。近年来,有关电化学强化污泥脱水的文献报道络绎不绝[269],如 Mahmoud 等[106]采用活塞驱动压缩单元(过滤压力 200～1 200 kPa)加载直流电压(10～50 V)处理污泥,脱水污泥滤饼含固率可达 32～60 wt. %。然而,电化学处理的单独应用也存在诸多问题,如低压(<20 V)虽可强化污泥脱水,但效果有限,而电压稍高则会适得其反,导致脱水性能急剧恶化[62]。此外,电化学处理也存在耗能巨大、电极抗腐蚀性能差等问题[148]。因此,电化学处理在污泥脱水工业领域的应用依旧步履维艰,更多的缺点有待克服,更多的机理仍有待探索。

鉴于电化学处理过程中出现的诸多技术难题,研究人员开始尝试电化学与其他方法的耦合联用[62],以扬长避短。最近,学者 Gharibi 等[153]将电混凝(Al/Fe 电极)反应器与电化学(Ti/RuO_2 电极)联用,获得的最佳脱水条件为:电压 30 V、电解时间 20 min;并证实,耦合联用较电化学单独使用具有更佳的破解效率和脱水效果。然而,选择合理的耦合方法通常需要研究人员对影响污泥固液分离主控因素具有清晰的认识。污泥是一种由微生物菌团、丝状细菌、有机和无机胶粒等组成的多相介质[270]。EPS 包裹聚集于污泥胶体表面和微生物细胞间隙,占污泥有机组分的 50～60 wt. %[46],是影响污泥絮凝、沉降和脱水性能的关键控制因子[79]。故而,污泥脱水的关键是在于对 EPS 的降解和微生物细胞的破坏。电混凝(Al/Fe 电极)反应器[153]的联用,虽可以通过电中和架桥效应控制 EPS 含量,但对 EPS 降解和微生物融胞的能力却十分有限,因此,无法实现 EPS 束缚水和胞内结合水的释放。

前期研究证实,$Fe(II)/S_2O_8^{2-}$ 氧化具有极强的 EPS 降解和微生物融胞能力,是一种有效的污泥脱水预处理方法。基于此,本章节以前期研究成果为基础(第 5 章),系统开展低压电化学(5～25 V)- $Fe(II)/S_2O_8^{2-}$ 氧化衍生耦合强化脱水的可行性研究,构建污泥体积(sludge volume,SV)、TSS、VSS、EPS 组成(S-EPS、LB-EPS 和 TB-EPS)等污泥特性与脱水效率(滤饼含固率,SC)的相关关系，深入解析其关键角色；并以紫外可见(ultraviolet visible, UV - Vis)光谱和扫描电子显微镜-能谱分析(SEM - EDS)等为手段，揭示耦合作用下污泥胶体内部微观结构的变化规律，以期为系统评估协调增效机制与强化脱水机理提供理论依据。

6.2.1 材料与试验设计

1. 剩余污泥

剩余污泥取自日本宫城县仙台市某污水处理厂的二沉池，基本特性见表 6 - 2。

表 6 - 2 剩余污泥的基本物理化学性质

含水率/wt. %	pH	TSS/(g/L)	VSS/(g/L)	SV/%	FA/%	TCOD/(mg/L)	SCOD/(mg/L)
99.3	6.7	6.3	5.3	94	25.7	8 791.4	99.9

[a]SV: sludge volume; FA: flocculating ability.

2. 低压电化学(5～25 V)- Fe(II)/$S_2O_8^{2-}$ 氧化预处理

电化学- Fe(II)/$S_2O_8^{2-}$ 氧化耦合强化脱水试验装置由 500 mL 的玻璃烧杯和一对 7 cm×10 cm 的网状 Ti/RuO_2 阴阳极板构成，极板间距为 4 cm(第 3 章)。取 300 mL 污泥试样于玻璃烧杯，调节至特定电压(0 V、5 V、10 V、15 V、20 V 和 25 V)后，投加定量摩尔比为 1.25∶1 的 Fe(II)/$S_2O_8^{2-}$ 调理剂[237]，在 200 r/min 搅拌状态下，持续电解预处理 40 min。

3. EPS 的提取与分析

EPS 采用热提取法[59]提取，包括 S - EPS(slime EPS)、LB - EPS 和 TB - EPS(第 3 章)。EPS 样品经 0.45 μm 微孔滤膜过滤除渣后，分别测定 PN 和 PS 浓度。

紫外-可见光(UV - Vis)扫描分析：采用 DR 5000 UV - Vis 分光光度计(HACH Co.，USA)对 S - EPS、LB - EPS 和 TB - EPS 进行全波长光谱分析，样品池为 1 cm×1 cm 的石英比色皿，波长扫描范围为 190～500 nm，扫描间隔 2 nm。在 EPS 分析之前，先以去离子水(water purifier system, WG 250, Yamato Japan)为空白进行 UV - Vis 光谱扫描，以扣除背景干扰。

4. 其他指标的测定

采用恒压真空抽滤试验评价污泥脱水性能(见第 3 章)。

6.2.2　结果与讨论

1. 低压电化学(5～25 V)- $Fe(II)/S_2O_8^{2-}$ 氧化衍生耦合脱水条件优化

通过序批式试验,系统考察加载电压(5～25 V)和 $Fe(II)/S_2O_8^{2-}$ 投加量对污泥脱水效率的影响,以确定最佳脱水工艺。图 6-8 给出了不同预处理污泥在恒压真空抽滤(过滤压强为 1.5 kg/cm^2)过程中的动态脱水趋势,其中,(I) 动态曲线,代表污泥滤饼含固率随时间的变化关系(图 6-8(a)、(b)、(c)和(d));(II) 柱状图,代表真空抽滤过程中污泥水分的总驱除率(图 6-8(e)、(f)、(g)和(h))。

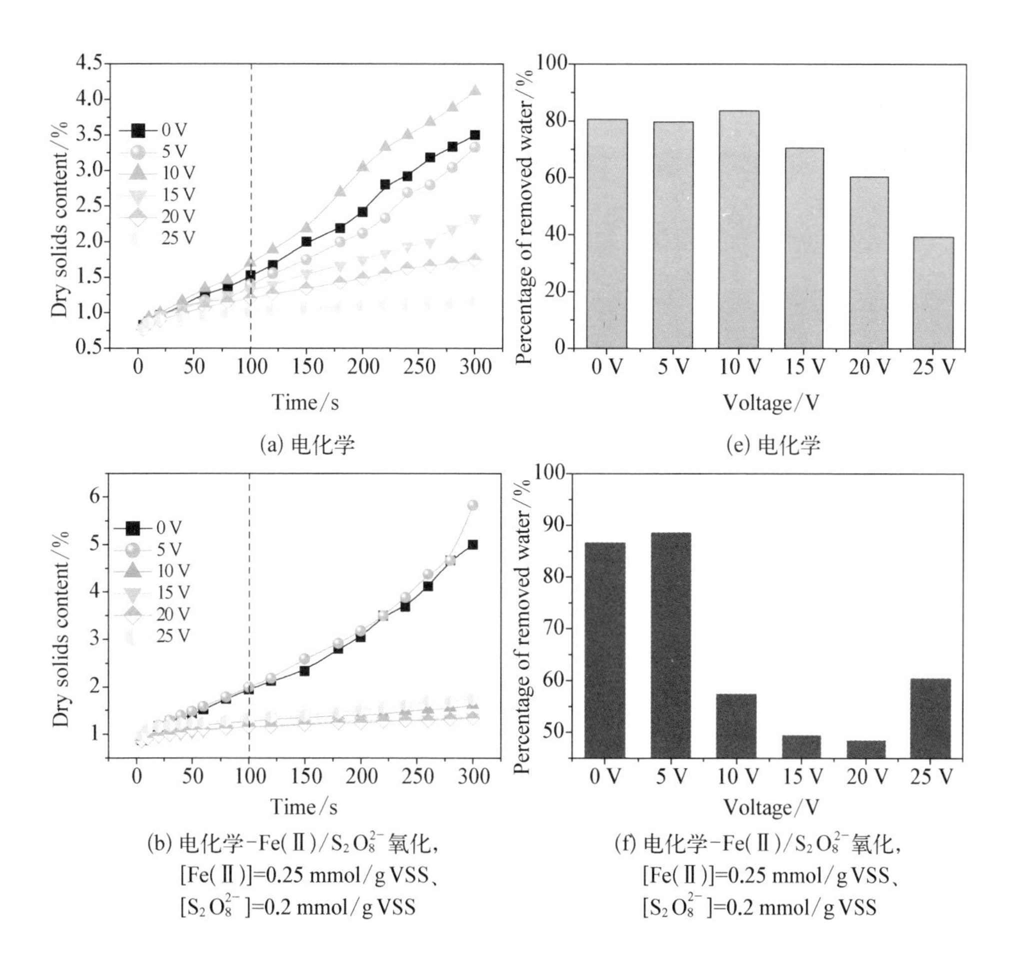

(a) 电化学

(e) 电化学

(b) 电化学-$Fe(II)/S_2O_8^{2-}$氧化,
[Fe(II)]=0.25 mmol/g VSS、
[$S_2O_8^{2-}$]=0.2 mmol/g VSS

(f) 电化学-$Fe(II)/S_2O_8^{2-}$氧化,
[Fe(II)]=0.25 mmol/g VSS、
[$S_2O_8^{2-}$]=0.2 mmol/g VSS

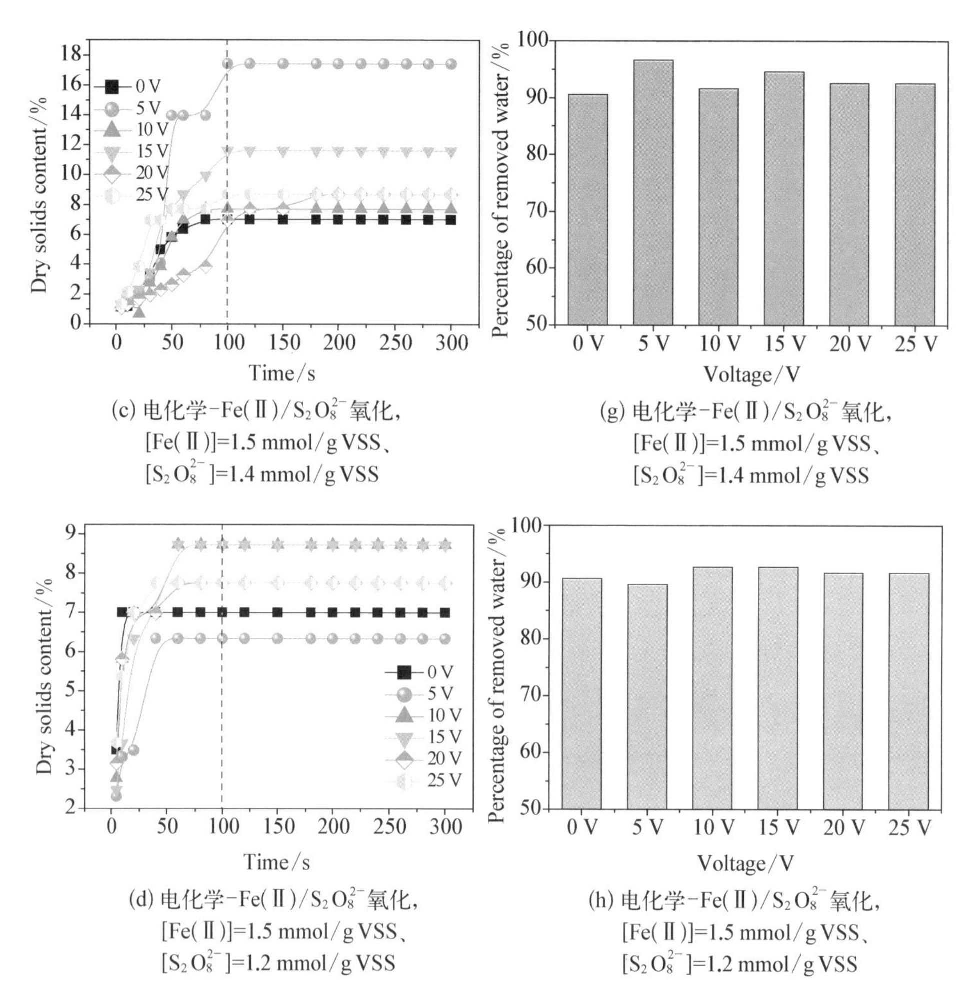

(c) 电化学-Fe(Ⅱ)/$S_2O_8^{2-}$氧化，[Fe(Ⅱ)]=1.5 mmol/g VSS、[$S_2O_8^{2-}$]=1.4 mmol/g VSS

(g) 电化学-Fe(Ⅱ)/$S_2O_8^{2-}$氧化，[Fe(Ⅱ)]=1.5 mmol/g VSS、[$S_2O_8^{2-}$]=1.4 mmol/g VSS

(d) 电化学-Fe(Ⅱ)/$S_2O_8^{2-}$氧化，[Fe(Ⅱ)]=1.5 mmol/g VSS、[$S_2O_8^{2-}$]=1.2 mmol/g VSS

(h) 电化学-Fe(Ⅱ)/$S_2O_8^{2-}$氧化，[Fe(Ⅱ)]=1.5 mmol/g VSS、[$S_2O_8^{2-}$]=1.2 mmol/g VSS

图 6-8　左图：污泥滤饼含固率的动态曲线(a、b、c 和 d)；右图：真空抽滤作用下水分的总脱除率(e、f、g 和 h)，抽滤压强为 1.5 kg/cm²

由图可以看出，加载电压(5～25 V)和 Fe(II)/$S_2O_8^{2-}$ 投加量均对污泥的脱水效率有明显影响。电化学单独作用下，污泥脱水性能整体变差，恒压抽滤脱水速度放缓，抽滤脱水时间明显延长，抽滤滤饼最终含固率大幅下降。如图 6-8(a)所示，当电解电压从 0 V 分别提升至 10 V、15 V、20 V 和 25 V 时，除电压为 10 V 时的脱水性能有轻微改善外(滤饼最终含固率增至 4.1 wt.%)，其余条件下的脱水效率均明显变差，滤饼最终含固率从 3.5 wt.%急剧下降至 2.3、1.8 和 1.1 wt.%，降低达 34.3%、48.6%和 68.6%。电化学预处理对污泥脱水的不利影响可能与欧姆加热(ohmic heating)作用下污泥菌胶团多聚物三维结构的坍塌与破解有关。多聚物结构的破损不仅会导致 EPS 和胞内物质的解离与释放[153],增加污泥黏度,降低其脱水性能,同时,还会造成大量超级胶体颗粒的生成,超级胶粒的存在极易堵塞过滤滤饼和过滤介质,从而降低滤液的抽滤速度[74]。这一发现与 Gharibi 等[153]和 Yuan 等[151]学者的研究结论较为相似。不同之处在于,本项目获得的最佳电解电压为 10 V,明显低于 Gharibi 等[153]和 Yuan 等[151]文章报道的 30 V 和 20 V。这种轻微的差异可能与污泥来源、微观结构和化学组成的不同有关。

电化学(5～25 V)- $Fe(II)/S_2O_8^{2-}$ 氧化衍生耦合作用下,抽滤滤饼的含固率变化规律如图 6-8(b)、(c)和(d)所示。由图 6-8(b)可知,联合作用对污泥脱水性能的促进作用会因电压和 $Fe(II)/S_2O_8^{2-}$ 投加量不同而有所差异。当 $[Fe(II)]$＝0.25 mmol/g VSS、$[S_2O_8^{2-}]$＝0.2 mmol/g VSS 时,仅电压为 0～5 V 时,脱水性能获得明显改善。一旦加载电压＞5 V,则会导致脱水效率严重变差。由图可以看出,当电压由 0 V 升至 10 V、15 V、20 V 和 25 V 时,污泥滤饼最终含固率仅为 1.6 wt.%、1.4 wt.%、1.3 wt.%和 1.8 wt.%,较 0 V 时降低约 54.3%、60.0%、62.9%和 48.6%。水分的总驱除率也相应仅为 57.4%、49.3%、48.3%和 60.4%,明显低于 0 V(约 80.0%)。这一现象表明,$Fe(II)/S_2O_8^{2-}$ 氧化低投加量过低不仅不利于污泥脱水,甚至会导致固液分离难度增大。

相比而言,当 Fe(II)和 $S_2O_8^{2-}$ 投加量增加至$[Fe(II)]$＝0.5 mmol/g VSS、$[S_2O_8^{2-}]$＝0.4 mmol/g VSS 时,脱水性能显著改善(图 6-8(c)),污泥内部高于 90%的水分可在 100 s 内被有效脱除(图 6-8(g));随后(100～300 s),滤饼含固率基本维持不变。进一步的研究表明,$Fe(II)/S_2O_8^{2-}$ 投加量($[S_2O_8^{2-}]$＝1.2 mmol/g VSS、$[Fe(II)]$＝1.5 mmol/g VSS)的持续增加对脱水性能强化的增效作用甚小(图 6-8(d)和(h))。因此,从经济、高效的角度考虑,电化学(5～25 V)- $Fe(II)/S_2O_8^{2-}$ 氧化衍生耦合技术的最佳脱水条件为:电压 5 V、$[Fe(II)]$＝0.5 mmol/g VSS、$[S_2O_8^{2-}]$＝0.4 mmol/g VSS,最佳条件下的水分脱除率可达 96.7%,滤饼最终含固率亦高达 17.5 wt.%。此外,电化学(5 V)耦合工艺的水分脱除率可较 $Fe(II)/S_2O_8^{2-}$ 氧化($[Fe(II)]$＝0.5 mmol/g VSS、$[S_2O_8^{2-}]$＝0.4 mmol/g VSS)单独预处理时提高约 6.0%,此部分水分是$Fe(II)/S_2O_8^{2-}$ 氧化单独作用所无法释放的。

低压电化学(5～25 V)- $Fe(II)/S_2O_8^{2-}$ 氧化衍生耦合工艺具有较电化学、$Fe(II)/S_2O_8^{2-}$ 氧化单独作用更为明显的优势,可以大幅改善污泥脱水性能,强化固液分离，增加抽滤滤饼含固率，是一种经济高效、不可或缺的污泥脱水新技术。污泥脱水效率的大幅提高与电解过程诱发的电渗析效应(electro-osmosis)和 Fe(II)/$S_2O_8^{2-}$ 过程的强氧化性的协同效应有关。电渗析和 Fe(II)/$S_2O_8^{2-}$ 氧化可以促进 EPS 降解、融胞和胞内物质的释放，同时，这些亲水性高聚物亦会在由 Fe(II)/$S_2O_8^{2-}$ 体系释放的 SO_4^- · 自由基的作用下，被进一步降解和破坏。因此，大量 EPS 结合水和胞内水获得析出，并被释放至液相转化为自由水。另外，电渗析效应也可以为压缩污泥颗粒表面的双电层提供驱动力[106,150]，通过压缩双电层结构，分离和去除残存于其内部的结合水分[106]，从而降低污泥过滤阻力，强化泥水分离性能。

2. 污泥胶体理化特性的影响

污泥胶体的理化特性是制约污泥脱水的关键因素，桥接和建立污泥微观特性与脱水性能的相关关系，可以为不同影响因素的精确贡献和作用机制的阐明提供有用信息。基于此，本项目通过 Pearson 相关分析，系统构建污泥 SV、TSS 和 VSS，以 EPS(S－EPS、LB－EPS 和 TB－EPS)等参数与脱水性能(滤饼最终含固率，solids content，SC)的相关关系，以明确低压电化学(5～25 V)－Fe(II)/$S_2O_8^{2-}$ 氧化衍生耦合工艺的强化脱水核心机制。相关性统计分析结果(R_p 和 p－value)见表 6－3。

(1) 沉降性能

图 6－9 对比了不同预处理条件下的污泥沉降特性(settling behavior)。电化学预处理可以明显改善污泥沉降性能，总体而言加载电压越高，沉降速度越快。由图 6－9(a)可知，最佳加载电压为 15 V，自由沉降 30 min 后，污泥的 SV 值即可降至 40%以下，较原生污泥明显改善，原生污泥的 SV 值>94%。比较而言，Fe(II)/$S_2O_8^{2-}$ 氧化对污泥沉降性能的强化作用微乎其微(图 6－9(b)、(c)和(d))，不同投加量下的最终 SV 值与原生污泥几乎完全相同，均在 94%左右(图 6－9(a))。与电化学或 Fe(II)/$S_2O_8^{2-}$ 氧化单独作用相比，电化学(5～25 V)－Fe(II)/$S_2O_8^{2-}$ 氧化耦合预处理对污泥沉降的促进效应更加明显。以加载电压为 25 V 时为例，当[Fe(II)]＝0.5 mmol/g VSS、[$S_2O_8^{2-}$]＝0.4 mmol/g VSS 时，30 min 自由沉降后，预处理污泥的 SV 值可快速降至 30%左右，较电化学单独作用减小约 18.4%(图 6－9(a)和(c))；Fe(II)和 $S_2O_8^{2-}$ 投加量持续增加至 1.5 mmol/g VSS 和 1.2 mmol/g VSS 时，预处理污泥的 SV 值可进一步削减达 13%。这一结论表明，电化学－Fe(II)/$S_2O_8^{2-}$ 氧化耦合预处理对改善污泥压缩性能和沉降性能具有明显效果。

表 6-3　污泥理化特性间的 Pearson 相关分析结果：R_p(括号内为 p-value)(粗体 p-value 表示两变量之间的线性相关性显著)

		SC	TSS	VSS	S-EPS				LB-EPS				TB-EPS			
					PN	PS	T-EPS	PN/PS	PN	PS	T-EPS	PN/PS	PN	PS	T-EPS	PN/PS
SV		0.028 (0.895)	**0.797 (<0.001)**	**0.837 (<0.001)**	**−0.789 (<0.001)**	**−0.584 (0.003)**	**−0.774 (<0.001)**	−0.052 (0.809)	−0.282 (0.182)	−0.282 (0.182)	−0.285 (0.117)	0.166 (0.439)	0.351 (0.092)	0.430 (0.036)	0.378 (0.069)	−0.522 (0.009)
SC		—	0.028 (0.895)	−0.064 (0.767)	−0.106 (0.624)	0.288 (0.172)	0.110 (0.609)	**−0.456 (0.025)**	**−0.491 (0.015)**	**−0.403 (0.050)**	**−0.459 (0.024)**	−0.345 (0.098)	**−0.640 (<0.001)**	**−0.606 (0.002)**	**−0.631 (<0.001)**	−0.206 (0.334)
TSS		—	—	**0.923 (<0.001)**	**−0.780 (<0.001)**	**−0.485 (0.016)**	**−0.712 (<0.001)**	−0.031 (0.885)	**−0.452 (0.026)**	**−0.427 (0.037)**	**−0.447 (0.029)**	0.195 (0.361)	0.254 (0.231)	0.325 (0.121)	0.278 (0.189)	**−0.477 (0.018)**
VSS		—	—	—	**−0.738 (<0.001)**	**−0.705 (<0.001)**	**−0.817 (<0.001)**	0.281 (0.184)	−0.324 (0.123)	−0.367 (0.077)	−0.345 (0.098)	**0.434 (0.034)**	**0.493 (0.014)**	**0.540 (0.006)**	**0.510 (0.011)**	−0.313 (0.137)
S-EPS	PN	—	—	—	—	**0.557 (0.005)**	**0.875 (<0.001)**	0.124 (0.564)	**0.549 (0.005)**	**0.512 (0.011)**	**0.539 (0.007)**	−0.157 (0.462)	−0.329 (0.116)	**−0.418 (0.042)**	−0.359 (0.085)	**0.448 (0.028)**
	PS	—	—	—	—	—	**0.889 (<0.001)**	**−0.647 (<0.001)**	0.119 (0.581)	0.296 (0.160)	0.194 (0.364)	**−0.761 (<0.001)**	**−0.850 (<0.001)**	**−0.864 (<0.001)**	**−0.857 (<0.001)**	−0.090 (0.677)
	T-EPS	—	—	—	—	—	—	−0.308 (0.143)	0.372 (0.074)	**0.455 (0.026)**	**0.410 (0.047)**	−0.530 (0.008)	**−0.676 (<0.001)**	**−0.734 (<0.001)**	**−0.697 (<0.001)**	0.195 (0.362)
	PN/PS	—	—	—	—	—	—	—	0.100 (0.641)	−0.115 (0.592)	0.011 (0.959)	**0.844 (<0.001)**	**0.645 (<0.001)**	**0.571 (0.004)**	**0.623 (0.001)**	**0.430 (0.036)**

续 表

		SC	TSS	VSS	S-EPS				LB-EPS				TB-EPS			
					PN	PS	T-EPS	PN/PS	PN	PS	T-EPS	PN/PS	PN	PS	T-EPS	PN/PS
LB-EPS	PN	—	—	—	—	—	—	—	—	**0.959 (<0.001)**	**0.993 (<0.001)**	−0.199 (0.352)	0.272 (0.198)	0.243 (0.252)	0.263 (0.214)	0.270 (0.201)
	PS	—	—	—	—	—	—	—	—	—	**0.986 (<0.001)**	**−0.429 (0.037)**	0.108 (0.617)	0.088 (0.683)	0.102 (0.637)	0.164 (0.443)
	T-EPS	—	—	—	—	—	—	—	—	—	—	−0.297 (0.159)	0.206 (0.334)	0.181 (0.398)	0.198 (0.353)	0.229 (0.283)
	PN/PS	—	—	—	—	—	—	—	—	—	—	—	**0.659 (<0.001)**	**0.613 (0.001)**	**0.646 (<0.001)**	0.323 (0.123)
TB-EPS	PN	—	—	—	—	—	—	—	—	—	—	—	—	**0.988 (<0.001)**	**0.999 (<0.001)**	0.306 (0.145)
	PS	—	—	—	—	—	—	—	—	—	—	—	—	—	**0.994 (<0.001)**	0.191 (0.372)
	T-EPS	—	—	—	—	—	—	—	—	—	—	—	—	—	—	0.270 (0.202)
	PN/PS	—	—	—	—	—	—	—	—	—	—	—	—	—	—	—

注：SC 为滤饼干固体含量(solid content)；T-EPS(total EPS，此处 T-EPS 为 PN 和 PS 之和)。

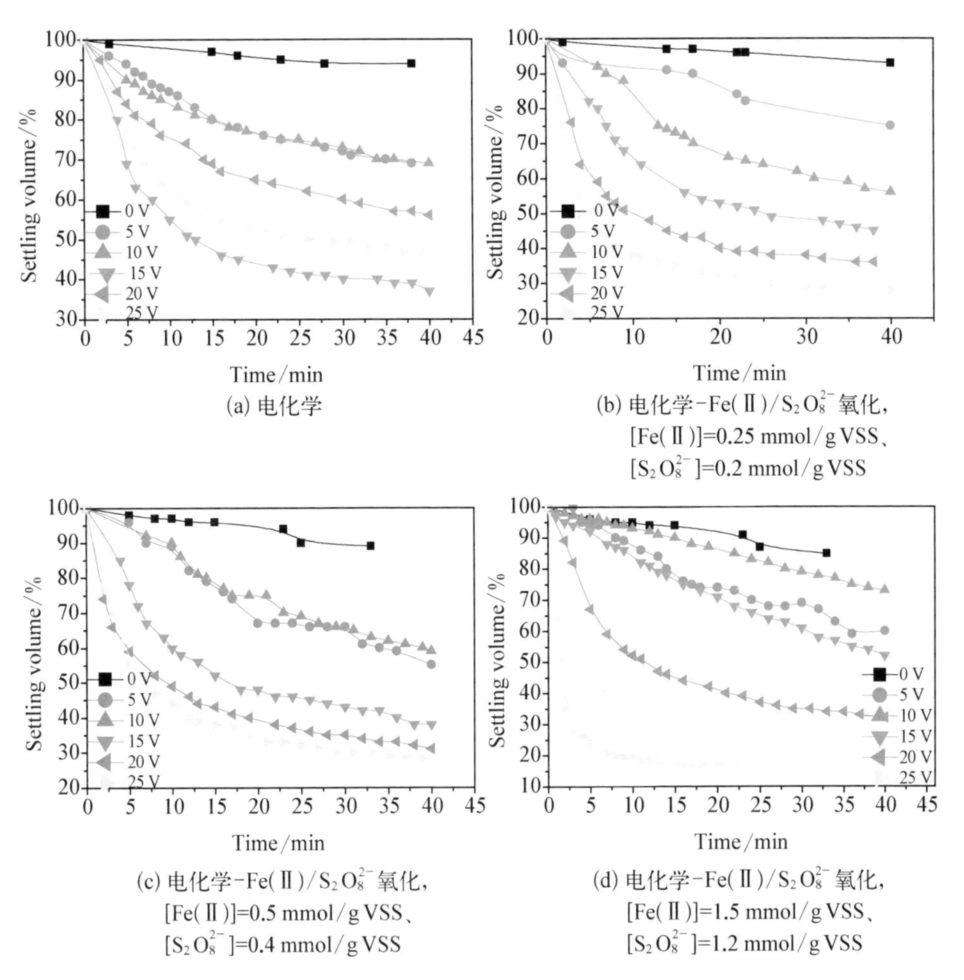

(a) 电化学

(b) 电化学-$Fe(II)/S_2O_8^{2-}$氧化，$[Fe(II)]$=0.25 mmol/g VSS、$[S_2O_8^{2-}]$=0.2 mmol/g VSS

(c) 电化学-$Fe(II)/S_2O_8^{2-}$氧化，$[Fe(II)]$=0.5 mmol/g VSS、$[S_2O_8^{2-}]$=0.4 mmol/g VSS

(d) 电化学-$Fe(II)/S_2O_8^{2-}$氧化，$[Fe(II)]$=1.5 mmol/g VSS、$[S_2O_8^{2-}]$=1.2 mmol/g VSS

图 6-9　不同预处理条件下污泥的沉降曲线

污泥的沉降性能与颗粒表面物理化学特性和污泥絮体空间结构密切相关。统计分析数据(表 6-3)显示，SV 值与 S-EPS 组分中 PN 浓度、PS 浓度和 T-EPS 含量均呈较强负相关性，R_p 分别为 -0.789($p<0.001$)、-0.584($p=0.003$)和 -0.774($p<0.001$)。暗示 S-EPS 对污泥沉降具有积极贡献，S-EPS 浓度越高，SV 值越小，则污泥越易沉降。相反，SV 值与 LB-EPS 或 TB-EPS 无明显相关性存在。这一现象进一步揭示，S-EPS 而非 LB-EPS 和 TB-EPS 是制约污泥沉降性能的关键因素。S-EPS 位于细胞和污泥絮体外层，没有固定外形，并从颗粒表面向外延伸。因此，S-EPS 的积极角色可能与黏附于胶体表面的大分子 S-EPS 生物聚合物的吸附和架桥作用[261,272]有关。这些大

分子有机物通过吸附和架桥效应桥接液相中的胶体微粒，压缩胶体外围双电层结构，缩短颗粒间距，加速密实、粗大的污泥颗粒的形成，提升沉降速率，降低SV值。同时，由Fe(II)/$S_2O_8^{2-}$体系游离出来的Fe(II)和Fe(III)也可以通过侵占胶体颗粒表面的负电性位点，减小胶体表面荷电量和Zeta电位，进而推动污泥颗粒的团聚和快速沉降[271]。

此外，值得提及的是，SV值与污泥脱水性能（即滤饼最终含固率）间并未存在明显的相关性关系，$R_p=0.028$（$p=0.895$）（表6-3）。SV值主要受S-EPS控制，而影响脱水性能的因素极为复杂，除受S-EPS的含量和物理构型等影响外，还与LB-EPS、TB-EPS以及污泥黏度和粒径分布等特性密切相关。这一结果进一步证实，污泥沉降性能的改善也并非意味着脱水效率会得到提高。

(2) TSS和VSS

图6-10描述了不同预处理条件下，污泥TSS和VSS的去除情况。TSS和VSS因加载电压和Fe(II)/$S_2O_8^{2-}$投加量的不同而明显改变。电化学单独作用时，低电压（5～10 V）对TSS和VSS的去除效果较差；当加载电压升至15～25 V时，悬浮固体的去除效果明显转好，TSS和VSS去除率分别为9.7%和11.6%（图6-10(a)）。电解过程的矿化和蒸发效应（mineralization and evaporation effects）加速了污泥破解和融胞，促进了TSS与VSS的溶解，El-Hadj等学者[273]在污泥超声波预处理试验中也证实了这一现象的存在。

当电化学-Fe(II)/$S_2O_8^{2-}$氧化耦合使用时，TSS和VSS的去除效率获得进一步增强（图6-10(b)、(c)和(d)）。如在电压为20 V、[Fe(II)]=0.5 mmol/g VSS、[$S_2O_8^{2-}$]=0.4 mmol/g VSS时，TSS和VSS的去除率分别增加至33.8%和37.3%，明显高于电化学的单独作用。这一结论暗示电化学-Fe(II)/$S_2O_8^{2-}$氧化耦合工艺具有更强的污泥破解和融胞能力，可以通过强化固液传质速率，大幅降低污泥含固量，这对污泥减量和削减末端处置费用十分有利。同时，由表6-3亦可发现，VSS与TB-EPS的T-EPS含量（即PN+PS）存在较强的正相关性（$R_p=0.510$，$p=0.011$），含量越低，TSS和VSS去除效率越好，表明“骨架”TB-EPS的溶解是实现污泥破损与减量的主要原因。

统计分析结果（表6-3）进一步揭示，TSS和VSS均与SV值存在较强的正相关关系，R_p分别为0.797（$p<0.001$）和0.837（$p<0.001$），暗示固体含量是影响污泥沉降性能的重要因子，固体含量越低，污泥沉降性能越好（即SV值越小），这一结论与Lotito等学者[191]的发现基本相同。此外，TSS和VSS与污泥

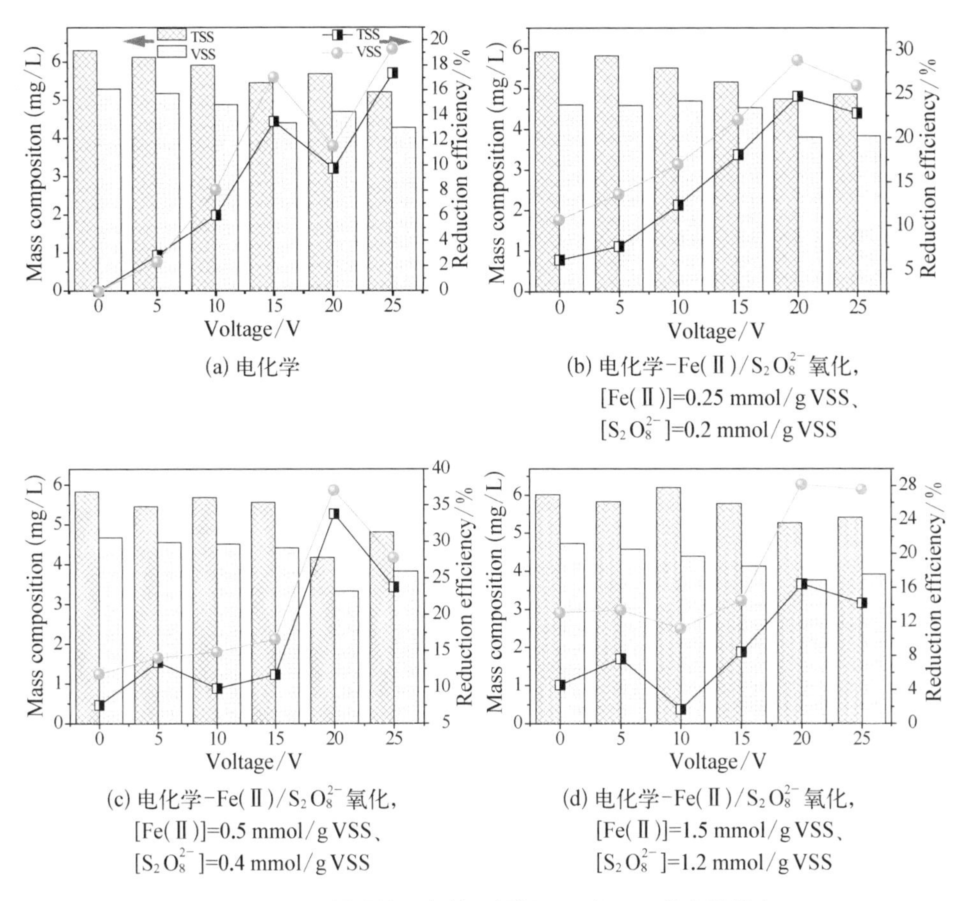

(a) 电化学

(b) 电化学-Fe(Ⅱ)/$S_2O_8^{2-}$氧化，[Fe(Ⅱ)]=0.25 mmol/g VSS、[$S_2O_8^{2-}$]=0.2 mmol/g VSS

(c) 电化学-Fe(Ⅱ)/$S_2O_8^{2-}$氧化，[Fe(Ⅱ)]=0.5 mmol/g VSS、[$S_2O_8^{2-}$]=0.4 mmol/g VSS

(d) 电化学-Fe(Ⅱ)/$S_2O_8^{2-}$氧化，[Fe(Ⅱ)]=1.5 mmol/g VSS、[$S_2O_8^{2-}$]=1.2 mmol/g VSS

图 6-10　不同预处理条件下污泥 TSS 和 VSS 的去除效率

脱水性能相关关系较弱，R_p分别为 0.028($p=0.895$)和−0.064($p<0.767$)，表明污泥脱水性能受固体含量影响较小。

(3) 不同 EPS 组分

PN 和 PS 是 EPS 的重要组成部分[46]，通过测定 PN 和 PS 含量及变化规律，揭示不同 EPS 组分(S-EPS、LB-EPS 和 TB-EPS)对污泥脱水的影响机理，分析结果见图 6-11。电化学单独作用对不同 EPS 组分的影响如图 6-11(a)所示。随着加载电压的增加，TB-EPS 组分总量(即 T-EPS)大幅减小，而 LB-EPS，尤其是 S-EPS 明显升高。由图可知，当电压从 0 V 增加至 20 V 时，TB-EPS 含量从起初的 245.3 mg/L 减小至预处理后的 193.6 g/L，降低约 21.1%；相比而言，S-EPS 和 LB-EPS 的含量分别从起始的 23.9 和 21.1 g/L 增加到预处理后的 101.3 和 30.6 mg/L，增幅达 323.8%和 45.0%。而且，当电压由 20 V 增加至 25 V 时，TB - EPS 的削减率进一步提高约 11.9%，S - EPS 和 LB - EPS 亦分别持续增加了 195.4% 和 15.7%。电化学作用加速污泥絮体的破解，部分 TB - EPS 被随之解离和溶解，因而 S - EPS 和 LB - EPS 含量快速增加。S - EPS 与 TB - EPS 间较强的负相关性($R_p=-0.697$，$p<0.001$)(表6 - 3)，也证实了 TB - EPS 的溶解和释放是造成 S - EPS 大幅增加的直接原因。

与电化学单独作用相比，电化学- Fe(II)/$S_2O_8^{2-}$ 氧化耦合作用对 EPS 的影响更为明显。如在电压 10 V、[Fe(II)] = 0.25 mmol/g VSS、[$S_2O_8^{2-}$] = 0.2 mmol/g VSS 时(图 6 - 11(b))，TB - EPS 急剧下降至 188.2 mg/L，较电化学单独作用(图 6 - 11(a))减小约 18.7%；S - EPS 和 LB - EPS 分别增加到 124.6 mg/L 和 118.3 mg/L 左右，较电化学预处理相应提高了 192.5% 和

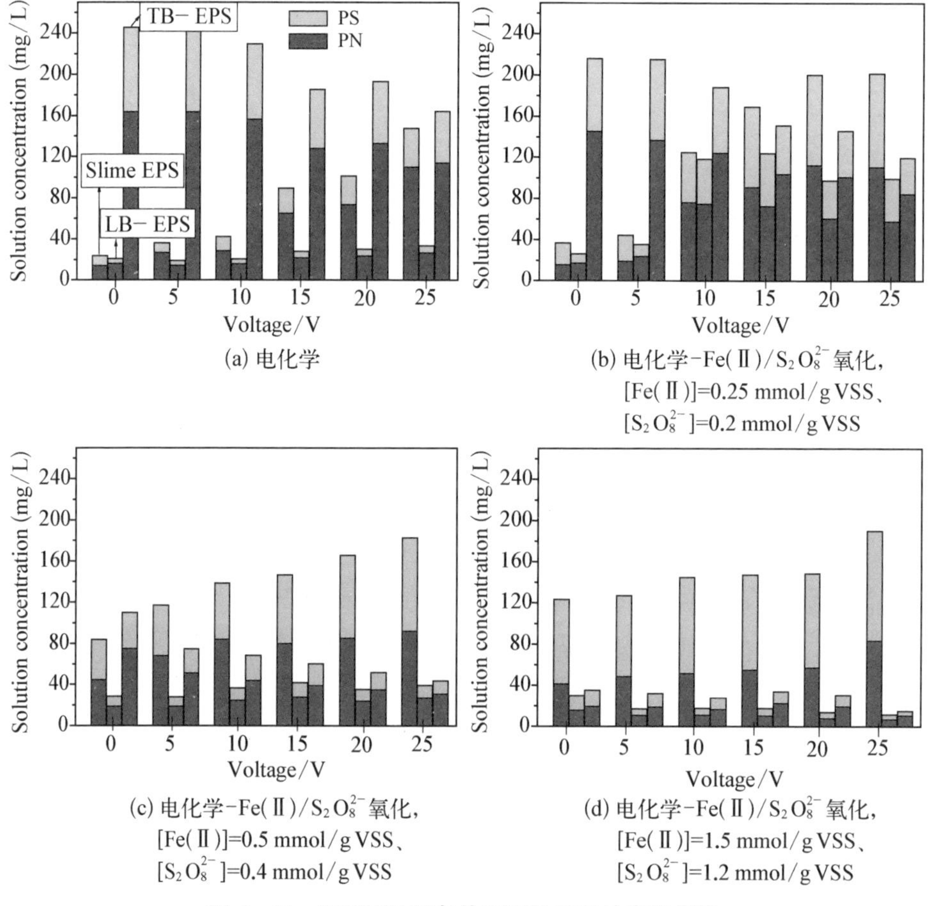

(a) 电化学

(b) 电化学-Fe(Ⅱ)/$S_2O_8^{2-}$氧化，[Fe(Ⅱ)]=0.25 mmol/g VSS、[$S_2O_8^{2-}$]=0.2 mmol/g VSS

(c) 电化学-Fe(Ⅱ)/$S_2O_8^{2-}$氧化，[Fe(Ⅱ)]=0.5 mmol/g VSS、[$S_2O_8^{2-}$]=0.4 mmol/g VSS

(d) 电化学-Fe(Ⅱ)/$S_2O_8^{2-}$氧化，[Fe(Ⅱ)]=1.5 mmol/g VSS、[$S_2O_8^{2-}$]=1.2 mmol/g VSS

图 6 - 11　不同预处理条件下污泥 EPS 的变化规律

466.0%。S-EPS和LB-EPS的大幅提升暗示，耦合过程较电化学单独作用具有更强的TB-EPS降解和融胞潜能，进一步导致胞内物质的析出和释放，最终显著提高污泥S-EPS和LB-EPS含量。然而，LB-EPS亲水性极强，可通过亲水作用(hydrophilic interactions)和氢键力(hydrogen bond forces)吸附大量自由水[58]。因此，LB-EPS含量的增加会将污泥絮体破解过程中，已释放的水分再度吸附和黏合，造成污泥絮体和水分分离难度增加，脱水速度急剧放缓(图6-11(b))。

不过，这种不利影响会随着$Fe(II)/S_2O_8^{2-}$投加量的增加而被有效控制(图6-11(c)和(d))。由图可知，当$[Fe(II)]=0.5$ mmol/g VSS、$[S_2O_8^{2-}]=0.4$ mmol/g VSS时，LB-EPS和TB-EPS均处于极低的水平，分别降至80.0 mg/L和42.0 mg/L以下(图6-11(c))；而且，随着$Fe(II)/S_2O_8^{2-}$投加量增加，EPS削减率会得到进一步提升(图6-11(d))。这一现象表明，高$Fe(II)/S_2O_8^{2-}$投加量下的耦合工艺不仅可以导致TB-EPS的彻底瓦解和细胞的大量溶融，而且还能进一步降解被释放的TB-EPS和胞内物质，避免析出水分的再度回吸，为强化污泥脱水，提高水分过滤速率提供了重要保障。

EPS因种类、化学组成和空间物理绑定位置等不同，对污泥脱水的影响亦有所差异。表6-3构建了污泥脱水性能与EPS的相关关系，以期阐明不同EPS组分在污泥脱水的精确角色。由表6-3可以看出，滤饼含固率(SC)与LB-EPS和TB-EPS中PN、PS和T-EPS均呈明显负相关性(其中，LB-EPS的R_p分别为$-0.491(p=0.015)$、$-0.403(p=0.050)$和$-0.459(p=0.024)$；TB-EPS的R_p分别为$-0.640(p<0.001)$、$-0.606(p=0.002)$和$-0.631(p<0.001)$)，PN、PS和T-EPS含量越低，滤饼含固率越高，泥水分离效果越好；但脱水性能与S-EPS并无明显的相关性存在(R_p分别为$-0.106(p=0.624)$、$0.228(p=0.172)$和$0.110(p=0.609)$)。表明污泥脱水效率受LB-EPS和TB-EPS共同控制，但与S-EPS基本无关，与Ye等[67]的报道基本吻合。S-EPS位于污泥胶体最外围，均匀分散于液相之中，在机械脱水过程中极易连同自由水一起被脱除，因此，对污泥脱水效率的影响极微。LB-EPS位于S-EPS和TB-EPS之间，并由TB-EPS表面向液相伸展，结构疏松多孔而分散，束水性能极强[59,182]。故而，LB-EPS含量越高，污泥携带的结合水越多，固液分离难度便会越大。相比而言，TB-EPS位于污泥胶体内部，结合水携带量较低，因而与LB-EPS相比，通常被认为对污泥脱水的影响无足轻重。如学者Yang和Li[64]认为，污泥脱水性能与LB-EPS关系密切，但受TB-EPS影响甚小。Xu等学者[68]

也报道了相似的结论。另外，Li 和 Yang[59] 以及 Li 等[182] 在论述 EPS 对污泥固液分离的影响中，亦仅对 LB－EPS 进行系统分析，而有关 TB－EPS 并未涉及。

其实不然，正如前面所述，污泥脱水不仅受控于 LB－EPS，也与 TB－EPS 存在较强的相关关系。TB－EPS 包裹覆盖于污泥胶体和微生物细胞表面[274]，可以充当菌胶团内细胞的保护伞。然而，微生物细胞通常含有大量化学结合水（water of hydration），这些水分为细胞壁所包裹，极难以脱除，细胞含量越高，污泥就越难以脱水。因此，TB－EPS 的快速降解与高效破坏对细胞内结合水的释放和泥水的固液分离便极为重要。本项目中，在电化学－Fe(II)/$S_2O_8^{2-}$ 氧化耦合作用下，TB－EPS 大量降解，这可以促进 EPS 结合水的大量释放，同时，也可以将 TB－EPS 包裹的细胞释放至较强的电解和氧化环境中[251]，促进细胞壁的破裂和胞内结合水的全量释放。因而，污泥固液分离速率大幅提高。此外，由表 6－3 亦可知，滤饼含固率（SC）除与 S－EPS 中 PN/PS 存在轻微相关性外（$R_p=-0.456$，$p=0.025$），与 LB－EPS 和 TB－EPS 的 PN/PS 均无明显相关关系，表明 EPS 含量而非组成（即 PN/PS 比例）对污泥脱水的影响更显著。

3. UV－Vis 光谱分析

目前，UV－Vis 光谱分析被主要应用于天然有机物的定性描述[275-276]，而文献中有关污泥 EPS UV－Vis 光谱响应的信息甚少。基于此，本项目试图采用 UV－Vis 光谱对不同 EPS 组分进行定性分析，以期从独特的视角阐述 EPS 在污泥脱水的作用机制。不同预处理条件下 EPS 的典型 UV－Vis 光谱谱图如图 6－12 所示。

由图 6－12 可知，EPS 在紫外区（ultraviolet region，200～350 nm）共检出 2 个特征吸收峰，分别位于 $\lambda_{abc}=212\sim223$ nm 和 256～260 nm 处。在可见光区（visible region，>400 nm），EPS 的 UV－Vis 吸光度随扫描波长的增加呈单调递减的趋势。第一个吸收峰（$\lambda_{abc}=212\sim223$ nm）与 EPS 中羰基官能团（carboxylic bonds，COOH）的存在有关[277]；而第二个吸收峰（$\lambda_{abc}=256\sim260$ nm）可能与 EPS 中 C═O 键和 C═C 双键（或发色团）的 $n\rightarrow\pi^*$ 和 $\pi\rightarrow\pi^*$ 电子转移有关[275,278]。这与 Ying 等人的结论[279]基本一致，他们在 EPS 中也报道了羰酸（carboxylic acids）和甲氧基羰基（methoxy carbonyls）等主要官能团的存在。

一般而言，预处理前后 UV－Vis 光谱特征的改变是 EPS 中有机物组分、构型和多相性等发生变化的重要标志。如图 6－12 所示，对于 LB－EPS 而言，在低 Fe(II)/$S_2O_8^{2-}$ 投加量下（图 6－12(a)和(b)），$\lambda_{abc}=212\sim223$ nm 和 256～260 nm 处的吸收峰峰强较高，当[Fe(II)]＝0.5 mmol/g VSS、[$S_2O_8^{2-}$]＝0.4 mmol/g VSS 时

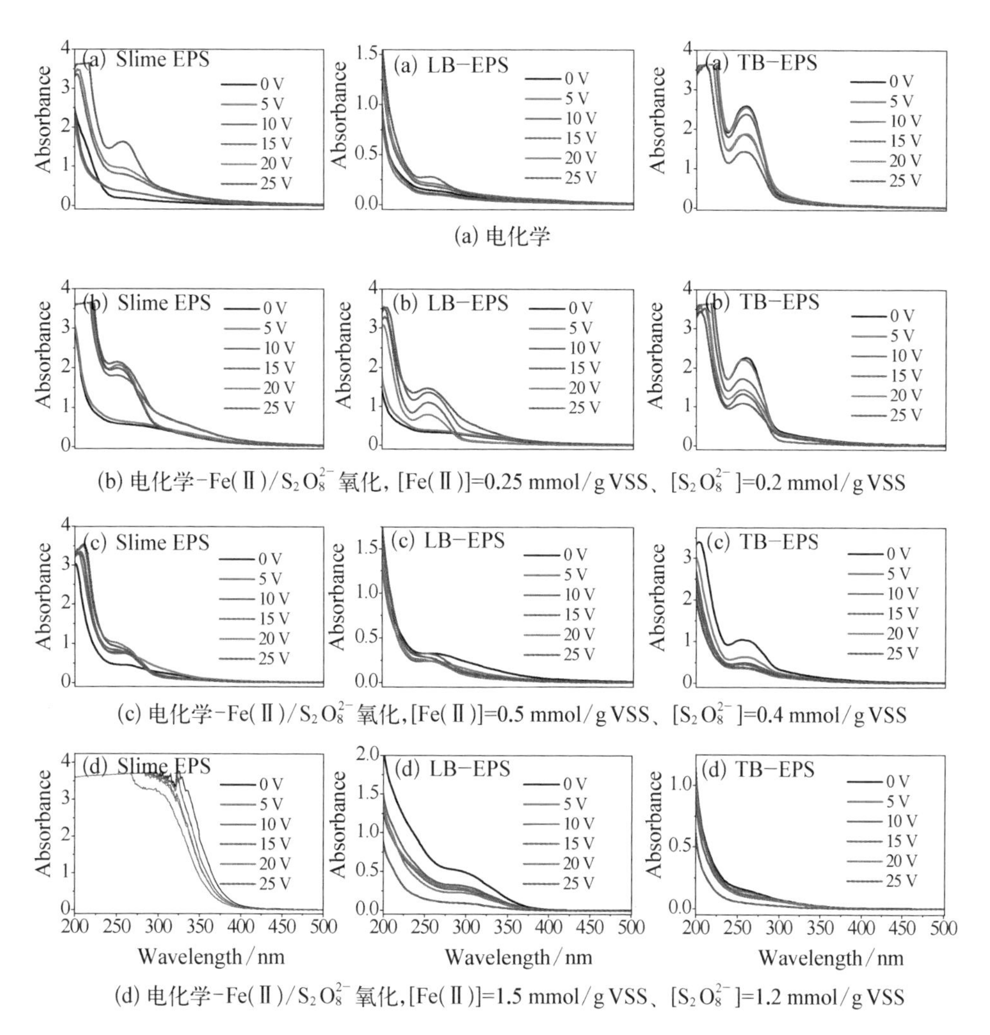

(a) 电化学

(b) 电化学-Fe(Ⅱ)/$S_2O_8^{2-}$ 氧化，[Fe(Ⅱ)]=0.25 mmol/g VSS、[$S_2O_8^{2-}$]=0.2 mmol/g VSS

(c) 电化学-Fe(Ⅱ)/$S_2O_8^{2-}$ 氧化，[Fe(Ⅱ)]=0.5 mmol/g VSS、[$S_2O_8^{2-}$]=0.4 mmol/g VSS

(d) 电化学-Fe(Ⅱ)/$S_2O_8^{2-}$ 氧化，[Fe(Ⅱ)]=1.5 mmol/g VSS、[$S_2O_8^{2-}$]=1.2 mmol/g VSS

图 6-12　不同预处理条件下 EPS 的 UV-Vis 特征光谱图

(图 6-12(c))，特征吸收峰峰强度急剧减小，甚至消失；TB-EPS 的特征峰亦随着加载电压和 Fe(II)/$S_2O_8^{2-}$ 投加量的增加逐渐减弱、变窄。暗示了电化学-Fe(II)/$S_2O_8^{2-}$ 氧化耦合预处理过程中 EPS 的破解、释放和特征官能团的转化与变异，与 EPS 的定量分析结果相符(图 6-11)。污泥中LB-EPS 和 TB-EPS 的削减与脱水效率的增加趋势相一致，证实了两类 EPS 的破坏和去除是实现污泥脱水强化的核心机理，这亦与 Pearson 相关性分析的结论完全吻合(表 6-3)。

相比而言，S-EPS 的 UV-Vis 光谱的变化趋势更加无规则和无序，特别是在高 Fe(II)/$S_2O_8^{2-}$ 投加量下，紫外区内几乎无特征吸收峰出现(图6-12(d))，这可能是由电化学-Fe(II)/$S_2O_8^{2-}$ 耦合的强氧化环境下形成的大量未知中间产物的强光谱干扰效应所致。这些中间产物均匀分散于污泥液相，极易与 S - EPS 一同提取，因而对 S - EPS 的 UV - Vis 光谱特征影响最大。不过，值得提起的是，污泥脱水受 S - EPS 影响甚微（图 6 - 11），故而 UV - Vis 光谱在 S - EPS 表征过程中的低分辨度，并不会干扰该技术在表征污泥脱水领域的应用。

由上述分析可知，UV - Vis 光谱分析具有高灵敏性和快速测定 LB - EPS 和 TB - EPS 的潜能，且无需添加有毒化学试剂，因此，是一种简单、高效的脱水性能分析和评价技术。

4. 微观形貌分析（SEM - EDS）

借助扫描电子显微镜（SEM - EDS）观察耦合预处理作用条件下，污泥胶体颗粒结构和微生物细胞形态的变化规律，从微观角度深入剖析结合水的释放过程，探寻低压电化学（5～25 V）- Fe(II)/$S_2O_8^{2-}$ 氧化衍生耦合工艺的深度驱水机理。

如图 6 - 13 所示，电化学预处理单独作用下，当加载电压为 5 V 时（图 6 - 13(a)），大量与污泥絮体交织缠绕或存在于絮体胶团之间的棒状微生物细胞清晰可见。细胞体结构完整，形体规则，与周围有机高聚物紧密结合，在污泥胶

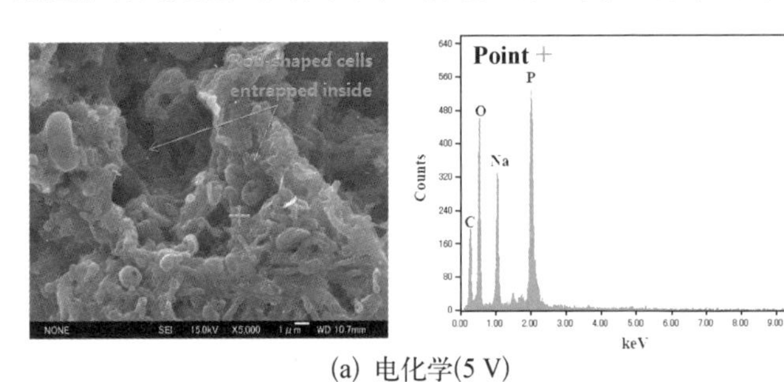

(a) 电化学(5 V)

(b) 电化学(25 V)

(c) 电化学(5 V)-Fe(Ⅱ)/$S_2O_8^{2-}$氧化

(d) 电化学(25 V)-Fe(Ⅱ)/$S_2O_8^{2-}$氧化(其中[Fe(Ⅱ)]=0.5 mmol/g VSS、[$S_2O_8^{2-}$]=0.4 mmol/g VSS)

图 6 - 13　不同预处理条件下 EPS 的污泥颗粒的 SEM - EDX 图

体内部形成一种无序、混沌的微孔结构(chaotic macro-porous structure)。EDS分析显示,细胞体外表黏附大量含碳、氧等元素的高聚物,表明是以PN、PS、脂类等为主成分的TB-EPS[128]。TB-EPS位于胶体颗粒内部,具有较强的流变性和强黏合性,能吸附黏结于细胞表面,并与污泥中的无机颗粒紧密相连。TB-EPS与细胞体的紧密结合,不仅可以为细胞固定和污泥颗粒的整体结构稳定提供支撑和团聚条件,而且可在恶劣环境下为微生物细胞提供庇护场所,增强其环境抵抗力。故而,低电压(5 V)条件下,由于电解微弱的破解能力,微生物细胞体整体完好无损。当加载电压增至25 V(图6-13(b))时,胶体颗粒内部结构变得更加清晰和规则化。在电解作用下,大量细胞体从胶体内部游离并暴露出来,结构完整,表面光滑而圆润。这一发现证实,电化学单独作用(5~25 V)虽可降解黏附于细胞体外围的部分EPS,但对细胞壁的破坏和细胞结合水的释放无能为力,这应该是电化学脱水效率极其有限的直接原因。与电化学单独作用相比,耦合预处理([Fe(II)]=0.5 mmol/g VSS、[$S_2O_8^{2-}$]=0.4 mmol/g VSS)条件下(图6-13(c)和(d)),几乎无完整细胞体检测,表明TB-EPS层彻底崩溃,进而大量细胞体游离、暴露,并最终被攻击而完全破裂。

基于上述分析,电化学-Fe(II)/$S_2O_8^{2-}$氧化耦合工艺的强化脱水机理可以归纳为2步法(图6-14):(I) 耦合预处理下,黏附于细胞体表面的TB-EPS的

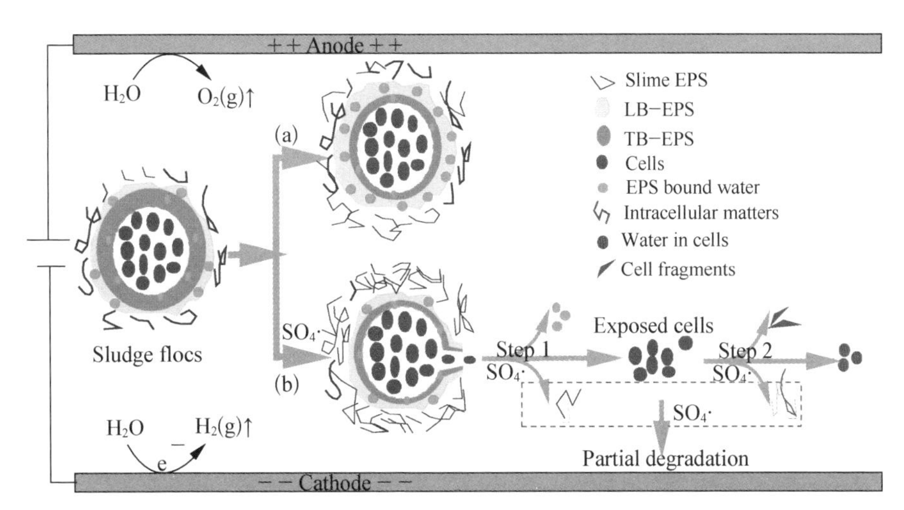

图6-14 污泥强化脱水机理示意图:(a) 电化学-Fe(II)/$S_2O_8^{2-}$氧化([Fe(II)]≤0.25 mmol/g VSS、[$S_2O_8^{2-}$]≤0.2 mmol/g VSS),见图6-8a和b);(b) 电化学-Fe(II)/$S_2O_8^{2-}$氧化([Fe(II)]≥0.5 mmol/g VSS、[$S_2O_8^{2-}$]≥0.4 mmol/g VSS,见图6-8c和d)

坍塌、破解，细胞体完全游离和暴露；(II) 细胞体在强氧化环境中被进一步攻击和破坏。故而，大量 EPS 结合水和细胞结合水获得释放，污泥脱水效率大幅提高。

6.3 小 结

1) 低温热(25℃～80℃)－Fe(II)/$S_2O_8^{2-}$ 氧化衍生耦合脱水

(1) 热处理不利于污泥脱水，当预处理温度从 25℃增至 80℃时，CST 从(3 119.2± 92.5)s 急剧增加至(7 074.7±631.9)s，污泥脱水性能严重恶化；低温热(25℃～80℃)－Fe(II)/$S_2O_8^{2-}$ 氧化耦合作用下，CST 削减率可在 5 min 之内达到 94.2%～96.6%。

(2) 耦合预处理通过 SO_4^- · 自由基途径促进 B－EPS 和胞内类蛋白高聚物的释放与降解，实现 S－EPS 和 B－EPS 同步矿化；EPS 遭到破坏，絮体结构彻底瓦解，污泥颗粒和微生物细胞支离破碎，“高度破解”为结合水的释放提供通道。产生于 Fe(II)/$S_2O_8^{2-}$ 体系的 Fe(II) 和 Fe(III) 通过电中和作用，降低颗粒 Zeta 电位和静电斥力，改善胶体可压缩性，为絮体碎片“再度聚凝”和固液分离强化创造条件。

(3) 3D－EEM 分析揭示 EPS 的类络氨酸和类色氨酸蛋白荧光物对污泥脱水起主控效应，类蛋白荧光物的降解是脱水性能获得提升的核心机制；FT－IR 分析证实耦合预处理对 EPS 类蛋白物质的高效降解和专一破坏，特征峰 1 654 (酰胺 I 带化合物) 和 1 540 cm^{-1} (酰胺 II 带化合物) 随 Fe(II)/$S_2O_8^{2-}$ 投加量的增加明显削减。

2) 低压电化学(5～25 V)－Fe(II)/$S_2O_8^{2-}$ 氧化衍生耦合脱水

(1) 电化学单独作用下，污泥脱水整体变差，恒压抽滤脱水速度放缓，滤饼含固率大幅下降；电化学(5～25 V)－Fe(II)/$S_2O_8^{2-}$ 氧化耦合作用最佳脱水条件为：电压 5 V、[Fe(II)]=0.5 mmol/g VSS、[$S_2O_8^{2-}$]=0.4 mmol/g VSS，此时水分脱除率为 96.7%，滤饼含固率达 17.5 wt.%。

(2) 污泥脱水性能与 LB－EPS 和 TB－EPS 中的 PN、PS 和 T－EPS 密切相关(LB－EPS：R_p 分别为 −0.491(p=0.015)、−0.403(p=0.050) 和 −0.459 (p=0.024)；TB－EPS：R_p 分别为 −0.640(p<0.001)、−0.606(p=0.002) 和 −0.631(p<0.001))，但与 S－EPS 相关性较差(R_p 分别为 −0.106(p=

0.624)、0.228(p=0.172)和0.110(p=0.609));沉降性能受S-EPS中PN(R_p=-0.789,p<0.001)、PS(R_p=-0.584,p=0.003)和T-EPS(R_p=-0.774,p<0.001)影响显著,但与LB-EPS、TB-EPS无关;VSS与TB-EPS的T-EPS高度相关(R_p=0.510,p=0.011),"骨架"TB-EPS的溶解是污泥破损与减量的直接原因。

(3) UV-Vis光谱分析证实耦合预处理对LB-EPS和TB-EPS特征官能团(COOH、C=O和C=C等)的高效降解;低电压(5 V)下,棒状微生物清晰可见,细胞体结构完整,与TB-EPS紧密结合,TB-EPS为絮体稳定、细胞完整提供庇护;电渗析效应和$Fe(II)/S_2O_8^{2-}$氧化导致TB-EPS彻底崩溃,大量细胞体游离、暴露,并被攻击破裂,EPS结合水和细胞结合水获得释放。

第7章 基于铝基胶凝固化驱水剂的污泥固化/稳定化技术

7.1 铝基胶凝固化驱水剂的研发与应用

固化/稳定化(S/S)是最常用的污泥预处理方法之一，通过向脱水污泥中添加固化材料可进一步降低含水率，改善其力学性能，加速稳定化进程，为污泥卫生填埋等的安全作业提供重要保证。目前，固化驱水剂的种类繁多，如氯氧镁水泥[19]、膨润土[171]、粉煤灰[280]、石灰和飞灰[281]等，但其通常添加量巨大(>20 wt. %)[167]，固化增容明显，这不仅会增加污泥无害化处理费用，而且也占据填埋库容，降低库容有效利用率。

基于此，本章节在 Fe(II)/$S_2O_8^{2-}$ 氧化衍生耦合强化脱水技术的研发和应用基础之上，以脱水污泥为研究对象，继续在“新型、高效、低剂量污泥固化/稳定化深度驱水剂的研发和应用”领域开展了系统研究，以期有效缓解“传统固化剂驱水效果不佳、投加量大等”技术困境，为脱水污泥的固化/稳定化和卫生填埋末端处置提供工程技术支撑。

7.1.1 常规固化驱水剂的筛选与应用

1. 固化驱水剂对污泥含水率的影响

将市场级高岭土、钛白粉、灰钙粉、硅灰石粉、玄德粉、Mg 系固化剂、铝酸三钙(C_3A)和 CaO 等通过单一或复配(重量比为 1∶1)方式进行污泥固化驱水试验，以比较几种常规添加剂的固化驱水效率。不同固化驱水剂的添加量均为污泥湿重的 5 wt. %，制成 50 mm×50 mm×40 mm 的固化块，于室温条件下自然晾晒养护，固化污泥含水率与固化时间、温度和湿度的关系如图 7-1 所示。由图可以看出，不同固化驱水剂对污泥含水率变化的影响具有较为明显的差异，其中以硅灰石粉和高岭土的脱水效率最为显著，在自然养护的第3天，固化污泥含水率均可降至60 wt. %以下；而Mg系固化剂等此时的脱水效果并不明显，仅当养护至第4天时，固化污泥含水率才可降至60 wt. %左右。

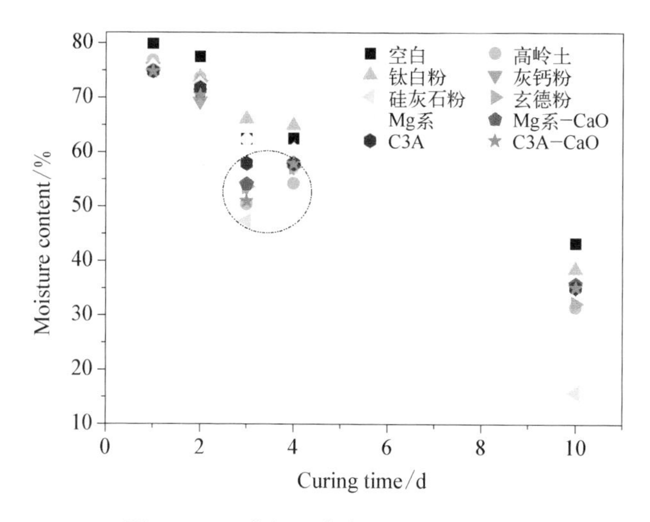

图7-1　固化污泥含水率随时间的变化

另外，分别以Mg系、C_3A、化学纯CaO为固化驱水剂，以$Al_2(SO_4)$为促凝剂，进行污泥固化驱水试验(复配方式：Mg系和C_3A与CaO混合比例均为1∶1，促凝剂$Al_2(SO_4)$掺加量为驱水剂的5 wt. %～10 wt. %)，单一或复合固化驱水剂添加量均为污泥湿重的5 wt. %，固化污泥摊铺厚度2～3 cm，每天上午(10:00 am)和下午(15:00 pm)分别手动翻抛1次，每天记录污泥含水率、温度和湿度等参数，试验结果如图7-2所示。

由图7-2可以看出，在翻抛晾晒养护条件下，C_3A-CaO的早期驱水效果最好，在翻抛养护1天后，固化污泥的含水率即可骤降至60 wt. %左右。C_3A在CaO的碱性激发作用下快速水化，形成水化产物($3CaO\cdot Al_2O_3\cdot Ca(OH)_2\cdot nH_2O$)，消耗了污泥中的部分水分；同时，$C_3A$-CaO在水化反应过程中亦会释放大量的热量，这也提高了污泥内部水分的蒸发速度，加快了水分的减少；另外，由试验结果亦可看出，其他固化污泥的含水率也均在养护2天后下降至60 wt. %以下。

由上述分析可知，与自然晾晒养护相比，翻抛养护在污泥的固化驱水过程中起到了至关重要的作用，其可以有效地加快固化污泥中自由水分的渗出和蒸发，为污泥的脱水和力学性能的提升均提供了有利的条件。

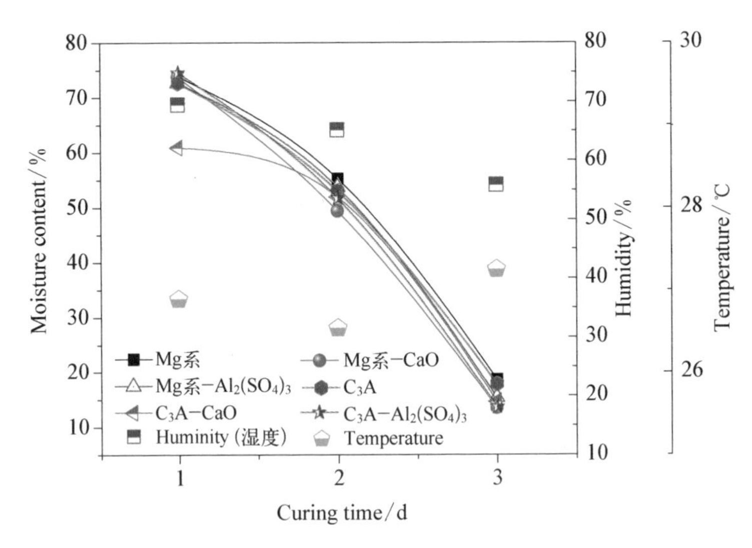

图 7-2 翻抛条件下固化污泥脱水效果随时间的变化

2. 固化驱水剂对污泥重金属含量的影响

不同固化驱水剂对污泥重金属的影响如图 7-3(a)所示。其中,高岭土和硅灰石粉的添加导致污泥中重金属含量大幅度增加,部分重金属含量甚至增加数十倍,因此,其不适合作为污泥固化驱水剂选材,这主要与其自身重金属含量较高有关;而 AC_3-CaO 因其自身含有较少的重金属污染物,故其对污泥重金属的贡献并不显著。不同固化驱水剂对污泥焚烧底灰重金属影响如图 7-3(b)所示,高岭土固化污泥焚烧底灰的 Zn 含量高达 56.10 mg/g 底灰,而其他固化剂对污泥焚烧底灰的重金属影响相对较弱。

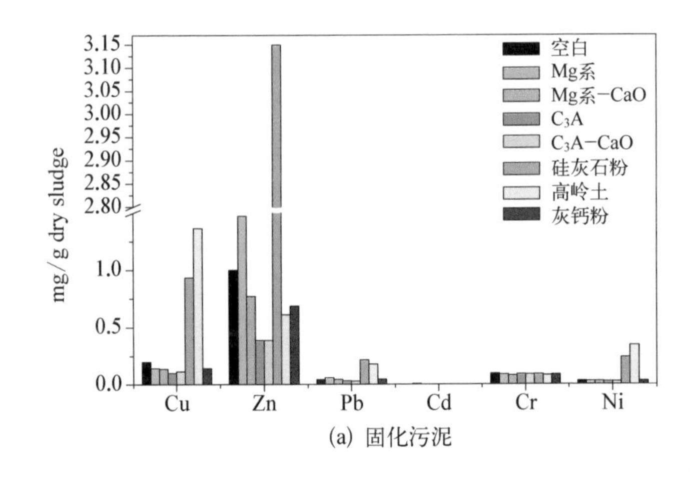

(a) 固化污泥

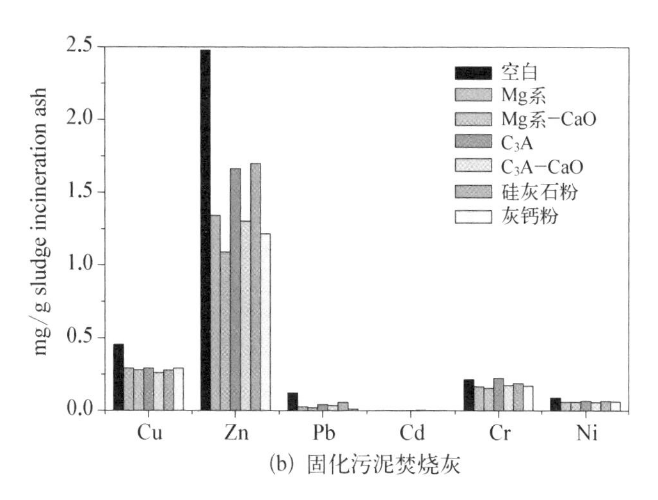

(b) 固化污泥焚烧灰

图 7-3　固化污泥(a)和固化污泥焚烧灰(b)的重金属分布情况

7.1.2　铝基胶凝固化驱水剂的水热合成-低温焙烧

1. 水热合成-低温焙烧工艺

铝基胶凝固化驱水剂(煅烧铝酸盐,calcined aluminium salts,简称 AS)的水热合成-低温焙烧工艺流程如下：首先,将化学纯 $Al(OH)_3$ 和 $CaCO_3$ 置于 950℃～1 000℃的 SX2-10-12 型马弗炉中高温煅烧 2.5 h,煅烧结束后立刻取出于室温下骤冷,获得高活性 Al_2O_3 和 CaO,并磨细过筛(<80 μm);然后,将活性 Al_2O_3 和 CaO 以摩尔比 7∶12 复配,与蒸馏水按液固比 1∶1(mL/g)均质混合后,于实验室规模水热合成装置中沸煮 1～2 h,冷却后于 65℃烘箱烘至恒重,得到铝基水热合成产物,磨碎并与少量化学纯 CaF_2(水热合成产物的 4 wt.%)混合均匀,继续于 1 180℃～1 200℃煅烧 2 h,加热结束后待其自然冷却至室温,所形成的熟料磨细过筛(<80 μm)后备用。其中,CaF_2 作为矿化剂用于降低铝基胶凝固化驱水剂的烧制温度,提高其合成速度,水热合成工艺如图 7-4 所示。

2. 污泥固化试样制备

脱水污泥(DS_s)基本特性详见第 3 章。污泥固化方案如表 7-1,固化驱水剂投加量为污泥湿重的 5 wt.%,并按 3.2.2 节的固化步骤制备。试样硬化成型后,24 h 脱模,于室温条件下自然养护,并测定 3 d、7 d、14 d 和 28 d 的抗压强度(UCS)。

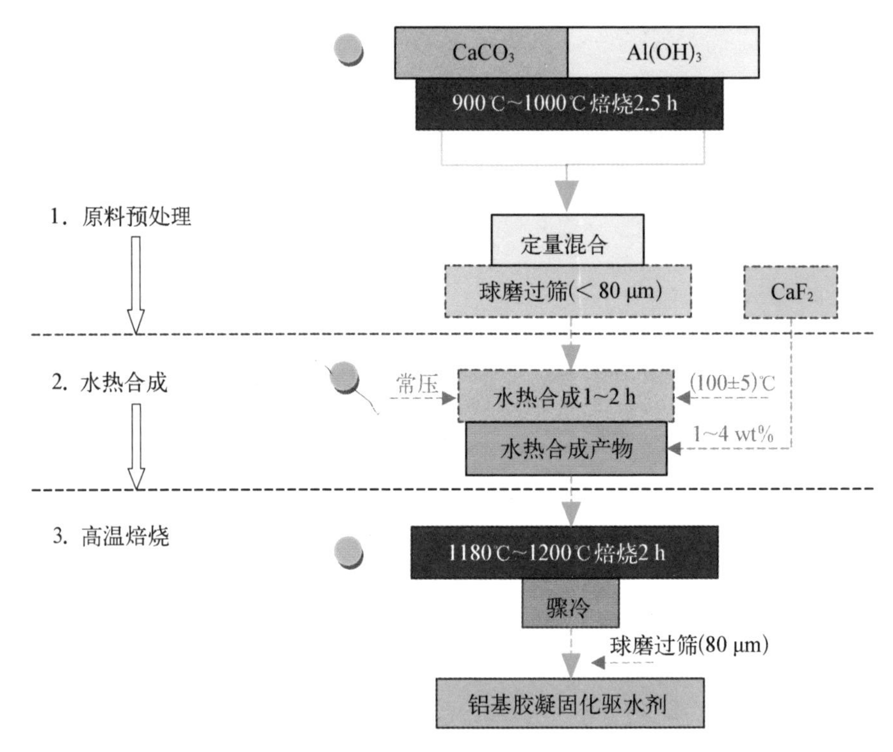

图 7-4 铝基胶凝固化驱水剂水热合成-低温焙烧工艺

表 7-1 污泥固化试验方案

试样编号	投加比例/wt. %	固化驱水剂	
		主成分	促凝剂
A_0	—	—	—
AS_0	5/100	AS	10% $CaSO_4$
ASC_1	5/100	AS-CaO (1∶1)	4.08% $CaCl_2$+8.16% Na_2SO_4
ASC_2	5/100	AS-CaO (1∶1)	5.22% $CaCl_2$+10.44% Na_2SO_4
ASC_3	5/100	AS-CaO (1∶1)	5% $CaSO_4$
ASC_4	5/100	AS-CaO (1∶1)	10% $CaSO_4$

注：A_0为空白对照组的原生污泥。

3. 铝基胶凝固化剂矿物组成分析

图 7-5 给出了 1 180℃~1 200℃焙烧获得的铝基胶凝固化驱水剂(AS)的

XRD谱图，由图可知，在1 180℃下，$12CaO \cdot 7Al_2O_3$（mayentie）[282]和$11CaO \cdot 7Al_2O_3 \cdot CaF_2$大量结晶和形成。$12CaO \cdot 7Al_2O_3$为高铝水泥熟料的主要成分[283]，具有较强的火山灰活性、早强性和快硬性。此外，在该固化驱水剂中还检出少量$Ca(OH)_2$和未反应完全的活性CaO等，而普通硅酸盐水泥和硫铝酸盐水泥中，常见的矿物结晶相如C_3A和$C_4A_3\overline{S}$等均未被检出。基于低温水热合成工艺，铝基胶凝固化驱水剂的合成途径可由式(7-1)表示：

$$12CaO + 7Al_2O_3 \xrightarrow[2hr]{1\ 180℃} 12CaO \cdot 7Al_2O_3 \qquad (7-1)$$

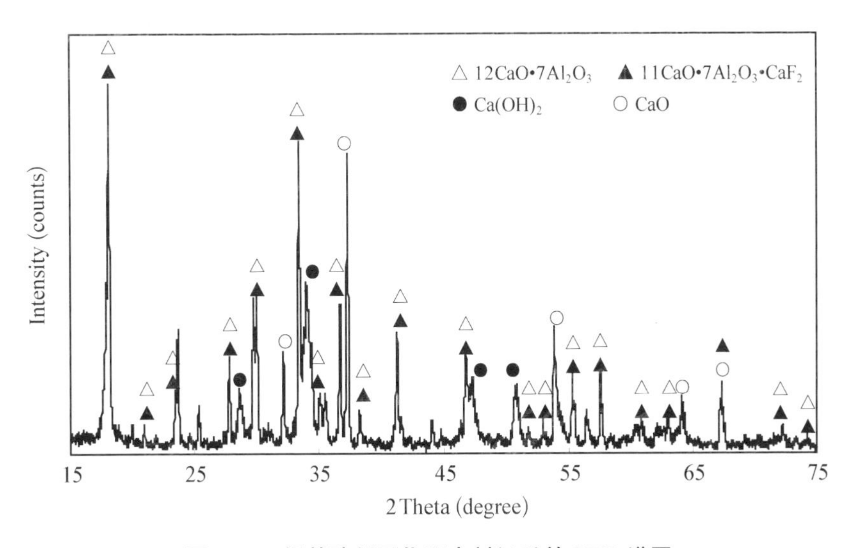

图7-5 铝基胶凝固化驱水剂(AS)的XRD谱图

4. 固化污泥含水率的变化

图7-6反映了不同固化污泥试样含水率随养护时间的变化趋势。由图可以看出，固化驱水剂的复配方式以及促凝剂的组成对固化试样的含水率具有较为明显的影响。原生污泥（A_0）脱水性能极差，养护20 d后，含水率才能降至50～60 wt.%。而以AS为主成分、10 wt.% $CaSO_4$为促凝剂时（AS_0），污泥试样含水率下降迅速，仅在第5天即可下降至60%左右，满足《城镇污水处理厂污泥处置 混合填埋泥质》(CJ/T 249—2007)含水率指标要求。相比而言，复掺部分CaO会明显削弱AS的驱水效率，如试样ASC_1和ASC_2，含水率降至50～60 wt.%所需的养护时间高达10～17 d，而ASC_3和ASC_4所需的养护时间亦在10～14 d之间。

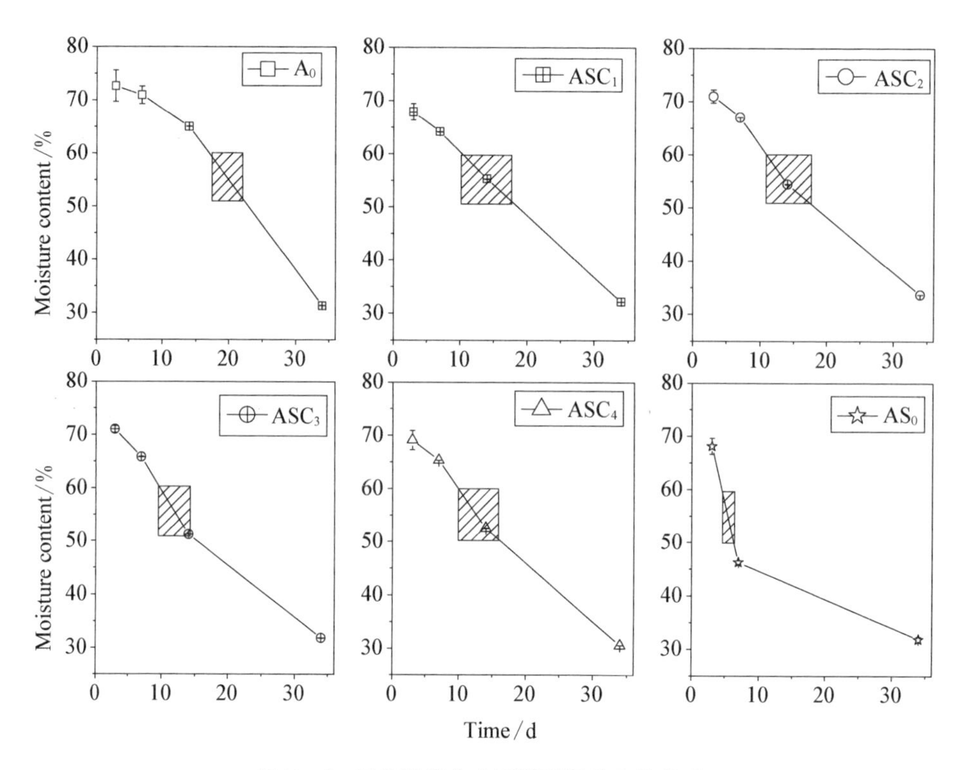

图 7-6 固化试样含水率随时间的变化关系

5. 固化污泥 UCS 的变化

UCS 是反映固化污泥水化反应速率快慢的重要指标[284]，不同固化试样的 UCS 值如表 7-2 所示。与含水率变化趋势相似，以 AS 为主成分、10 wt.% $CaSO_4$为促凝剂时(AS_0)，固化试样强度最佳，经过 7 d 的固化/稳定化后，UCS 可达到(51.32±2.9)kPa，满足污泥卫生填埋的强度要求(≤50 kPa)[285]。固化体的强度获得与 AS 水化作用密切相关，AS 具有优越的自硬性和反应活性，与水接触后会迅速发生水化，生成大量胶凝水化产物，将污泥颗粒包裹凝聚，形成致密坚硬的胶结固化体，促进强度发展。而以 AS-CaO 为固化驱水剂主成分的固化试样，在相同养护期龄下的 UCS 均低于(2.81±0.06)kPa。CaO 火山灰活性较低，大量掺入会导致自由 CaO(f-CaO)含量过高，影响固化驱水剂的反应活性和早强性，降低污泥水分蒸发和消耗速率，导致其脱水和强度发展严重迟缓。

固化污泥强度除受驱水剂主成分影响外，亦会因促凝剂的种类不同而有所差异。$CaSO_4$和当量 $CaSO_4$($CaCl_2+Na_2SO_4 \rightarrow CaSO_4+2NaCl$))对强度发展的影响如表7-2所示，以AS-CaO为固化驱水主成分、5 wt.% $CaSO_4$为促凝剂时，试样ASC_3的28 d UCS约为(62.97±0.99)kPa，而以当量$CaSO_4$(4.08 wt.% $CaCl_2$+8.16 wt.% Na_2SO_4)为促凝剂时，试样ASC_1的UCS仅为18.87±4.82 kPa。试样ASC_4和ASC_2亦获得相似的试验结果，前者以10 wt.% $CaSO_4$为促凝剂，28 d UCS约为(51.95±8.70)kPa，而后者以5.22 wt.% $CaCl_2$+10.44 wt.% Na_2SO_4为促凝剂，UCS仅为(12.82±1.06)kPa。上述分析揭示，$CaSO_4$和$CaCl_2$-Na_2SO_4促凝剂均能有限提高污泥抗压强度，当量掺加条件下，$CaSO_4$增强效果更为明显。$CaSO_4$的掺入提高空隙溶液中Ca^{2+}浓度[286]，促进含钙水化产物的结晶与沉淀(即$CaAl_2Si_2O_8 \cdot 4H_2O$和$CaCO_3$，见图7-7)；而$CaCl_2$-$Na_2SO_4$促凝剂的使用在提高液相$Ca^{2+}$浓度的同时，亦会引入大量对水化反应极为不利的有害元素Na^+和Cl^-，破坏胶凝水化产物胶结界面，削弱强度发展。

表7-2 不同固化样品的无侧限抗压强度(kPa)

养护时间/d	UCS/kPa					
	A_0	AS_0	ASC_1	ASC_2	ASC_3	ASC_4
3	0.24±0.02	2.96±0.13	0.62±0.02	0.54±0.06	2.31±0.03	1.92±0.18
7	0.67±0.09	51.32±2.9	0.89±0.15	0.65±0.07	2.81±0.06	2.28±0.25
14	2.14±0.31	111.39±7.4	4.09±0.57	2.90±0.85	15.52±0.24	12.33±0.58
28	7.14±4.17	146.42±12.73	18.87±4.82	12.82±1.06	62.97±0.99	51.95±8.70

6. X射线粉末衍射分析(XRD)

选择3种典型的污泥固化试样ASC_1、ASC_3和AS_0进行XRD分析。由图7-7(a)可知，(AS_0)对污泥起增强效应的是斜方钙沸石(gismondine，$CaAl_2Si_2O_8 \cdot 4H_2O$，简称C-A-S-H)和$CaCO_3$。$CaAl_2Si_2O_8 \cdot 4H_2O$是一种富含$SiO_2$的晶体水化产物[287]，具有较强的凝结和绑定性能，可以胶结禁锢污泥颗粒，提高固化体内聚力，降低孔隙度，提高早期强度。$CaAl_2Si_2O_8 \cdot 4H_2O$的形成来源于活性CaO的强碱激发作用，AS中残余的活性CaO(图7-5)在液相环境中通过吸水诱发的$Ca(OH)_2$碱性环境，可以侵蚀和破坏高硅污泥网状结构，加速活性SiO_2的溶出，SiO_2最终在$12CaO \cdot 7Al_2O_3$的促发下以$CaAl_2Si_2O_8 \cdot 4H_2O$的形式结晶沉淀[287]。但值得注意的是，在本研究中，AFt、AFm和高岭石($Ca_3Al_2(SiO_4)_{3-x}(OH)_{4x}$)[288]等具有强凝结和增强效能的常规

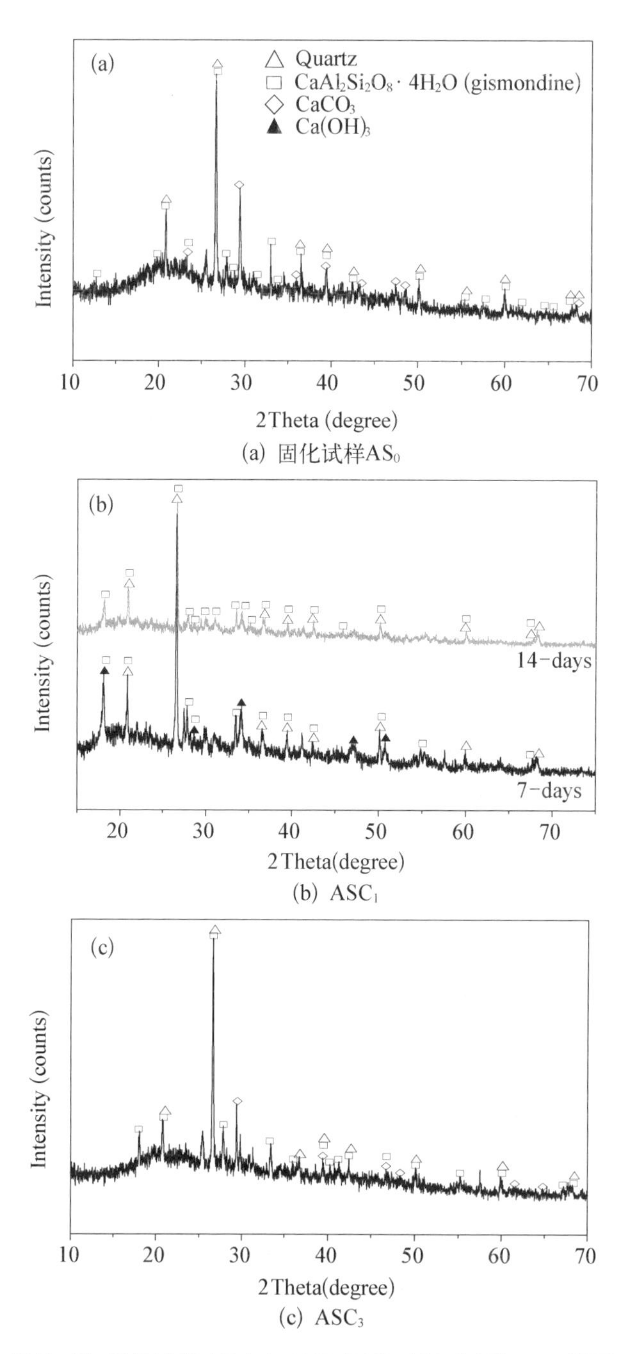

(a) 固化试样AS_0

(b) ASC_1

(c) ASC_3

图 7-7 固化试样 AS_0(a)、ASC_1(b)和 ASC_3(c)的 XRD 谱图

物相并未被检出，可能与污泥复杂的化学组成（表 3-1）和 $CaAl_2Si_2O_8 \cdot 4H_2O$ 的优势生长对 C-S-H 等正常水化的阻截有关[287]。

衍射峰强度可以用来反映特定水化产物的含量。可以看出，固化驱水剂组成不同，固化试样 XRD 谱图亦明显不同(图 7－7)。AS_0 的 $CaAl_2Si_2O_8 \cdot 4H_2O$ 衍射峰最强，其次为 ASC_3，ASC_1 最弱。$CaCO_3$ 衍射峰亦在 AS_0 中表现最强，但在 ASC_3 和 ASC_1 中缺失。这一发现证实，AS 在少量促凝剂 $CaSO_4$ 的存在下，可以有效抗拒污泥有机物对水化反应的毒害和干扰，促进水化产物的正常结晶，与污泥强度变化趋势一致。

同时，为阐明固化/稳定化过程中主要结晶相的形成与转化机理，对不同养护期龄的固化试样进行 XRD 分析。以固化试样 ASC_1 为例(图 7－7b)，可以看出，$CaAl_2Si_2O_8 \cdot 4H_2O$ 形成速度较快，养护 7 d 后即可检出，此时也有少量 $Ca(OH)_2$ 出现。但随着固化/稳定化时间的推移，$Ca(OH)_2$ 的衍射峰强度逐渐减弱，而 $CaAl_2Si_2O_8 \cdot 4H_2O$ 和 $CaCO_3$ 出现轻微的增加。水化产物 $CaAl_2Si_2O_8 \cdot 4H_2O$ 和 $Ca(OH)_2$ 具有较高的热动态稳定性，在 CaO 存在和火山灰反应的激发作用下[287]，可在固化初期快速沉淀。而随着养护时间的延长，由于碳化作用的诱发[289]，$Ca(OH)_2$ 通过式(7－2)不断转化为 $CaCO_3$ 晶相[290]，并伴生少量 $CaAl_2Si_2O_8 \cdot 4H_2O$，故而氧护后期，$CaAl_2Si_2O_8 \cdot 4H_2O$ 和 $CaCO_3$ 的衍射峰有所增强。

$$Ca(OH)_2 + CO_2 \rightarrow CaCO_3 + H_2O \tag{7-2}$$

7. 扫描电子显微镜分析(SEM)

选取原生污泥 A_0、固化试样 ASC_1、ASC_3 和 AS_0 为研究对象，通过 SEM 分析考察固化驱水剂类型对污泥微观结构的影响，试验结果如图 7－8 所示。从 SEM 图可以看出，原生污泥(图 7－8a)经 28 d 养护后，空隙率依旧极高，且污泥颗粒圆滑、分散，彼此独立成团，团聚和内聚力极差，故而施加较低的机械作用力即可破坏。固化处理后(图 7－8(b)、(c)和(d))，大量针状或蜂窝状 $CaAl_2Si_2O_8 \cdot 4H_2O$ 和 $CaCO_3$ 清晰可见，尤其是在固化试样 AS_0 内部(图 7－8(d))。这些晶体彼此交叉填充于污泥间隙，并通过形成网状胶凝结构，将污泥颗粒包裹胶结连为一体，形成结构致密、质地坚硬的固化体，从而促进了污泥强度的提高。

8. 热重分析(TG－DSC)

选择强度性能最佳的固化试样 AS_0(28 d)为研究对象，进行 TG－DSC 分析，以进一步确定特定水化产物的物相及存在形态，验证 XRD 和 SEM 分析结果。试样 AS_0 的 DTG－DSC 曲线如图 7－9 所示。

(a) 原生污泥A_0　(b) 固化试样ASC_1

(c) ASC_3　(d) AS_0

图 7-8　原生污泥 A_0(a)、固化试样 ASC_1(b)、ASC_3(c) 和 (d) AS_0的 SEM 图

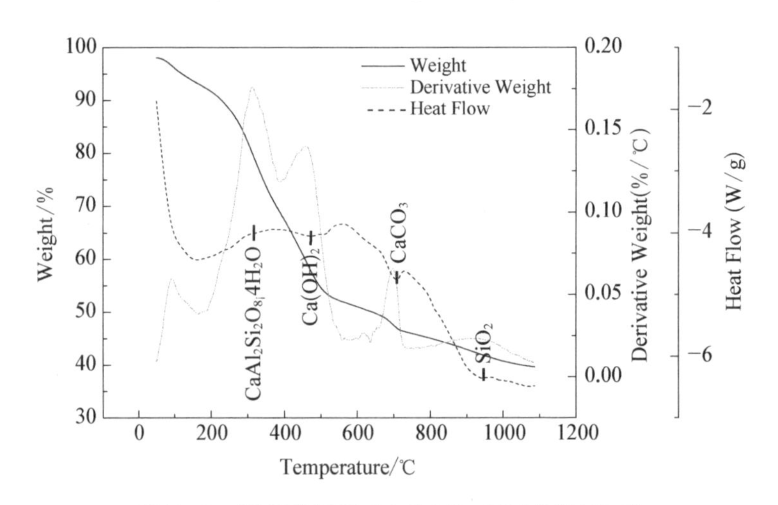

图 7-9　AS 固化试样 AS_0的 TG-DSC 曲线(28 d)

从 TG-DSC 曲线可以看出,在 100℃左右出现较宽的失重峰,这可能与污泥自由水和结合水的蒸发有关[291];在 300℃处出现了较明显的失重信号,证实了 $CaAl_2Si_2O_8 \cdot 4H_2O$ 晶体相的存在;随着热解温度的持续升高,在 450℃出现了 $Ca(OH)_2$失重峰;此外,在 720℃左右,由 $CaCO_3$高温分解引起的失重峰亦清晰可见[282,291],除 $CaCO_3$分解反应外,该失重峰的出现还与污泥中难挥发性有机物和其他无机矿物的高温热分解有关。上述发现与XRD和SEM分析结论基本吻合。此外，在950℃处亦出现了微弱的吸热峰，暗示了SiO_2由无水结晶态(anhydrous crystalline)向β-SiO_2和方石英(cristobalite)的晶体转变[171]。

9. 污染物浸出行为评估

(1) 重金属

为考察重金属的最大浸出潜能，确保产品的环境安全性，分别采用美国EPA的毒性浸出程序(US EPA Test Method 1311 - TCLP)和国标《固体废物浸出毒性浸出方法　水平振荡法》(HJ 557—2009)对固化污泥试样的重金属(Zn、Pb、Cd、Ni、Cr和Cu)浸出毒性进行系统评估。

分析结果如图7-10所示，总体而言，试样ASC_1和ASC_2的重金属浸出毒性相对偏高，其次为ASC_3和ASC_4，AS_0最小。不同重金属的浸出潜能明显不同，

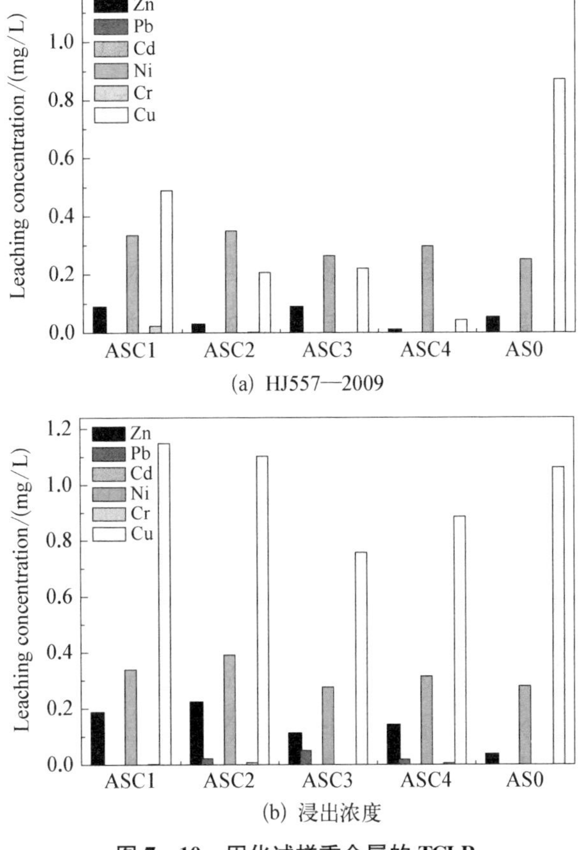

图7-10 固化试样重金属的TCLP

Cu 最易浸出(TCLP：0.05～0.87 mg/L；HJ 557—2009：0.76～1.15 mg/L)，其次为 Ni，浸出浓度约 0.30 mg/L 左右；而 Cd 和 Cr 的浸出浓度极低，其中 Cd ≈ 0 mg/L，Cr 低于 0.023 mg/L。同时，重金属的浸出行为亦因浸出方法的不同而有所差异，如 Cu 和 Pb 在 HJ 557—2009 条件下更易浸出，而在 TCLP 试验中(浸提液 pH 4.93)浸出浓度明显降低，这可能与固化试样内界面较高的 pH (8.83～9.39)[292]有关。Pb 为两性金属，在强碱环境中溶解度很高，因而更易释放[292]。由上述分析可以看出，尽管不同污泥试样的浸出毒性有所差异，但重金属毒性浸出浓度均远低于《危险废物鉴别标准　浸出毒性鉴别》(GB 5085.3—2007)规定的阈值(Zn：100 mg/L；Pb：5 mg/L；Cd：1 mg/L；Ni：5 mg/L；Cr：15 mg/L；Cu：100 mg/L)，因此，不具有环境危害性，可进行卫生填埋安全处置。

重金属的封闭与固定可能与重金属对水化产物晶相内母离子(Ca^{2+}等)的同晶置换有关，重金属 Zn 等通过取代水化产物的 Ca 等位点，被镶嵌禁锢于结晶体网络结构内[170]，实现自封与固定，阻止其向环境的迁移和扩散。此外，重金属与特征有机复合物的络合或与多孔介质的物理绑定[170]也有利于削减其环境危害性。

(2) pH 和 NH_3-N

并对国标 HJ 557—2009 试验的浸出液作进一步 pH 和 NH_3-N 测定。pH 分析结果如图 7-11 所示，对照组 A_0 的 pH 较为稳定，在整个养护期内基本为中性或弱碱性。相比而言，固化试样在养护初期均具有较高的 pH，为 11.5～11.7，这可能与固化驱水剂的高钙特性有关[281]。随着养护时间的推移，钙通过

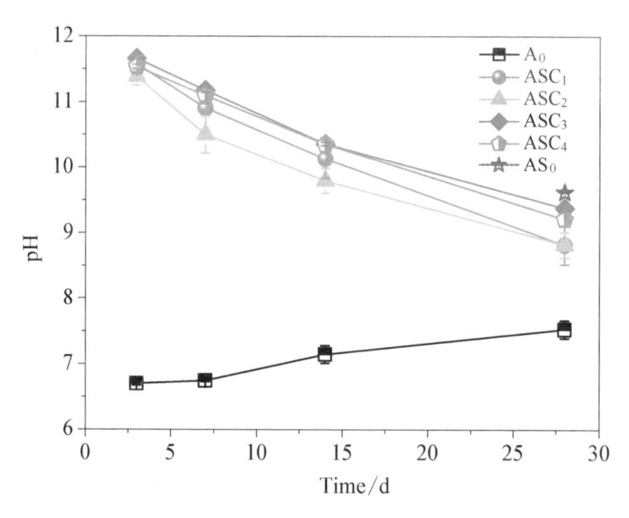

图 7-11　固化试样浸出液 pH 随养护时间的变化趋势

火山灰反应[293]和碳化[281]等途径被逐渐消耗，固化试样 pH 快速降低，并最终维持在 28 d 的 8.8～9.6。铝基凝胶固化/稳定化预处理明显增加了污泥的初始 pH，但经短期氧化之后，pH 可快速降至《城镇污水处理厂污泥处置　混合填埋泥质》（CJ/T 249—2007）规定的污泥卫生填埋安全阈值之内（5～10）；Mangialardi 等[294]人也曾证实 pH 5.9～9.5 为安全范围，不会对环境和人体健康构成潜在威胁。

不同固化试样浸出液中 NH_3-N 浓度随养护时间变化趋势见表 7-3 所示。可以看出，固化/稳定化预处理可以大幅削减污泥 NH_3-N 的浸出浓度。而对照组 A_0 浸出液的 NH_3-N 浓度高达 550～900 mg/L，而固化试样的 NH_3-N 浓度仅为 10～40 mg/L 左右。

表 7-3　固化试样浸出液 NH_3-N 浓度随养护时间的变化趋势

养护时间/d	NH_3-N 浓度/mg/L					
	A_0	ASC_1	ASC_2	ASC_3	ASC_4	AS_0
3	736.12±61.73	29.47±4.44	47.92±1.93	23.74±4.06	36.44±6.96	—
7	901.25±34.89	24.15±2.32	21.28±2.90	16.09±2.51	31.93±7.54	—
14	722.48±47.79	16.09±2.51	27.85±2.51	20.59±2.71	19.09±2.13	—
28	558.43±148.14	36.03±0.97	48.74±2.71	14.86±2.71	12.67±2.13	30.16±2.99

10. 经济与效益简易分析

铝基胶凝固化剂（AS）具有优越的火山灰活性，可以实现污泥的快速驱水和固化/稳定化。该技术在上海老港污泥卫生填埋场进行了示范验证，在密闭的工作间内，将污泥（80 wt.%）与 5 wt.%的 AS 进行机械混合搅拌，均质后由专用密闭运输车运至专设污泥养护区，经 5～7 d 自然养护后，固化污泥含水率即可降至 50 wt.%左右，UCS 大于 50 kPa，满足卫生填埋指标要求。铝基胶凝固化剂（AS）固化驱水工艺的费用分配情况如表 7-4 所示。

由表 7-4 可以看出，该工艺的总处理费用仅为 71 CNY/t 污泥（约 USD $11），远低于干化焚烧（300～500 CNY/t 污泥）和厌氧消化等工艺[295]。AS 固化技术不仅可以实现污泥的安全可控填埋，亦能大幅提高填埋堆体的边坡稳定性，避免滑坡等次生灾害的发生。此外，与波特拉水泥和焚烧炉渣等传统固化驱水剂相比，AS 还具有投加量少、增容小、硬化和凝结时间短等优点，因此，环境和经济效应明显，推广和应用前景广阔。

表 7-4 铝基胶凝固化剂(AS)固化驱水工艺的费用分布

项　目	费用/(CNY/t 污泥)
铝基胶凝固化剂/AS	50
工人工资福利	10
设备维修与折旧	11
总　计	71

7.2 铝酸钙(AS)——波特兰水泥复合型污泥固化驱水技术

普通硅酸盐水泥(又称波特兰水泥,Portland cement,简称 PC)因廉价易得而被广泛应用于危险废物的固化/稳定化(S/S)[166,291]。然而,PC 通常更适用于无机废物的处理,而对于高有机质废物,如剩余污泥等的固化/稳定化效果甚差。其主要原因在于有机物会阻止 PC 的水化进程,降低其反应速率,进而削弱固化效率[170-171,296]。如 Minocha 等[296]考察了油脂(grease)、油类(oil)、六氯苯(hexachlorobenzene)、三氯乙烯(trichloroethylene)和苯酚(phenol)对固化污泥土工特性的影响。结果表明,油脂、油类和苯酚均会对固化剂水化产生严重不利影响,油脂和油类掺入量为 8 wt. %时,以 PC-飞灰为固化剂的污泥试样 28 d USC 降低 50%;而掺入 8 wt. %的苯酚会导致以 PC、PC-飞灰为固化剂的污泥试样的 28 d UCS 分别削减达 54%和 92%,固化污泥力学性能急剧恶化。

近年来,研究人员开展了大量 PC 改性试验研究,试图通过筛选和优化改性材料,达到削弱或屏蔽污泥有机质不利干扰的目的。如 Katsioti 等[171]探讨了硅藻土(bentonite)作为改性剂的可行性,硅藻土具有较高的有机物吸附容量。然而,结果并非令人满意。PC-硅藻土复合作为固化剂对污泥 UCS 的促进作用十分有限,有时甚至导致强度变差,强度损失达 52%~68%。此外,Malliou 等[170]以 PC 为固化剂、$CaCl_2$ 和 $Ca(OH)_2$ 为促凝剂固化/稳定化污泥。当 $CaCl_2$ 和 $Ca(OH)_2$ 的掺入量分别为 3 wt. %和 2 wt. %时,固化污泥的 28 d UCS 可提升 10%左右。大量 Cl^- 的引入会极大限制固化产品的应用领域,尤其是其在建筑行业的应用,其主要原因在于 Cl^- 会加速加固混凝土结构中钢筋的腐蚀和腐化[297]。另外，研究人员也考察了黄钾铁矾(jarosite)、明矾石(alunite)[291]、$Na_2SiO_3 \cdot 5H_2O$、Na_2CO_3[280]以及石灰和飞灰[281]作为 PC 改性剂的可行性，然而研究结果亦非令人满意。

本项目的前期研究证实铝基胶凝固化驱水剂(AS)具有优越的早强性和快硬性，可以有效削弱甚至消除有机物的毒害和强干扰效应，促进水化产物的结晶与沉淀，因此，AS 作为 PC 改性剂具有较高的可行性。基于此，本章节在第 7.1 节的研究基础上：① 系统构建以 PC 为骨料、AS 为改性剂的污泥固化/稳定化技术体系，确定最佳 AS/PC 混合工艺；② 从力学和微观角度深入解析 AS 的助凝和强化机理；③ 并通过酸中和容量(acid neutralization capacity, ANC)试验全面评估污泥固化产品的环境安全性。

7.2.1　材料与试验设计

1. 试验材料

脱水污泥(DS_s)为上海市某污水处理厂的压滤脱水污泥。水泥为 CEM II 32.5 型波特兰水泥(PC)，AS 的制备工艺详见 7.1.2.1 节。采用 XRD 分析 PC 和 AS 的矿物组成，结果如图 7-12 所示，PC 的矿物相为 SiO_2、C_3S、C_3A 以及少量的 $CaSO_4 \cdot 2H_2O$($C\bar{S}H_2$)；AS 主要由 $12CaO \cdot 7Al_2O_3$ 和少量的活性 CaO 组成。

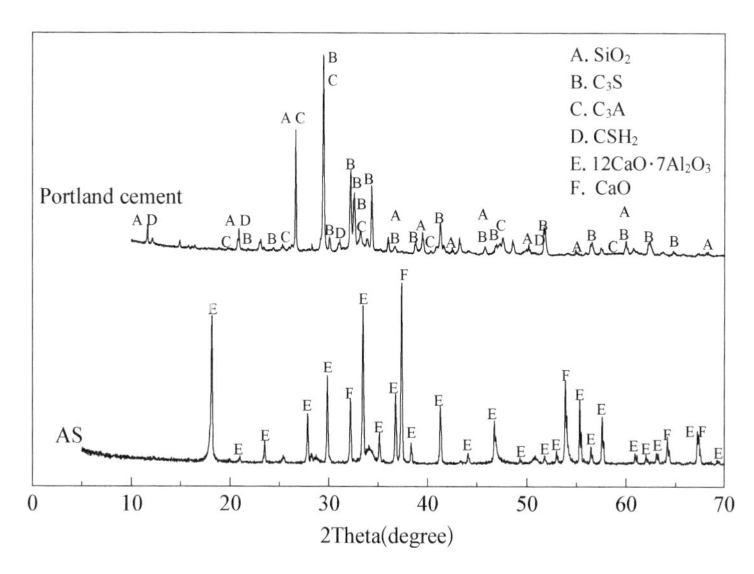

图 7-12　CEM II 32.5 型 PC 和 AS 的 XRD 谱图

2. 污泥固化试样制备

固化方案如表 7-5 所示，AS/PC 按质量比 0∶10、2∶8、3∶7、4∶6 和 5∶5 (m∶m)混合复配，复合固化驱水剂投加量为污泥湿重的 10 wt.%和 20 wt.%。

表 7-5 污泥固化/稳定化试验方案

AS/PC 复配比/m∶m	固化驱水剂投加量	
	10 wt.%	20 wt.%
0∶10	$AC_{0/10\text{-}10}$	$AC_{0/10\text{-}20}$
2∶8	$AC_{2/8\text{-}10}$	$AC_{2/8\text{-}20}$
3∶7	$AC_{3/7\text{-}10}$	$AC_{3/7\text{-}20}$
4∶6	$AC_{4/6\text{-}10}$	$AC_{4/6\text{-}20}$
5∶5	$AC_{5/5\text{-}10}$	$AC_{5/5\text{-}20}$

3. 酸中和容量试验(ANC)

水化产物是影响污泥试样 ANC 和重金属浸出性能的重要因素[298]。采用 Chen 等[35]和 Lampris 等[298]学者推荐的 ANC 试验程序测定固化污泥的 ANC 和重金属浸出毒性。固化试样于 60℃烘干后，磨碎过筛(<150 μm)，并放置于 50 mL 的聚乙烯塑料瓶中，以 2 mol/L HNO_3 溶液为浸提剂进行浸提试验，浸提剂投加剂量按一定梯度逐级递增。在液固比为 10∶1(L/kg)的条件下，于水平振荡装置(振荡频率为(110±10)r/min)连续浸提 24 h，浸提液经4 000 r/min 离心，过 0.45 μm 微孔滤膜除渣后，测定其 pH 和重金属(Pb、Cr、Cd 和 Ni)浓度。

7.2.2 结果与讨论

1. 固化污泥 UCS 的变化

AS 具有快凝、早强特性，与 PC 复掺作为污泥固化驱水剂可有效减小有机质的抑制作用，提高 PC 水化速率，改善污泥固化效果。固化污泥 UCS 变化趋势如图 7-13 所示，AS/PC 比对固化污泥 UCS 有明显的影响，AS 明显促进了固化污泥的强度发展，尤其是早期强度。以固化驱水剂添加量 10 wt.%的固化试样为例(图 7-13(a))，最佳的 AS/PC 复掺比为 4∶6，此时试样 $AC_{4/6\text{-}10}$ 的 28 d UCS 最大，约为 157.2 kPa；当 AS/PC=2∶8、3∶7 和 5∶5 时，固化试样 $AC_{2/8\text{-}10}$、$AC_{3/7\text{-}10}$ 和 $AC_{3/7\text{-}10}$ 的 28 d UCS 也分别达到了 62.3、92.8 和 108.8 kPa；

而以纯 PC 为固化驱水剂(AS/PC=0∶10)的试样 $AC_{0/10-10}$,其 28 d UCS 仅为 25.1 kPa,较 $AC_{4/6-10}$ 锐减 84.0%。这一发现,暗示 AS 可以有效改善 PC 的固化/稳定化性能,加速 PC 中 Si、Al 等的溶解、转化和结晶[299],水化作用形成的凝胶体填充和包裹污泥颗粒,降低试样空隙度,增加其密实度,改善力学性能。根据德国等污泥卫生填埋标准要求,进场污泥 UCS 须大于 50 kPa,因此当 AS/PC≥2∶8 时固化污泥均可实现卫生填埋。

由图 7-13(b)可看出,固化剂投加量过高并非总有利于试样强度的发展。当固化驱水剂投加量增至 20 wt.%时,在 AS 的促凝和激发作用下,试样 $AC_{4/6-20}$ 和 $AC_{5/5-20}$ 均获得了极为突出的早期强度,UCS 在第 7 天即可达到最大,分别为 115.9 和 136.4 kPa。然而,随着固化/稳定化时间的延长,在养护后期固化试样 UCS 出现了严重的倒缩现象,$AC_{4/6-20}$ 和 $AC_{5/5-20}$ 的 UCS 分别削减至 28 d 的 79.3 和 74.9 kPa。尽管这一强度明显优于对照组 $AC_{0/10-20}$(43.9 kPa),但较 $AC_{3/7-20}$(98.4 kPa)而言,强度损失分别达到 24.1%和 31.4%。

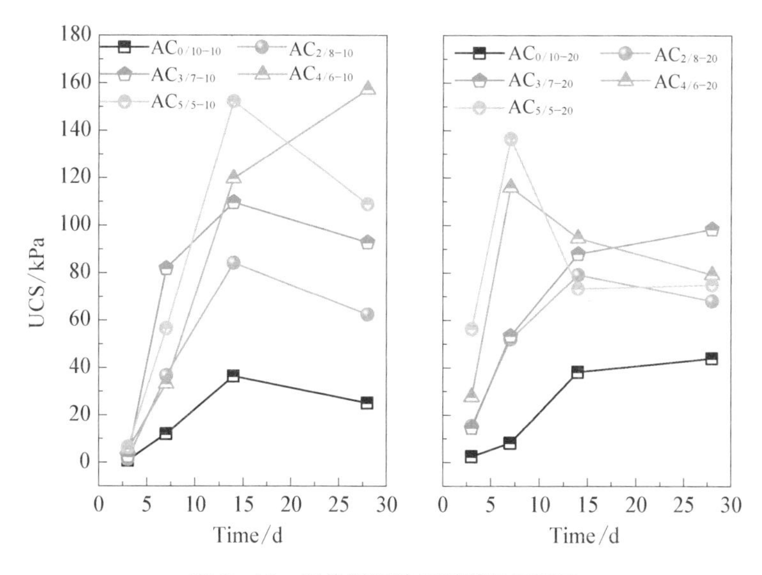

图 7-13 固化污泥的无侧限抗压强度

污泥卫生填埋的周期通常长达数月,UCS 的严重倒缩会导致机械施工的中断或延期,甚至因污泥填埋堆体无法承受自重而发生垮塌和滑坡等次生灾害。因此基于实际工程考虑,较佳的固化/稳定化条件为:AS/PC 比例 3∶7~5∶5、复合固化驱水剂的投加量 10 wt.%。

2. X 射线粉末衍射分析(XRD)

为了揭示 AS/PC 配比对固化污泥强度和水化机制的影响，对含有不同 AS/PC 配比的固化试样进行 XRD 分析。图 7－14(a)反映了固化驱水剂投加量为 10 wt.％的固化试样的 XRD 分析结果，可以看出，AS 的存在明显改变了固化

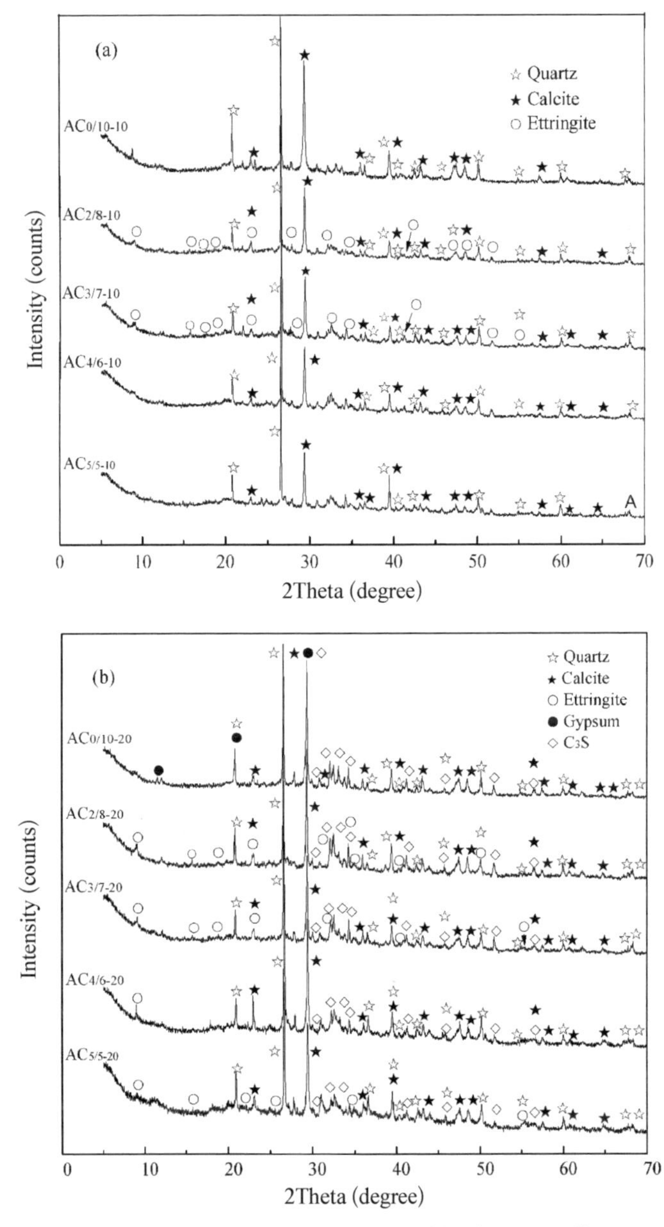

图 7－14　水化 28 d 的固化污泥试样的 XRD 图谱

污泥的矿物组成。对于 $AC_{0/10-10}$ 而言，正如前期预料，由于高含量有机质（37.1 wt.%）的强烈干扰效应，AFt 晶相无法正常形成，此时仅有少量 $CaCO_3$ 和 SiO_2 检出。相比而言，固化试样 $AC_{2/8-10}$ 和 $AC_{3/7-10}$ 中均出现大量晶体水化产物 AFt，这是污泥强度的主要贡献者。且值得指出的是，$AC_{2/8-10}$ 和 $AC_{3/7-10}$ 也具有同 $AC_{0/10-10}$ 相似的有机质含量，分别为 39.0 和 40.7 wt.%。这一发现证明 AS 具有极强的助凝和抗干扰能力，可以有效削弱污泥有机质的毒害和抑制效应，通过胶凝反应式（7-3）和式（7-4）[300-302]加快 PC 的水化反应进程，促进 AFt 等晶体结构的快速凝结和沉淀[303]。AFt 晶体黏结填充于污泥间隙，形成致密空间结构，因而显著改善污泥的强度性能。

$$C_3A + 3C\bar{S}H_2 + 26H \rightarrow C_6A\bar{S}_3H_{32} \tag{7-3}$$

$$C_{12}A_7 + 3C\bar{S}H_2 + 53H \rightarrow C_6A\bar{S}_3H_{32} + 3AH_3 + 3C_3AH_6 \tag{7-4}$$

其中，$C = CaO$；$\bar{C} = CO_2$；$A = Al_2O_3$；$\bar{S} = SO_3$；$H = H_2O$。

固化试样 $AC_{4/6-10}$ 和 $AC_{5/5-10}$ 均具有较佳的 28 d UCS，然而，XRD 分析并能未检测到 AFt 晶体的存在。Gu 等[300]和杨南如等[302]学者指出，固化驱水剂中硫/铝(S/Al)摩尔比是控制 AFt 形成和稳定性的重要因素。随着 AS/PC 比例的增加，PC 含量降低，来自于 PC 的 S 供应不足，AFt 结晶和沉淀平衡被打破，晶体结构稳定性明显变差。故而，AS/PC 配比过高会加速 AFt 相通过式（7-5）向 AFm（$C_4A\bar{S}H_{12}$）、C_4AH_{13} 和 C_2AH_8 等发生转化[302]。此外，由于固化试样在开发环境下养护，少量 AFt 也会通过碳化反应式（7-6）[304-305]向 $CaCO_3$ 等稳定晶相转移，AFt 进一步削减甚至消失。如图 7-14(a)所示，$AC_{4/6-10}$ 和 $AC_{5/5-10}$ 中 $CaCO_3$ 的衍射峰明显强于 $AC_{2/8-10}$ 和 $AC_{3/7-10}$，证实了高 AS/PC 配比下 $CaCO_3$ 的结晶和积累。XRD 谱图中并未出现 AFm、C_4AH_{13} 和 C_2AH_8 等含钙水化产物的衍射峰，可能与其含量少、结晶度低有关。

$$\begin{aligned} & C_{12}A_7 + C_6A\bar{S}_3H_{32}(AFt) + 34H \rightarrow \\ & \qquad 3C_4A\bar{S}H_{12}(AFm) + 1/2C_4AH_{13} + 2C_2AH_8 + 5/2AH_3 \end{aligned} \tag{7-5}$$

$$3C_6A\bar{S}_3H_{32}(AFt) + \bar{C} \rightarrow 3C\bar{S}H_2 + 3C\bar{C} + A \cdot XH + (26 - X)H \tag{7-6}$$

此外，由图 7-14 亦可看出，在相同 AS/PC 配比下，固化驱水剂的投加量

(10 wt. %和 20 wt. %)对固化污泥的矿物组成影响不大,XRD 谱图基本相似。由图 7-14(b)可知,唯一的不同之处在于投加量为 20 wt. %时,养护期终结时固化试样中仍存在较强的 C_3S 衍射峰,与 PC 的失活或未正常水化有关。这可能由两方面原因所致,一方面,固化驱水剂投加量过大,固化初期污泥水分即被大幅消耗或蒸发,因而水化需水量明显不足,PC 正常结晶无法继续;另一方面,S/Al摩尔比严重失调,AFt 晶相大幅转化,污泥干扰和毒害效应重新占据优势,有机质黏附包裹 PC 活性颗粒,导致颗粒表面钝化,水化受阻。在 AFt 相大幅消耗和 PC 水化严重抑制的双重阻碍下,固化试样 $AC_{4/6-20}$ 和 $AC_{5/5-20}$ 的后期强度急剧削减。

3. 热重分析(TG-DSC)

以固化驱水剂投加量 10 wt. %为例,图 7-15 对比了含有不同 AS/PC 配比的固化试样的 DTG-DSC 曲线。如同 XRD 分析结果,热分析亦可以间接反映水化产物的组成及变化特征。如图所示,在 DTG 曲线上,120℃左右出现了微弱的失重峰,是污泥自由水和结合水的蒸发失重;当温度升至 160℃,试样 $AC_{3/7-10}$ 出现失重信号,而其他试样均未检出,证实了大量 AFt 晶体的存在[303],这与 XRD 分析结果十分吻合;250℃~350℃处的失重峰可能与污泥中易挥发性有机物的热分解和低晶度 C-S-H 水化产物的失水有关[171];当温度继续攀升

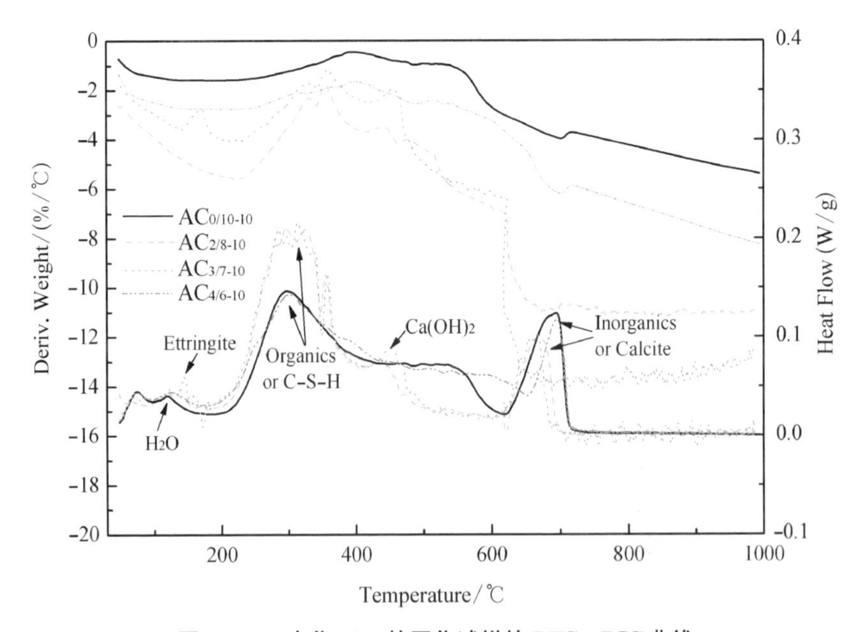

图 7-15　水化 28 d 的固化试样的 DTG-DSC 曲线

至450℃左右时，除 $AC_{0/10-10}$ 外，其余固化试样均在此处出现微弱的失重，这是由少量 $Ca(OH)_2$ 的高温脱水[287,306]所引起，$Ca(OH)_2$ 的存在与 AS 内部残留 f-CaO 的水化反应有关；此外，700℃为 $CaCO_3$ 的高温分解失重 CO_2，此外该失重信号还可能与污泥中残余难挥发性有机物和无机矿物的热分解有关，失重强度因 AS/PC 配比的不同而表现出明显差异。

4. 扫描电子显微镜分析(SEM)

为明确 AS/PC 掺混配比对固化污泥晶体沉淀和微观形貌的影响，进一步验证 XRD 和 TG-DSC 分析结果，分别选取养护 28 d 的固化试样 $AC_{0/10-10}$、$AC_{3/7-10}$ 和 $AC_{4/6-10}$ 进行 SEM 分析(图 7-16)。

图 7-16(a)为试样 $AC_{0/10-10}$ 的 SEM 图，无 AS 掺入时，仅有少量低晶度水化产物胶结于污泥颗粒外围，填充于污泥间隙，颗粒表面依旧凹凸不平，粗大颗粒清晰可见，印证了有机质对 PC 水化的强干扰和抑制效应。固化体内水化产物结晶度低，颗粒凝结力差，结构疏松，故而 $AC_{0/10-10}$ 力学性能极差。随着 AS/PC 掺混配比的增加，固化试样的微观形貌和晶体构型发生明显改变，如图 7-16b 所示，AS 的添加加速了高晶度、棱镜状 AFt 玻璃晶体的形成和沉淀[306-307]，这些水化产物均匀黏附于污泥颗粒周围，并彼此交叉抱箍形成致密的三维骨架结构，从而提高固化污泥的密实性，改善其早期强度，与 XRD 和 TG-DSC 分析结果一致。这是因为 AS 中的活性组分 $12CaO \cdot 7Al_2O$ 通过式(7-4)与 $C\bar{S}H_2$ 快速胶合形成 AFt 胶溶体，AFt 晶体覆盖于污泥颗粒表面，减小甚至抵消有害有机物的干扰和阻碍效应，因而为 PC 的正常水化创造安全环境，而 PC 的水化又促进了更多的 AFt 相的结晶。大量 AFt 晶体填充于污泥间隙[287]，并通过化学络合和物理包裹作用将污泥颗粒穿插禁锢，因此固化污泥孔隙变小，密实度大幅提高，抗压缩性能获得明显好转。

(a) $A_{0/10-10}$ (b) $A_{3/7-10}$ (c) $A_{4/6-10}$

图 7-16 水化 28 d 的固化试样 $A_{0/10-10}$(a)、$A_{3/7-10}$(b)和 $A_{4/6-10}$(c)的 SEM 图

5. 固化污泥的酸中和容量(ANC)

pH 是影响重金属沉淀-溶解的关键因素之一，通过测定固化污泥的 ANC 可以考察固化试样对酸溶液的中和和抵抗能力[308]以及重金属在酸性环境下的稳定性能[35]。酸中和过程伴随着材料中多种矿物，如氢氧化物和碳酸盐等的多相溶解反应的发生。图 7-17 显示了固化驱水剂投加量为 10 wt. %的固化试样的 ANC 曲线，ANC 以单位干固体消耗的 HNO_3 酸当量计(H^+ 消耗量)，即 meq/g。由图可以看出，固化试样的初始 pH 均较低，7.8～8.8(0 meq/g)，可能与 $Ca(OH)_2$ 含量过低有关；当酸当量增至 2.0～3.0 meq/g 时，pH 快速降至 7.0 左右，随着酸当量的增加，pH 出现平台期，维持在 7.0～6.0 之间，当酸当量由 5.0 meq/g 持续增加至 6.5 meq/g 时，pH 发生再次骤降，最终仅在 3.5 左右。

通过对比参考 pH 下的 ANC，可以评价不同固化污泥的酸中和能力。结合 Quina 等学者[308]的研究结果，本研究选取 pH 7(ANC_{pH7})和 4(ANC_{pH4})作为参考 pH。由图 7-17 可知，总体而言，AS/PC 配比对 ANC_{pH7} 和 ANC_{pH4} 影响较小。ANC_{pH7} 随着 AS/PC 配比的增加出现轻微降低，AS/PC 配比从 0∶10 升至 2∶8、3∶7、4∶6 和 5∶5 时，ANC_{pH7} 由起初的 3.2 meq/g($AC_{0/10-10}$)分别减小至 2.7($AC_{2/8-10}$)、2.6($AC_{3/7-10}$)、2.2($AC_{4/6-10}$)和 2.1 meq/g($AC_{5/5-10}$)；相比而言，ANC_{pH4} 变化更加微小，基本维持在 6.1～6.3 meq/g 之间。暗示 AS 的掺入对固化污泥 ANC 影响甚小，含有不同 AS/PC 复掺比的固化试样均具有较好的抗强

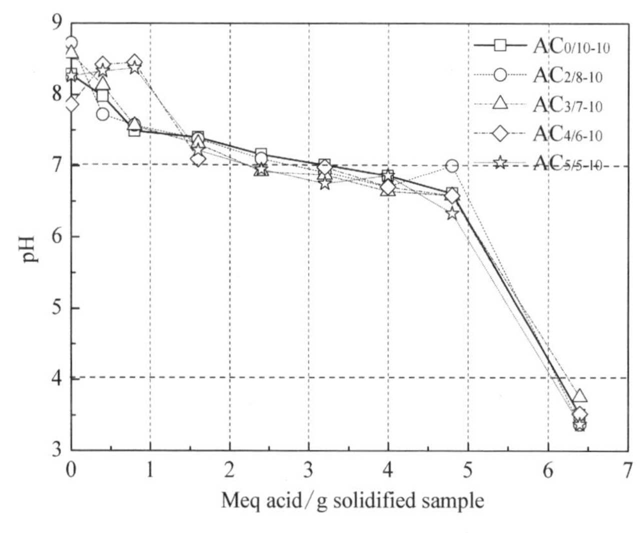

图 7-17　水化 28 d 的固化试样(10 wt. %)的 ANC 曲线

酸侵蚀能力。ANC 的获得可能与固化试样中 $CaCO_3$、低 Ca/Si 比的 C－S－H 以及 SiO_2凝胶的溶解与中和作用有关[35]。

6. 不同 pH 下的重金属浸出行为

不同 pH 下固化污泥重金属浸出毒性如图 7－18 所示，可以看出，重金属浸出毒性受 pH 和 AS/PC 比影响显著。在 pH 值为 3～6 时，重金属 Pb、Cd、Ni 和 Cr 的浸出浓度随 pH 的增加，呈显著降低的趋势；当 pH 值大于 6.5 时，重金属浸出浓度基本维持不变。另外，AS/PC 配比的升高也一定程度上加速了重金属的溶出，如在 pH＝3.5、AS/PC＝2∶10 时，试样 $A_{2/8\text{-}10}$ 的重金属 Pb 和 Cd 浸出浓度明显增加，约为对照组 $A_{0/10\text{-}10}$ 的 300％～400％；而重金属 Ni 和 Cr 的溶出亦呈上升趋势，分别从起初的 0.3 mg/L 和 0.04 mg/L 升高到 1.8 mg/L 和 0.16 mg/L。溶解度的增加可能与 AS 和重金属对 PC 中活性组分的竞争反应有关，AS 与 PC 活性组分的快速水化沉淀阻碍了重金属离子对 PC 水化产物中

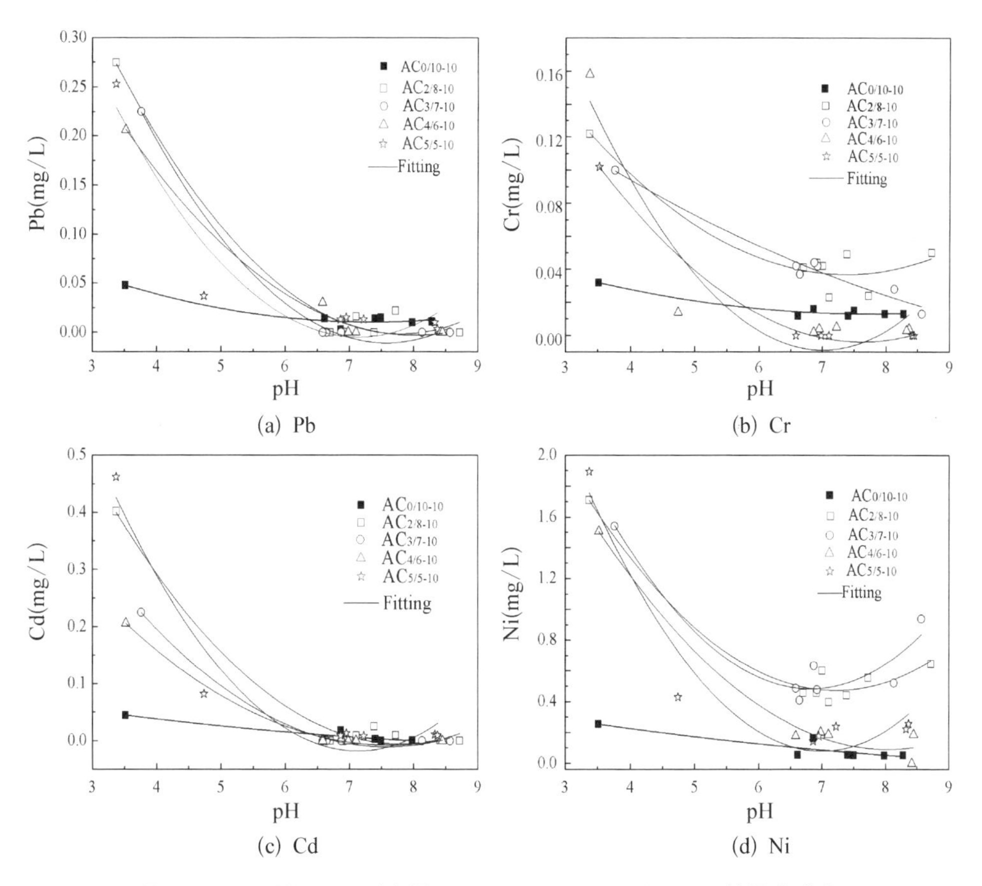

图 7－18　不同 pH 下重金属 Pb(a)、Cr(b)、Cd(c)和 Ni(d)的浸出浓度

Ca、Al 等母离子的同晶置换，故而绑定和禁锢约束力下降，重金属稳定性能变差（图 7－18(a)）。尽管 AS 的掺入轻微降低了重金属的稳定性，但重金属的浸出浓度均明显低于《危险废物鉴别标准　浸出毒性鉴别》(GB 5085.3—2007)规定的阈值(Pb：5 mg/L；Cr：15 mg/L；Cd：1 mg/L；Ni：5 mg/L)。

重金属的溶出-固定过程极为复杂，XRD 分析(图 7－19)证实重金属 Cr 与固化剂中活性组发生了共沉淀反应，并最终以 $Fe_2(CrO_4)_3(H_2O)_3$ 和 $Al_{13}(OH)_{11}(CrO_4)_4 \cdot 36H_2O$ 的形式沉淀[23,308]。同时，少量 Cr 也可以通过同晶置换作用被嵌套胶固于水化产物 $Ca_6Al_2Cr_3O_{18} \cdot 32H_2O$ 和 $Ca_4Al_2CrO_{10} \cdot 12H_2O$ 等内部[303]，这也为 Cr 的毒性控制提供有利条件。Cd 也有相似的固定机制，然而 XRD 分析未检出含 Cd 结晶相的存在，可能与其较低的结晶度有关。此外，Cappuyns 和 Swennen[309]以及 Chen 等[35]学者指出，特定有机物的络合以及 C－S－H 脱钙作用形成的硅酸盐水化物等的胶合也部分地降低了重金属 Cr 和 Cd 的溶出。对于 Ni 而言，水化产物的表面吸附和物理绑定是其释放抑制的主控因素。尽管固化污泥的重金属浸出毒性随 pH(8.8～3.5)的降低而明显增加，但浸出毒性均远低于《危险废物鉴别标准　浸出毒性鉴别》(GB 5085.3—2007)规定的阈值。而一般情况下，固化污泥卫生填埋场内部的 pH 均较高，不会产生强酸环境，不易导致重金属的过量溶解和浸出，因此，AS－PC 固化污泥可以进行卫生填埋安全处置。

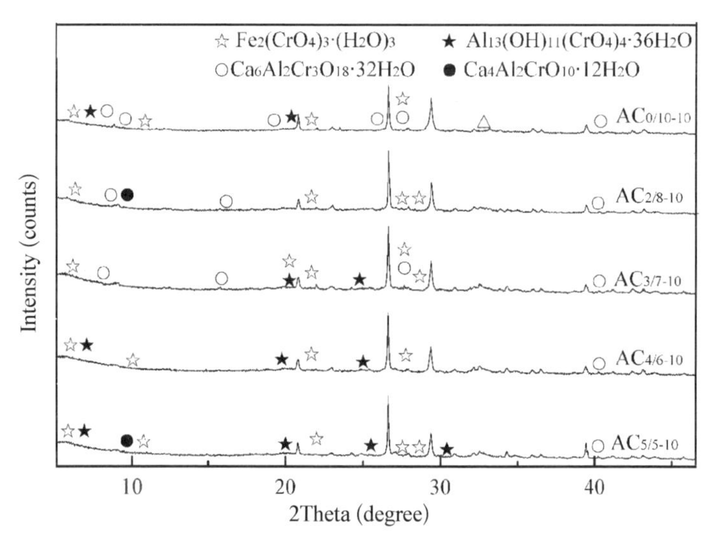

图 7－19　固化污泥重金属的 XRD 谱图(2θ=5.2°～46.8°)

7.3 小 结

(1) 通过水热合成-低温焙烧工艺,研发出以 $12CaO \cdot 7Al_2O_3$ 为主成分的铝基凝胶固化驱水剂(AS),AS 具有较强的火山灰活性和早强性。以 AS 为主成分、10 wt.% $CaSO_4$ 为促凝剂时,固化/稳定化效果最佳,污泥经 5 d 养护后,含水率即可降至 60%;7 d 后,UCS 可达 51.32±2.9 kPa,满足《城镇污水处理厂污泥处置 混合填埋泥质》(CJ/T 249—2007)卫生填埋指标要求。

(2) XRD、SEM 和 TG-DSC 分析显示,大量针状或蜂窝状 $CaAl_2Si_2O_8 \cdot 4H_2O$ 和 $CaCO_3$ 均匀分布于固化试样内。$CaAl_2Si_2O_8 \cdot 4H_2O$ 具有较强的凝结和绑定性能,可交叉填充于污泥间隙,胶结禁锢污泥颗粒,提高固化体内聚力,形成结构致密、质地坚硬的微观结构,强化早期强度。

(3) 以 AS 为改性剂、PC 为骨料对污泥进行固化/稳定化试验,AS/PC 复掺比为 4∶6、投加量 10 wt.%时,固化试样的 28 d UCS 最大,为 157.2 kPa;而以纯 PC 为固化驱水剂时,试样 28 d UCS 仅为 25.1 kPa。

(4) AS 可有效改善 PC 的固化/稳定化性能,加速 PC 中 Si、Al 等的溶解和高晶度、棱镜状 AFt 玻璃晶体的形成与沉淀。AFt 晶体覆盖于污泥表面,降低有害有机物的干扰和阻碍效应,为 PC 正常水化创造安全环境,PC 水化又促进了更多水化产物的形成,水化产物与污泥颗粒彼此交叉抱箍形成致密的三维骨架结构,促进污泥强度发展。

(5) AS 的掺入对固化污泥 ANC 影响甚小,含有不同 AS/PC 复掺比的固化试样均具有较好的抗强酸侵蚀能力。重金属(Pb、Cr、Cd 和 Ni)的毒性浸出浓度均明显低于标准《GB 5085.3—2007》阈值,环境危害极小,可进行卫生填埋安全处置。重金属通过共沉淀反应、同晶置换作用、与特定有机物的络合或与经 C-S-H 脱钙作用形成的硅酸盐水化物等的胶合以及水化产物的表面吸附和物理绑定等途径,被镶嵌禁锢于结晶体网络结构内,实现自封与固定。

第8章 基于污泥和生活垃圾焚烧炉渣的可控性低强度材料的制备及特性评估

8.1 可控性低强度材料的制备可行性研究

在我国，脱水污泥（DS_s）作为污水处理过程中的重要副产物之一，产量达4 550万 t(含水率80 wt.%)；而生活垃圾焚烧炉渣(MSWI BA)的年产量也将近880万 t 左右。大量研究已成功将 DS_s 和 BA 应用于胶结剂[280]、免烧砖块[310-311]、混凝土(composite geomaterial)[312]和再生建筑材料[313-314]等的生产。如 Herek 等[315]人将纺织废水污泥用于制备陶瓷砖，所得制品的抗弯曲强度为3.73～4.62 MPa，满足巴西国家标准(≥1.5 MPa)。Li 等人[316]采用循环流化床焚烧飞灰(circulating fluidized bed combustion fly ashes，CFBC FA)和 BA 合成混凝土材料，结果表明在40℃养护7 d后，混凝土的抗压强度可达34.0 MPa。另外一种规模化消纳和资源化利用的方法是制备可控性低强度材料(CLSM)。

CLSM是一种类似于固化土壤的胶凝材料[317]，具有高流动性、自密实、自流平与自填充的性能，可在自重作用下无需或经少许振捣，自行填充，形成自密实结构[318-319]。根据美国混凝土协会(American Concrete Institute，ACI)的定义：28 d无侧限抗压强度不大于8.3 MPa(约1 200 PSI)的材料[320]，该材料主要应用于建筑物下的建筑回填、管沟的开挖铺设和结构回填以及废弃矿山回填等。CLSM回填工法具有施工方便、操作时间省、人力投入少、施工成本低以及环保等诸多优点[321]，因此，较传统的回填方法更具实用性和吸引力。

CLSM的典型制备原料为水泥、粗细集料、水和粉煤灰等[322]。近年来，为应对与日俱增的工业废物材料和副产物，研究人员陆续开展了以工业废物为基料的CLSM制备与研发工作，研究成果令人欣慰。如Katz和Kovler[318]研究了以水泥窑灰(cement kiln dust, CKD)、沥青混凝土尾砂(asphalt dust, AD)、炉底灰(coal ashes, CA)和采石场尾砂(quarry waste, QW)等原料制备CLSM的可行性,发现当废物细料含量为500 kg/m^3,水泥含量为50 kg/m^3时,材料可获得6 MPa左右的28 d抗压强度。Lachemi等[323]将CKD和矿渣应用于CLSM中,结果表明,在不同的矿渣混合比下,该材料的28 d抗压强度均在1.72~8.11 MPa范围内,完全满足CLSM的强度要求。最近,Razak等[321]人的研究也证实了工业废物焚烧底灰(industrial waste incineration bottom ash, IWIBA)作为CLSM骨料的优越性,制备的材料具有高强度、抗硫酸盐侵蚀和低渗滤等特性。同时,CFBC灰[324]、飞灰和选矿副产物等工业废物在CLSM的制备也有报道。

尽管以工业废物为原料制备CLSM的研究颇多,而DS和BA在CLSM制备上的应用研究却较为鲜见。DS和BA富含硅(Si)、钙(Ca)和铝(Al)等活性矿物组分,对CLSM强度发展十分有利。而且,用于CLSM的制备不仅可以实现DS和BA废物的共处置和规模化消纳,同时还可以控制污染,实现环境和效益的最大化。

基于此,本章的研究目的在于:① 以DS和BA为基材、高性能硫铝酸盐水泥为黏合剂,探索基材配比、投加量等工艺条件对污泥-炉渣-水泥三元一体CLSM长期力学特性和微观形貌的影响;② 借助XRD、TG-DSC、FT-IR、SEM-EDX等微观分析手段,揭示污泥-炉渣-水泥三元一体复合材料的水化机制,确定控制性低强度复合材料最佳制备工艺;③ 系统评价CLSM的重金属浸出行为与释放规律(US EPA Test Method 1311-TCLP)。

8.1.1　材料与试验设计

1. 试验材料

脱水污泥为上海市某污水处理厂的压滤脱水污泥,基本特性见第3章表3-1。

生活垃圾焚烧炉渣(MSWI BA)取自上海某生活垃圾焚烧厂。该厂垃圾来源为上海市居民区生活垃圾,无工业废弃物混入。取样前,BA先经现场粗筛分,以分离和去除粒径大于40 mm的杂物,随后取50 kg试样带回实验室;将BA试样混匀后,在65℃烘箱烘至恒重,用行星球磨机(QM-3SP2, Nanjing Nanda Instrument Plant, China)研磨至粒径小于4 mm备用(简称BA_{65})。采用X射线荧光光谱仪(XRF)测定BA_{65}的化学成分,其主要氧化物组成为:

38.6 wt.% SiO_2、23.1 wt.% CaO、7.6 wt.% Al_2O_3以及 4.5 wt.% Fe_2O_3。

CLSM 黏合剂为 42.5 型高性能硫铝酸盐水泥(calcium sulfoaluminate cement，$C\bar{S}A$)，其主要氧化物组成及含量为：3.6 wt.% SiO_2、38.5 wt.% CaO、35.6 wt.% Al_2O_3和 1.6 wt.% Fe_2O_3。

2. CLSM 试样制备

CLSM 试样制备方案见表 8-1 所示。共有 6 组配比试验，Mortar-Ref 为空白对照组。在 DS_s ∶(BA_{65}+$C\bar{S}A$)配比(1∶4)固定的条件下，将 BA_{65} 按一定比例替代 $C\bar{S}A$ 后，与 DS_s混合，加入定量水，经人工搅拌预处理后，分 3 层装入圆柱形聚氯乙烯(PVC)模具(Φ3.91 cm×8.0 cm)，装填过程小幅捣动，压实成型。为确保试样制备工艺的可操作性，CLSM 试样的水：(DS_s+BA_{65}+$C\bar{S}A$)比均固定在 0.32，所需水量为污泥自身含有量和外加水量总和，外加水源为自来水。试样硬化成型后，24 h 脱模，并于室温下自然养护 28 d(图 8-1)。

表 8-1 CLSM 试样制备方案

试样编号	混合配比/wt.%				$C\bar{S}A$/(DS_s+$C\bar{S}A_{65}$+BA)	BA_{65}/$C\bar{S}A$
	DS_s	BA_{65}	$C\bar{S}A$	水		
Mortar-Ref	1	0	4	1.6	0.61	0/10
Mortar-I	1	0.4	3.6	1.6	0.55	1/9
Mortar-II	1	0.8	3.2	1.6	0.48	2/8
Mortar-III	1	1.6	2.4	1.6	0.36	4/6
Mortar-IV	1	2.4	1.6	1.6	0.24	6/4
Mortar-V	1	3.2	0.8	1.6	0.12	8/2

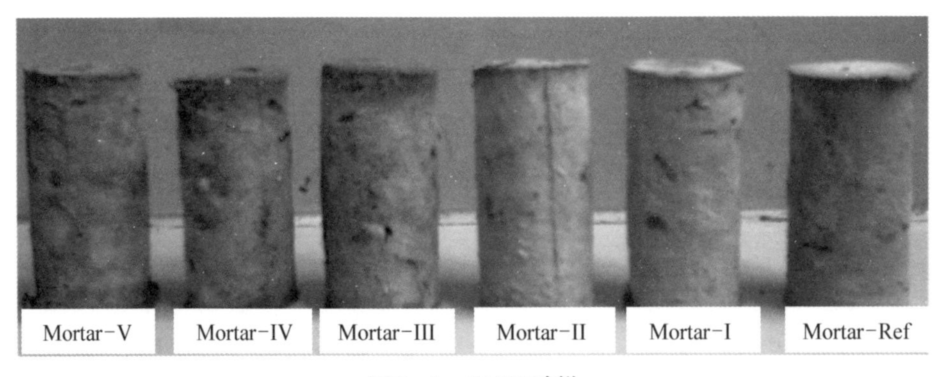

图 8-1 CLSM 试样

3. 测试方法

浸出毒性采用美国 EPA 的毒性浸出程序(US EPA Test Method 1311 - TCLP)进行测试。取 25 g CLSM 试样(粒径≤9.5 mm),与浸提剂(取 5.7 mL 冰醋酸,稀释至 1 L)按液固比 20∶1(L/kg)混合,转至于 1 L 聚乙烯塑料瓶内,封口后在振荡器上分别持续翻转振荡浸提 24 h 和 840 h。在特定振荡时间间隔,取提取液 10～20 mL,用 0.45 μm 微孔滤膜过滤除渣,采用 Optima 2100 DV ICP - AES(PerkinElmer,USA)测定滤液金属(As、Ba、Cd、Cr、Cu、Pb、Mn、Zn 和 Ni)含量,用 TOC - VCPN 分析仪(Shimadzu,Japan)测定滤液 TOC 浓度。

8.1.2　结果与讨论

1. C$\bar{S}$A 和 BA 矿物组成

图 8 - 2 给出了 C$\bar{S}$A 和 BA_{65} 的 XRD 扫描谱图,由图可知,C$\bar{S}$A 主要由硫铝酸钙(yeelimite, $C_4A_3\bar{S}$)、硅酸二钙(belite, C_2S)和硫酸钙(anhydrite, $CaSO_4$, $C\bar{S}$)等矿物相组成,其主衍射峰分别位于 23.7°、32.1°和 25.5°(2θ)处;此外,还在 2θ=17.5°与 33.7°处检出少量氟铝酸钙($C_{11}A_7 \cdot CaF_2$)矿物的存在。

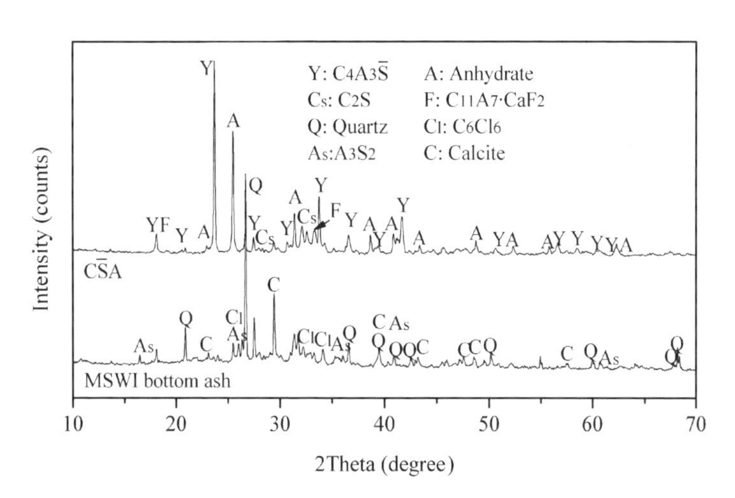

图 8 - 2　C$\bar{S}$A 和 BA_{65} 的 XRD 谱图

BA_{65} 中主要结晶矿物相为:石英(quartz, SiO_2)(2θ=26.7°)、碳酸钙(calcaite, $CaCO_3$)(2θ=29.5°)、富铝红柱石(mullite, $3Al_2O_3 \cdot 2SiO_2$, A_3S_2)(2θ=16.5°和 26.3°)和氯化碳(carbon chloride, C_6Cl_6)(2θ=26.3°)。

2. 无侧限抗压强度(UCS)

CLSM 试样的 28 d 无侧限抗压强度(UCS)如图 8-3 所示。可以看出，BA_{65}替代比例对 CLSM 强度有较大影响，替代部分 $C\bar{S}A$ 后，CLSM 的 28 d 强度均较对照组(Mortar-Ref)有所下降，且替代比例越高，强度下降越明显。28 d 抗压强度由 Mortar-Ref(DS_s ∶ BA_{65} ∶ $C\bar{S}A$＝1 ∶ 0 ∶ 4)的 9.0 MPa 降至 Mortar-I(DS_s ∶ BA_{65} ∶ $C\bar{S}A$＝1 ∶ 0.4 ∶ 3.6)的 7.8 MPa，强度损失达 13％。当 DS_s ∶ BA_{65} ∶ $C\bar{S}A$ 进一步增加至 1 ∶ 3.2 ∶ 0.8 时，Mortar-V 的强度急剧下降，仅为 3.6 MPa。BA 本身反应活性较低(图 8-2)，BA_{65}替代部分 $C\bar{S}A$ 将会削弱 $C\bar{S}A$ 体系的水化速度，降低凝胶物质产量，因此，BA_{65}替代量越高，CLSM 的早期强度就越低。此外，DS_s和 BA_{65}中还会存在少量不可溶性金属凝胶物和有机物[325]，这些有害物质会削弱水化颗粒间的范德华力(van der Waals forces)[326]，减小粒子间的黏合和内聚力，从而对强度发展产生不利影响。

根据抗压强度不同，CLSM 可分为可开挖控制性低强度材料(excavatable CLSM)和不可开挖控制性低强度材料(non-excavatable CLSM)[327]。可开挖控制性低强度材料的 28 d 范围为 0.5～2.1 MPa[323]，这种材料主要适应于管沟回填等非结构工程的施工[326]。而本研究所制备 CLSM 的 28 d 抗压强度均在 3.6～7.8 MPa 之间，明显高于可开挖型回填材料的强度上限值(2.1 MPa)，因此，可作为结构工程或非开挖性工程的回填材料。

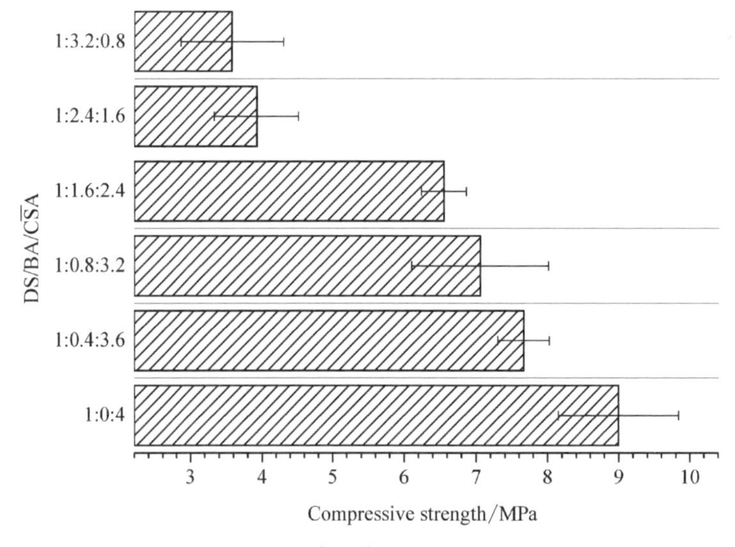

图 8-3　CLSM 试样的 28 d 无侧限抗压强度

3. X 射线粉末衍射分析(XRD)

水化 28 d 的 CLSM 试样的 XRD 谱图见图 8－4。CLSM 试样的晶体水化矿物组成受 DS_s ∶ BA_{65} ∶ $C\bar{S}A$ 质量比例影响明显，随 DS_s ∶ BA_{65} ∶ $C\bar{S}A$ 的改变而有所差异。由图可以看出，在低 DS_s ∶ BA_{65} ∶ $C\bar{S}A$ 配比的条件下，CLSM 试样(即 Mortar－Ⅰ、Mortar－Ⅱ和 Mortar－Ⅲ)的 XRD 谱图与 Mortar－Ref 较为相似，晶相水化产物主要为钙矾石(ettringite，$C_3A \cdot 3C\bar{S} \cdot H_{32}$，缩写 AFt)和部分水化产物碳化形成的 $CaCO_3$；然而，当 DS_s ∶ BA_{65} ∶ $C\bar{S}A$ ＞1∶1.6∶2.4 时，除 SiO_2 衍射峰的高度明显上升外，其余晶相(AFt 和 $CaCO_3$)衍射峰的高度均明显下降。这可能与骨料 DS_s 和 BA_{65} 中含有的碳氢化合物等有关，这些组分对 $C\bar{S}A$ 的水化反应具有毒害效应，可以抑制和阻碍水化产物的正常结晶和沉淀，影响 CLSM 的强度发展。尽管诸多不利因素的影响，试验中所有 CLSM 试样中均能检出较高含量的 AFt 和 $CaCO_3$ 晶体相，揭示了 DS_s 和 BA_{65} 有限的毒害和抑制效应，这也是 Mortar－Ⅳ(DS_s ∶ BA ∶ $C\bar{S}A$＝1∶2.4∶1.6)和 Mortar－Ⅴ(DS_s ∶ BA_{65} ∶ $C\bar{S}A$＝1∶3.2∶0.8)具备良好力学性能的关键原因(图 8－3)。

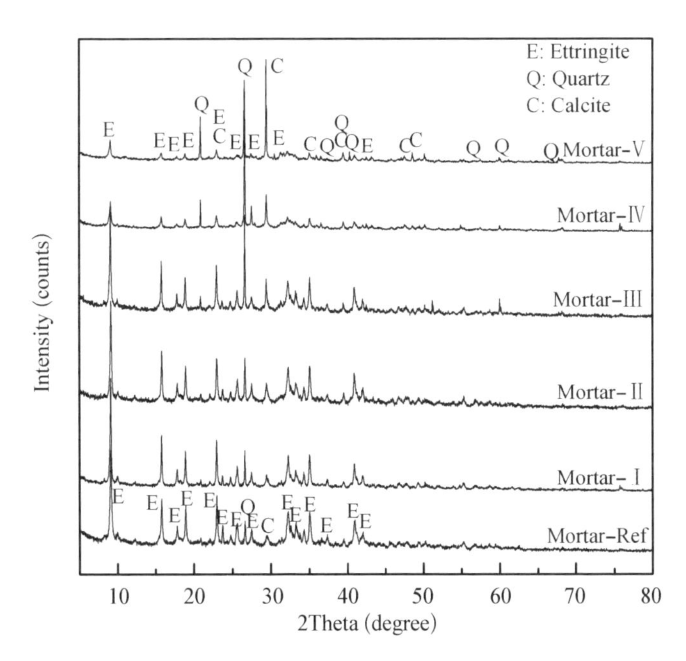

图 8－4　水化 28 d 的 CLSM 试样的 XRD 谱图

$C_4A_3\bar{S}$ 和 $CaSO_4$($C\bar{S}$)作为 $C\bar{S}A$ 水泥的主要矿物组分，在 CLSM 体系的变化趋势可以反映 $C\bar{S}A$ 的水化程度及反应动态。因此，为深入揭示水化产物形成途径和强度获取机理，本研究对整个养护期龄(28 d)内，CLSM 体系中主要矿物相 $C_4A_3\bar{S}$ 和 $C\bar{S}$ 的转化形态进行了系统追踪，变化趋势如图 8-5 所示。由图可知，在养护后期(3～28 d)，$C_4A_3\bar{S}$ 和 $C\bar{S}$ 衍射峰均出现大幅下降，暗示了以此两类矿物为主反应物的典型火山灰反应(*Pozzolanic reaction*)式(8-1)[328]的发生。

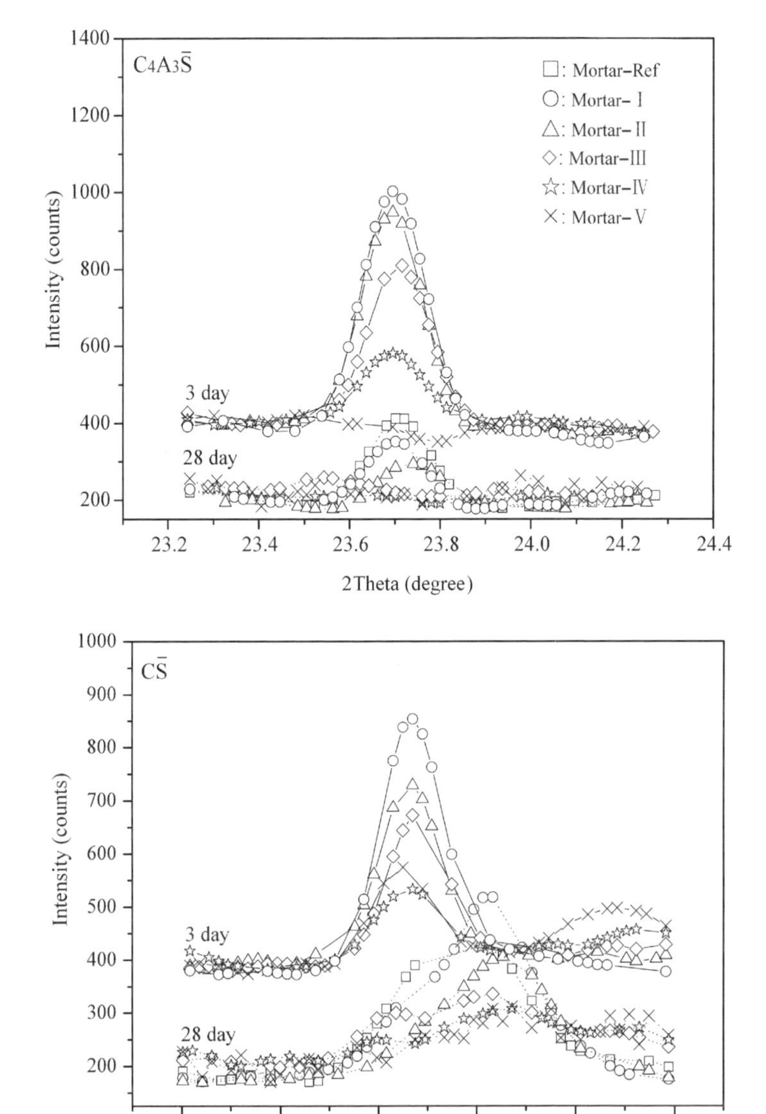

图 8-5　矿物相 $C_4A_3\bar{S}$ 和 $C\bar{S}$ 随养护期龄的变化规律

通过式(8-1),大量具有强黏合性和绑定性的AFt和氢氧化铝(aluminium hydroxide,AH_3)凝胶物质得以结晶,并逐渐生长,是使CLSM试样获得快硬、早强和结构致密的内在原因。此外,BA_{65}中的金属Al(metallic aluminum)和$C\bar{S}A$水化过程中产生的碱性物质的沉淀反应也是AH_3形成的重要途径之一[329]。值得提及的是,XRD分析并未判别出AH_3晶体结构的存在,这可能与其过低的结晶度有关[306]。

$$C_4A_3\bar{S}+2C\bar{S}+34H \rightarrow C_3A\cdot 3C\bar{S}\cdot H_{32}(AFt)+2AH_3 \qquad (8-1)$$

其中,$C=CaO$;$A=Al_2O_3$;$\bar{S}=SO_3$;$H=H_2O$。

此外,在含量过于充裕的情况下,$C_4A_3\bar{S}$也会通过火山灰反应式(8-2)转化为单硫型硫铝酸钙(monosulphoaluminate,$C_4A\bar{S}H_{12}$,缩写AFm)晶相水化产物。然而,XRD分析表明CLSM试样在水化过程中并没有AFm相生成(图8-4),暗示$C_4A_3\bar{S}$矿物通过式(8-1)几乎被完全消耗,故而由水化反应式(8-2)直接生成的AFm相极少。

$$C_4A_3\bar{S}+18H \rightarrow C_4A\bar{S}H_{12}(AFm)+2AH_3 \qquad (8-2)$$

4. 热重分析(TG-DSC)

如8.1.3.3节所述,XRD通常无法检测低结晶度和无定型态的结晶产物。因此,对CLSM试样做TG-DSC分析,以进一步确定特定水化产物的物相及存在形态。

图8-6是水化28 d的CLSM试样的TG-DSC曲线。从DTG曲线可以看出,在80℃~130℃范围内出现较宽的失重峰,这可能与污泥自由水和结合水的蒸发以及AFt晶体的分解有关;DSC曲线中也出现了AFt分解反应所形成的吸热峰(endothermic peaks)。在170℃~280℃范围的失重信号可能与CLSM体系中AH_3的存在有关。随着热解温度的持续升高,在650℃~700℃范围内出现了较明显的失重峰,这主要是DS_s和BA_{65}中残存有机物的挥发和热分解所致。此外,在880℃左右,由$CaCO_3$分解释放CO_2产生的失重峰清晰可见,除$CaCO_3$分解反应外,该失重峰的出现还与骨料中残余有机物和其他无机矿物的高温热分解有关。

总体而言,尽管所有CLSM体系均表现出相似的热分解行为,不同试样的晶体失重峰峰强度却因DS_s:BA_{65}:$C\bar{S}A$比例的不同而存在巨大差异。晶相水化产物AFt、AH_3和$CaCO_3$的失重峰随DS_s:BA_{65}:$C\bar{S}A$配比的增加而明显

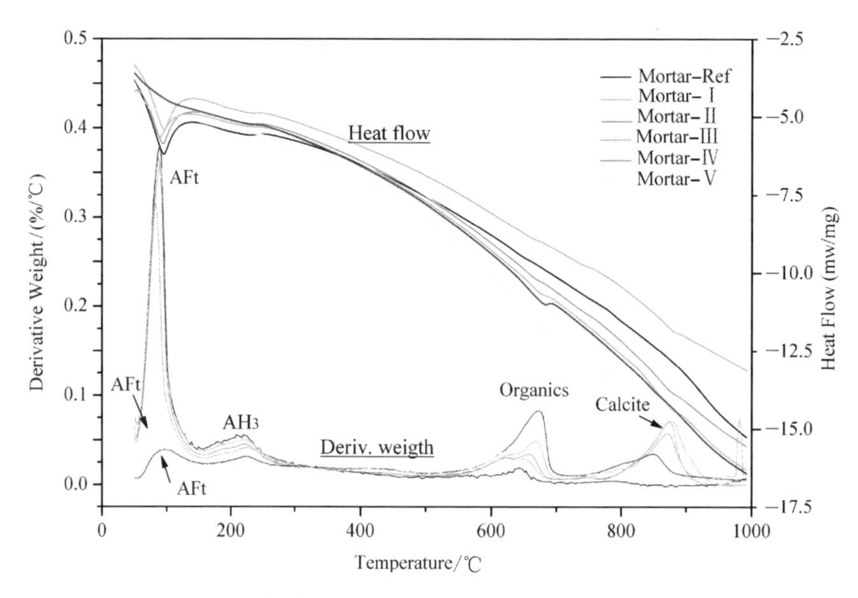

图 8-6　水化 28 d 的 CLSM 试样的 DTG-DSC 曲线

降低，这进一步表明，DS_s 和 BA_{65} 基料中惰性物质的引入阻止了火山灰反应式(8-1)等的正常水化，降低了水化产物的结晶和生长速度。故而，CLSM 试样的力学性能受到影响。

5. FT-IR 光谱分析

FT-IR 是鉴别晶体化合物特征官能团的有效手段之一。图 8-7 为水化 28 天的 CLSM 试样的 FT-IR 光谱图。表 8-2 给出了晶体水化产物各特征官能团的基本信息。由图和表可以看出，吸收峰 3 400～3 600 cm^{-1} 和 1 655 cm^{-1} 分别是由水分子中的 O-H 对称性(ν_1)和不对称性(ν_3)伸缩振动以及 H-O-H 平面弯曲振动(ν_2)引起的。在 3 629 cm^{-1} 出现 O-H 伸缩振动引起的强峰，暗示了 AH_3 的存在[330]，这与 CLSM 试样的 TG-DSC 分析结果一致。1 420 cm^{-1} 和 875 cm^{-1} 处的强峰是由 C-O 的面内弯曲振动(ν_2)和不对称性(ν_3)伸缩振动引起的，表明有较多含 CO_3^{2-} 的 $CaCO_3$ 存在[171]。同时，FT-IR 光谱还在 850 cm^{-1} 和1 115 cm^{-1} 出现与八面体结构 AlO_6[331] 和 S-O(SO_4^{2-}，ν_3)[332] 有关的强吸收峰，说明大量 AFt 晶体的存在，与 CLSM 试样的 XRD 分析结果一致。此外，吸收峰 2 852 cm^{-1} 和 2 921 cm^{-1} 的出现可能与 DS_s 和 BA_{65} 中脂肪类有机物的存在有关。

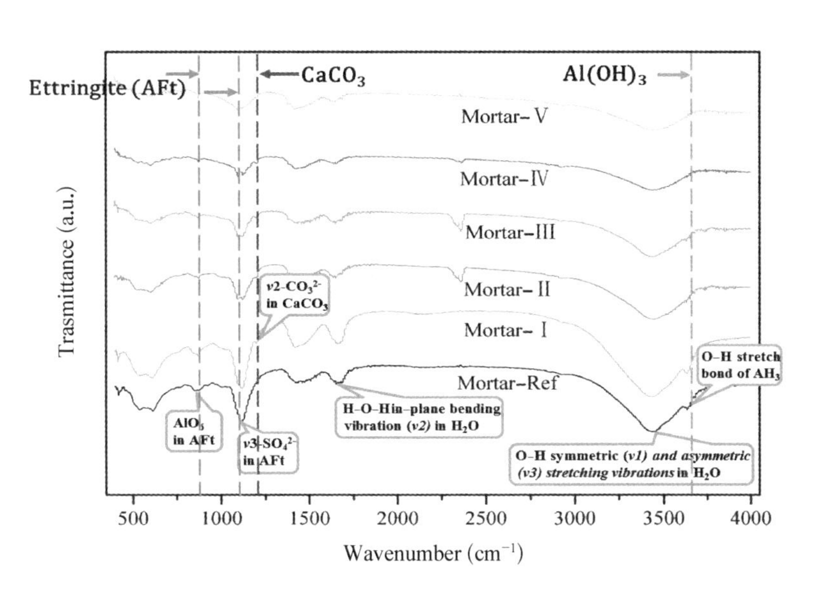

图 8-7　水化 28 d 的 CLSM 试样 FT-IR 光谱图

表 8-2　28 d 水化产物的特征吸收峰

吸收波长/cm^{-1}	振动类型	特征官能团	化合物结构
3 400～3 600	伸缩振动	O-H	H_2O
1 655	面内弯曲振动	H-O-H	
3 629	伸缩振动	O-H	AH_3
1 420	面内弯曲振动	C-O(CO_3^{2-})	$CaCO_3$
875	伸缩振动		
850		AlO_6	AFt
1 115	伸缩振动	S-O(SO_4^{2-})	
2 852	伸缩振动	C-H	脂肪类有机物
2 921	伸缩振动	C-H	

FT-IR 光谱分析表明，随着 DS_s ∶ BA_{65} ∶ $C\bar{S}A$ 质量比的增加，AFt、AH_3 和 $CaCO_3$ 含量逐渐减小，证实了 DS_s 和 BA_{65} 对 $C\bar{S}A$ 中典型火山灰反应式(8-1)的阻碍效应，验证了 XRD 和 TG-DSC 分析结果。火山灰反应式(8-1)受阻越严重，$C\bar{S}A$ 水化速率越慢，致使水化产物产量变低，CLSM 试样的强度变差，这与 UCS 变化趋势一致。

6. 扫描电子显微镜-能谱(SEM-EDS)分析

对 Mortar-Ref、Mortar-II 和 Mortar-V 试样进行 SEM-EDS 分析，以揭示 DS_s ∶ BA_{65} ∶ $C\bar{S}A$ 配比对 CLSM 微观结构的影响。由图 8-8 可以看出，与 XRD、TG-DSC 和 FT-IR 结果相似，不同 CLSM 试样均具有较为接近的微观形貌和矿物组成。大量长度约 10～20 μm 的针状晶相清晰可见，结合 XRD 物相分析，这种水化产物为 AFt 相。AFt 晶体互相交叉，均匀分布于 CLSM 裂隙之间，并与残留 DS_s、BA_{65} 微粒黏合搭接，形成多维网状的密实体系。EDS 分析亦在 CLSM 内部检出较高含量的 Al 元素(Mortar-Ref、Mortar-II 和 Mortar-V：7.9 wt.%、9.1 wt.%和 8.9 wt.%)，证实了 AH_3 晶相的存在。除结晶度较

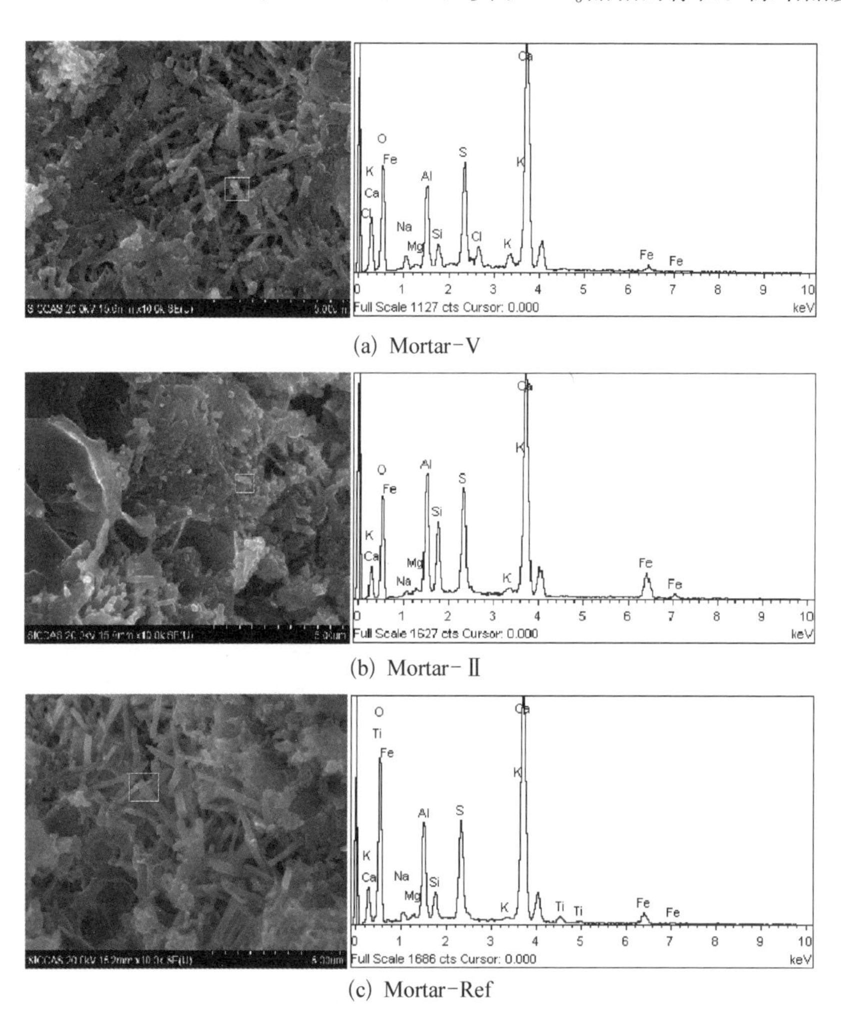

(a) Mortar-V

(b) Mortar-Ⅱ

(c) Mortar-Ref

图 8-8 CLSM 试样的 SEM-EDS 谱图

高的水化产物外，EDS分析还在水化凝胶物和基料微粒界面检测到少许含K、Mn和Ti的晶相化合物。

通过对比SEM-EDS图谱不难发现，尽管不同CLSM试样的微观形貌较为相似，但其内部的晶相生长特征仍存在较大差异。可以看出，Mortar-Ref中AFt相晶体结构规整而清晰，结晶度较高(图8-8(c))；Mortar-II，特别是Mortar-V内的AFt晶相规则化程度偏低，且晶体外围有大量细小"突起"形成(图8-8(a)和(b))。这一现象表明，部分DS_s和BA_{65}颗粒通过式(8-1)参与到$C\bar{S}A$的水化过程，并通过晶体化学途径被包裹和禁锢于AFt相内，增强了CLSM颗粒间的黏合力和摩擦力。此外，Mortar-V内部还残存部分未被水化的DS_s和BA_{65}细粒(图8-8(a))，与其较低的反应活性有关。无论如何，DS_s和BA_{65}颗粒均可以在$C\bar{S}A$水化的化学嵌套和物理胶结下，与凝胶产物AFt、AH_3和$CaCO_3$相等紧密联结，形成结构致密的凝胶体系，促进CLSM强度的获得。

结合上述分析，可以看出，DS_s和BA_{65}作为骨料用于CLSM的制备具有较高的可行性和操作性。从粒径越小骨料反应活性越高的角度而言，当BA_{65}具备与水泥相似的细度水平时[333]，BA_{65}添加将会对AFt晶体等的结晶生长与CLSM强度发展的阻碍效应降至最小，因而CLSM的整体性能将会变得更优越。

7. 浸出毒性评估

通过浸出毒性(TCLP)试验可以全面考察CLSM试样有害污染物的固定效率和溶出机理，为系统评估CLSM的环境影响和工程应用潜能提供有用信息。不同金属(As、Ba、Cd、Cr、Cu、Pb、Mn、Zn和Ni)的浸出浓度和相应的管制标准如表8-3所示。

可以看出，CLSM试样各种金属的浸出浓度均明显低于《危险废物鉴别标准 浸出毒性鉴别》(GB 5085.3—2007)规定的阈值。相比而言，随着DS_s：BA_{65}：$C\bar{S}A$质量比的增加，重金属Cu的浸出浓度出现轻微的升高，从0.08～0.13 mg/L增加至2.22～2.42 mg/L。重金属As的浸出浓度受DS_s：BA_{65}：$C\bar{S}A$质量比和浸提时间影响甚小，均维持在0.02 mg/L以下。Ba、Mn和Ni在整个浸提过程也表现出相似的浸出规律，暗示了CLSM具有较高的金属稳定性。与上述金属的浸出行为有所不同，Cr和Pb的浸出随着DS和BA负荷率的增加而受到明显抑制。由表8-3可知，当DS_s：BA_{65}：$C\bar{S}A$由1：0：4增至1：3.2：0.8时，Cr的浸出浓度由0.17～0.24 mg/L下降至0.03～0.06 mg/L，Pb也由0.02～0.03 mg/L减小至检测线以下。此外，6组CLSM试样均未检出重金属 Cd 和 Zn 的浸出。上述分析表明，CLSM 试样具有较高的环境友好性，在结构工程等施工的回填应用中不会对环境产生明显不利影响。

表 8-3 不同金属元素的累积释放浓度(mg/L)

金属元素	浸提时间/h	CLSM 试样						鉴别标准①
		Ref	I	II	III	IV	V	
As	24	—	0.01	—	0.01	0.01	—	5
	840	—	—	0.02	—	0.01	—	
Ba	24	0.08	0.08	0.07	0.08	0.11	0.14	100
	840	0.08	0.08	0.07	0.07	0.10	0.09	
Cd	24	—	—	—	—	—	—	1
	840	—	—	—	—	—	—	
Cr	24	0.17	0.15	0.16	0.14	0.09	0.06	5
	840	0.24	0.22	0.21	0.16	—	0.03	
Cu	24	0.08	0.25	0.52	1.04	2.26	2.22	100
	840	0.13	0.39	0.60	1.36	1.44	2.42	
Pb	24	0.03	0.03	0.01	—	—	—	5
	840	0.02	0.03	0.01	—	—	—	
Mn	24	—	—	—	—	0.01	0.06	50②
	840	—	—	—	—	—	0.03	
Zn	24	—	—	—	—	—	—	100
	840	—	—	—	—	—	—	
Ni	24	0.01	0.01	0.01	0.01	0.02	0.03	5
	840	0.02	0.01	0.01	0.01	0.02	0.02	

① 国家标准：《GB 5085.3—2007》。
② 摘自 Naganathan 等[326]。

固化体系中重金属的溶出和保留(dissolution/retention)通常包含极为复杂的固定过程，如物理/化学吸附[170]、与特征有机复合物络合、嵌套封闭于水化产物晶格内等[303,309]。本研究中较低的金属浸出毒性可能与 As、Ba 等对 AFt 相中母离子(Ca^{2+}和 Al^{3+})的同晶置换有关，通过取代 Ca 和 Al 的位点，形成与 AFt 晶体结构类似的含 As 等水化产物结晶相[334]，实现重金属的封闭与固定。

另外，凝胶水化产物 AFt、AH_3 和 $CaCO_3$ 等存在的范德华力（Van der Wall's force）以及化学键（chemical bonding）和氢键（hydrogen bonding）作用[35,325]也对重金属的绑定提供了正效应。

此外，TOC 分析亦揭示 CLSM 试样具有极低的有机物浸出潜能，浸提液的 TOC 浓度基本维持在 365～635 mg/L 之间，这一水平对人体健康和生态环境威胁极小。尤其是当滤液由固化体渗出进入环境系统后，有机物浓度会被进一步稀释和自然衰减，故而环境危害更加微弱。因此，DS_s 和 BA_{65} 作为 CLSM 骨料前景十分乐观。

8.2　热煅烧预处理对焚烧炉渣及可控性低强度材料特性的影响研究

BA 的矿物特性是影响 CLSM 力学和微观构造的重要因素，矿物组成不同，BA 活性可能有所差异，因而所得 CLSM 的整体性能亦会受到影响。在现场取样之前，BA 通常会经历数月的自然风化（natural weathering）过程，这不仅会改变其矿物结构[335-336]，反应活性亦会随之变动。因此，考察风化 BA 作为 CLSM 骨料的可行性，以及风化 BA 是否有活化预处理的必要性仍有待探究。Sabir 等[337]和 Bauluz 等[338]学者指出，特定的预处理条件可以诱发和强化 BA 的化学反应潜能。热煅烧预处理作为一种有效的活性修订方法，已广泛应用于黏土矿物的活性强化[337]。基于此，本章节重点考察：① 热煅烧预处理对 BA 物相修订和 CLSM 整体特性的影响；② 以 XRD、FT - IR、SEM - EDX 等分析技术为手段，深入剖析 BA 热处理对 CLSM 力学和微观构造的影响；③ 通过 3D - EEM 荧光光谱分析，阐明 CLSM 中溶解性有机物的渗滤特征。

8.2.1　材料与试验设计

1. 试验材料

脱水污泥（DS_s）为上海市某污水处理厂的压滤脱水污泥。BA 取自上海某生活垃圾焚烧厂，现场取样之前，BA 在露天环境中已被自然风化数月。经现场粗筛分后（$\Phi \leqslant 40$ mm），取回实验室。DS_s 和 BA 的化学组成和重金属含量如表 8 - 4 所示。CLSM 黏合剂为 42.5 型硫铝酸盐水泥（$C\bar{S}A$）（第 8 章 8.1.2.1 节）。

表 8-4　DS_s和 BA 的物理化学特性

化学组成/wt. %			重金属/mg/kg 干基		
	DS_s^a	BA		DS_s	BA
Na_2O	0.90	1.71	As	125.75±33.40	67.63±4.42
MgO	2.14	2.32	Zn	412.50±119.21	2 579.63±71.24
Al_2O_3	10.90	4.16	Pb	80.38±53.97	708.38±494.44
SiO_2	17.90	22.75	Ni	0.42±0.09	114.13±18.56
P_2O_5	3.02	3.49	Mn	1 212.50±313.41	837.50±363.10
SO_3	9.36	2.96	Cr	156.25±34.38	286.13±8.66
K_2O	0.66	1.26	Cu	338.13±114.498 5	1 013.25±348.25
CaO	29.40	24.40			
TiO_2	0.65	0.64			
MnO	0.11	0.13			
Fe_2O_3	16.00	5.91			
CuO	0.07	0.11			
ZnO	0.25	0.31			

a：Dry sludge ash (ignition at 1 100℃).

2. BA 骨料的制备与热煅烧改性预处理

BA 骨料的制备(简称 BA_{65})：将粗筛分的 BA 风化样品在 65℃烘箱烘至恒重，人工粉碎至 20 mm 以下后，放置于 QM-3SP2 型行星球磨机中继续干磨(约 1 h)至粒径小于 4 mm，备用。

热煅烧改性预处理(简称 BA_{900})：将粉末状 BA 放置于 SX2-10-12 型马弗炉(Shanghai Chongming Electric Co., Ltd., China)，以 10℃～20℃ min^{-1} 的升温速度升至 900℃，并在该温度下持续煅烧改性 1 h，待样品自然冷却后取出备用。

3. CLSM 试样制备

CLSM 试样的制备方案见表 8-5，共 7 组试验。在 DS_s∶(BA+C$\bar{S}$A)配比(1∶1)固定的条件下，将骨料 BA_{65} 和 BA_{900} 按一定比例替代黏合剂 C$\bar{S}$A 后(0 wt. %、10 wt. %、40 wt. %和 80 wt. %)，与 DS_s 混合，其余制备过程参见 8.1.2.2 节。其中，Mortar-Ref 为空白对照组，未投加 BA_{65} 和 BA_{900} 骨料。

CLSM 试样硬化成型，24 h 后脱模，并于室温下自然养护 1 年。

表 8-5　CLSM 试样制备方案

试样编号	混合配比/wt. %			$C\bar{S}A/(DS_s+BA+C\bar{S}A)$	$BA/C\bar{S}A$
	DS_s	BA	$C\bar{S}A$		
Mortar - Ref	1. 0	0	1. 0	1. 0	0/10
Mortar - I_{65}	1. 0	0. 1	0. 9	0. 45	1/9
Mortar - II_{65}	1. 0	0. 4	0. 6	0. 30	4/6
Mortar - III_{65}	1. 0	0. 8	0. 2	0. 10	2/8
Mortar - I_{900}	1. 0	0. 1	0. 9	0. 45	1/9
Mortar - II_{900}	1. 0	0. 4	0. 6	0. 30	4/6
Mortar - III_{900}	1. 0	0. 8	0. 2	0. 10	2/8

4. 溶解性有机物的提取与分析

溶解性有机物的提取采用《固体废物浸出毒性浸出方法-水平振荡法》(HJ 557—2009)。取定量粉碎 CLSM 试样(粒径≤9. 5 mm)，与蒸馏水按液固比 10∶1(L/kg)混合，转至于 1 L 聚乙烯塑料瓶内，封口后在振荡器上以 110 r/min 的频率连续水平振荡浸提 18 h。待浸提结束后，取提取液 10～20 mL，用 0. 45 μm 微孔滤膜过滤除渣，采用 FluoroMax - 4 型 3D - EEM 荧光光谱仪(HORIBA Jobin Yvon Co.，France)分析浸提液中溶解性有机物的光谱特征。

8. 2. 2　结果与讨论

1. $C\bar{S}A$ 和 BA 的矿物组成

图 8 - 9 给出了 $C\bar{S}A$、BA_{65} 和 BA_{900} 的 XRD 扫描谱图，由图可知，$C\bar{S}A$ 水泥是由硫铝酸钙($C_4A_3\bar{S}$)、硅酸二钙(C_2S)和硫酸钙($CaSO_4$，$C\bar{S}$)以及少量氟铝酸钙($C_{11}A_7 \cdot CaF_2$)等活性矿物组成。BA_{65} 矿物组成比较简单，主要为石英(SiO_2)、富铝红柱石(A_3S_2)和碳酸钙($CaCO_3$)。氢氧钙石(portlandite，$Ca(OH)_2$)作为一种常见的 BA 物相，在 BA_{65} 中未被检出，这可能是自然风化过程中与 CO_2 发生碳化反应被消耗所致[336]。

热煅烧活化预处理后的 BA_{900} XRD 谱图与 BA_{65} 明显不同。900℃ 预处理后，$CaCO_3$ 衍射峰完全消失，暗示 $CaCO_3$ 相被高温分解成 CaO，并释放出 CO_2 气体。钙黄长石(gehlenite，$Ca_2Al_2SiO_7$)衍射峰出现，证明了 $Ca_2Al_2SiO_7$ 的结晶，

这是由 $CaCO_3$ 高温分解形成的 CaO 与 BA_{900} 中的 A_3S_2 在高温下发生熔融重组反应而形成(式(8-3)),此过程还伴生少量铝酸一钙(monocalcium aluminate, $CaO \cdot Al_2O_3$,CA)。此外,热煅烧预处理也诱导了大量羟磷灰石(hydroxylapatite, $Ca_5(PO_4)_3(OH)$)的结晶。

$$3Al_2O_3 \cdot 2SiO_2(A_3S_2) + 5CaO \rightarrow 2Ca_2Al_2SiO_7(\text{gehlenite}) + CaO \cdot Al_2O_3(CA) \tag{8-3}$$

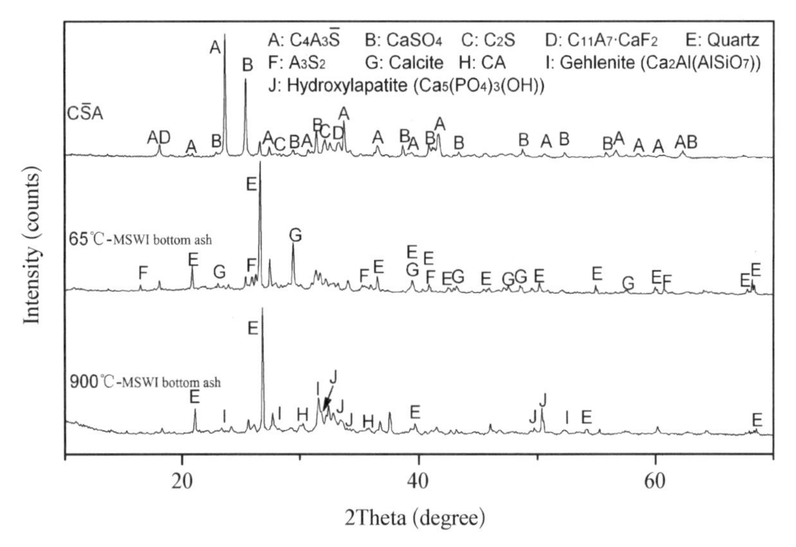

图 8-9 CS̄A、BA_{65} 和 BA_{900} 的 XRD 谱图

2. 无侧限抗压强度分析(UCS)

不同 CLSM 试样养护 1 年后的 UCS 如图 8-10 所示。空白对照组 Mortar-Ref(DS_s : BA : CS̄A=1.0 : 0 : 1.0)的 UCS 约为 2.5 MPa。而以 BA_{65} 为骨料的 CLSM 试样,BA_{65} 的添加明显促进了 CLSM 强度发展(图 8-10(a))。在 DS_s : BA_{65} : CS̄A=1.0 : 0.1 : 0.9 时,Mortar-I_{65} 的 UCS 达到最大,约 6.2 MPa,较 Mortar-Ref 增加 150%左右。当 DS_s : BA_{65} : CS̄A 质量比增加至 1.0 : 0.4 : 0.6 时,Mortar-II_{65} 的 UCS 较 Mortar-I_{65} 明显下降,约 3.5 MPa,但仍较 Mortar-Ref 的强度提高 40%。粉磨预处理可以增加 BA_{65} 的表面活性位点,加快活性组分 SiO_2、Al_2O_3 和 CaO 等的溶出与反应。当 DS_s : BA_{65} : CS̄A 进一步提升至 1.0 : 0.8 : 0.2(Mortar-III_{65})时,CLSM 试样的力学性能开始恶化,Mortar-III_{65} 的 UCS 迅速减小为 2.0 MPa,较 Mortar-Ref 降

低20%。

然而，与BA_{65}相比，BA_{900}对CLSM试样的强度促进作用较为缓和。如图8-10(b)所示，仅在DS_s ∶ BA_{65} ∶ $C\bar{S}A$＝1.0∶0.1∶0.9（Mortar-I_{900}）时，CLSM试样较Mortar-Ref有所改善，UCS为4.6 MPa。当DS_s ∶ BA_{65} ∶ $C\bar{S}A$进一步增加至1.0∶0.4∶0.6（Mortar-II_{900}）和1.0∶0.8∶0.2（Mortar-III_{900}）时，CLSM试样的UCS分别为2.5和0.7 MPa，前者与Mortar-Ref强度基本相当，而后者则较Mortar-Ref降低72%。此外，Mortar-I_{900}、Mortar-II_{900}和Mortar-III_{900}的UCS值亦较同配比下以BA_{65}为骨料的CLSM试样分别削减26%、29%和65%。由此可知，在CLSM的制备过程中，BA_{65}较BA_{900}具有更明显的工程优势。

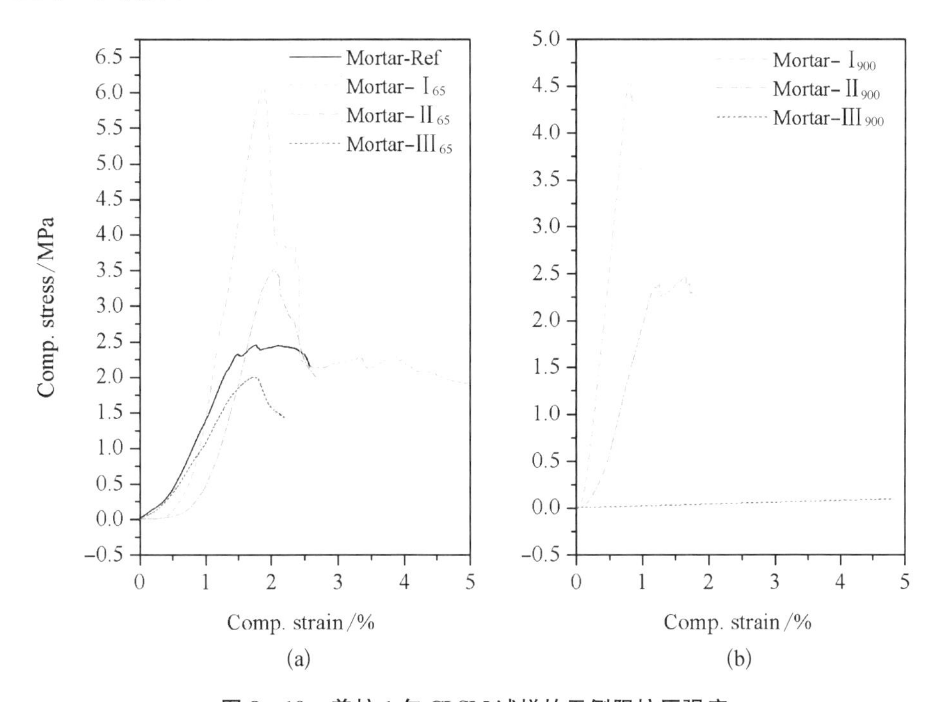

图8-10　养护1年CLSM试样的无侧限抗压强度

基于上述分析可知：① 以BA为骨料制备CLSM时，BA仅需65℃烘干和粉磨（Φ<4 mm）预处理；而热活化预处理对BA_{900}活性影响较小，甚至会导致其活性变差；② 以BA_{65}为骨料，DS_s ∶ BA_{65} ∶ $C\bar{S}A$在1.0∶0.1∶0.9至1.0∶0.8∶0.2之间时，CLSM试样均可获得满意的强度性能。

3. X射线粉末衍射分析（XRD）

图8-11为水化1年的CLSM试样的XRD谱图。CLSM试样的晶体水化

矿物组成受 DS_s : BA : $C\bar{S}A$ 质量比例和热活化预处理影响显著。可以看出，以 BA_{65} 为骨料，DS_s : BA_{65} : $C\bar{S}A$ 为 1.0 : 0.1 : 0.9(Mortar - I_{65})和 1.0 : 0.4 : 0.6(Mortar - II_{65})时，CLSM 试样的 XRD 谱图与 Mortar - Ref 十分相似，晶体水化产物为钙矾石(AFt)和 $CaCO_3$，还有少量 SiO_2 和 $CaSO_4$。AFt 水化产物等具有较强的胶凝和固结性，能将 BA_{65} 颗粒紧密包裹于其中，形成坚硬致密的微观结构，故而 CLSM 强度获得提升。此外，BA_{65} 颗粒的掺入会通过错位嵌套提高 CLSM 内部的摩擦阻力(frictional resistance)[312]，扩大细粒间的接触和摩擦角，这也促进了 CLSM 的抗剪和抗压性能的提高。

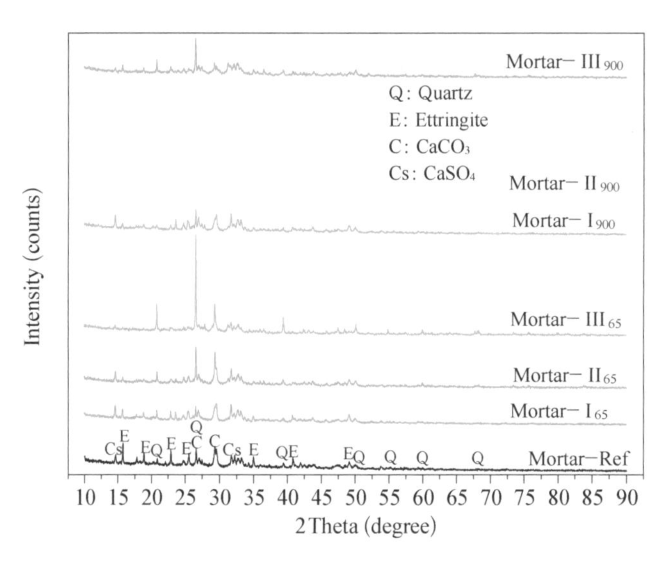

图 8-11 水化 1 年后不同 CLSM 试样的 XRD 谱图

当 DS_s : BA_{65} : $C\bar{S}A$ 由 1.0 : 0.4 : 0.6 进一步增加至 1.0 : 0.8 : 0.2(Mortar - III_{65})时，SiO_2 衍射峰明显增强，而 AFt 和 $CaCO_3$ 晶体衍射峰逐渐减少。BA_{65} 反应活性有限，掺入量越高，则 $C\bar{S}A$ 比例越低，CLSM 体系的水化速度越缓慢，凝胶物质产量亦越少，试样的强度就越差。此外，BA_{65} 掺入量过高会引入大量 Zn 和 Pb 等重金属离子(表 8-4)[339]，这些金属离子会在 $C\bar{S}A$ 水化反应的诱发作用下，通过固溶或掺杂等途径形成 $CaZn_2(OH)_6 \cdot 2H_2O$[340] 和含 Pb 等晶相[341]，沉积和覆盖于 $C\bar{S}A$ 细粒表面，阻止 $C\bar{S}A$ 的进一步水化，因此 Mortar - III_{65} 强度有所下降。

与含 BA_{65} 的 CLSM 试样的矿物组成相似，当 DS_s : BA_{900} : $C\bar{S}A$ 为 1.0 : 0.1 : 0.9(Mortar - I_{900})和 1.0 : 0.4 : 0.6(Mortar - II_{900})时，以 BA_{900} 为骨料的

CLSM 试样的水化结晶相亦为 AFt、$CaCO_3$ 和少量的 $CaSO_4$ 等。然而与之形成鲜明对比的是，在 CLSM 试样内部，AFt 等晶体相的衍射峰明显变窄且十分微弱。尤其，当 DS_s ∶ BA_{900} ∶ $C\bar{S}A$ 升至 1.0 ∶ 0.8 ∶ 0.2(Mortar - III_{900})时，试样内部 AFt 和 $CaCO_3$ 晶相水化产物的衍射峰几乎消失，与 CLSM 的强度变化趋势极为一致。

4. FT - IR 光谱分析

图 8 - 12 给出了不同 CLSM 试样中晶相水化产物的特征官能团变化特征。由图可知，吸收峰 3 448 cm^{-1} 是由水分子中的 O - H 对称性(ν_1)和不对称性(ν_3)伸缩振动引起，而 1 650 cm^{-1} 处的强吸收与水分子中 H - O - H 的平面弯曲振动(ν_2)有关[342-343]。位于 3 629 cm^{-1} 处的吸收峰，由 O - H 的伸缩振动引起，证实了 AH_3 相的存在[330]。1 420 cm^{-1} 和 875 cm^{-1} 处的强吸收峰分别与 C - O 的面内弯曲振动(ν_2)和不对称性(ν_3)伸缩振动有关，表明大量含 CO_3^{2-} 的 $CaCO_3$ 晶体的形成[171]。此外，FT - IR 光谱分析还在 850 cm^{-1} 和 1 115 cm^{-1} 处识别出与八面体结构 AlO_6[331] 和 S - O(SO_4^{2-}，ν_3)[332] 有关的强吸收峰，这是 AFt 晶体的特征官能团，暗示了大量 AFt 晶体水化产物的生成，与 XRD 分析结果一致。

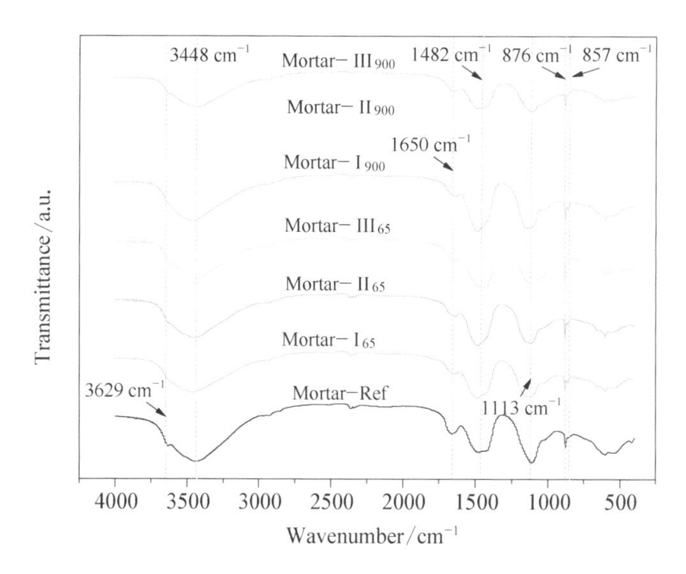

图 8 - 12　水化 1 年的 CLSM 试样的 FT - IR 光谱图

通过对比 FT - IR 光谱可看出，以 BA_{65} 为骨料掺入 CLSM 试样时，位于 857 cm^{-1} 处的 AlO_6 吸收峰明显变强，特别是，当 DS_s ∶ BA_{65} ∶ $C\bar{S}A$ = 1.0 ∶ 0.1 ∶ 0.9(Mortar - I_{65})时，增强效应更加明显。这一现象说明适量 BA_{900} 的掺

入对 AFt 相结晶和 CLSM 强度发展具有双重促进作用。与之相反，以 BA_{900} 为骨料的 CLSM 试样内，官能团 AlO_6 的吸收峰显著降低，当 DS_s ∶ BA_{900} ∶ $C\bar{S}A$ = 1.0 ∶ 0.8 ∶ 0.2（Mortar - III_{900}）时，AlO_6 吸收峰几乎消失，与 XRD 分析结果完全吻合。进一步证实，热煅烧预处理对 BA_{900} 矿物活性、$C\bar{S}A$ 水化进程和 CLSM 试样强度发展均会产生不利影响。

5. 扫描电子显微镜-能谱（SEM - EDS）分析

为进一步揭示 BA 物相的差异对 CLSM 微观形貌和晶体结构的影响，分别对 Mortar - Ref、Mortar - I_{65}、Mortar - II_{65}、Mortar - I_{900} 和 Mortar - II_{900} 进行了 SEM - EDS 分析，结果如图 8 - 13 所示。

由图可以看出，在 Mortar - Ref 内部存在大量长度约 5～10 μm 的针棒状晶相，结合 EDS、XRD 和 FT - IR 分析结果可知，该水化产物为 AFt 相。AFt 晶体互相交叉，均匀分布于 CLSM 裂隙内部，构成致密坚硬的网状结构[344]。Antemir 等[345]也类似指出，AFt 晶体常易沉积和生长于微孔或气孔内、富含碳/煤的多孔颗粒的空隙中、云母薄层之间或含有限量活性位点的胶凝体系内。AFt 晶相优越的填充效应可以消除 CLSM 体系的空隙度，增强结构密实性，促进硬化体的强度发展。

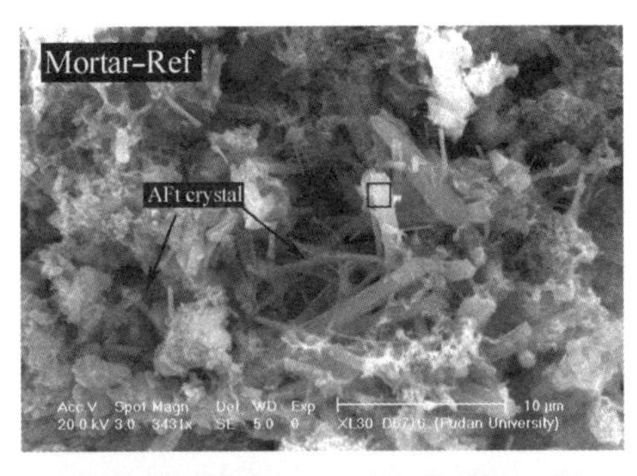

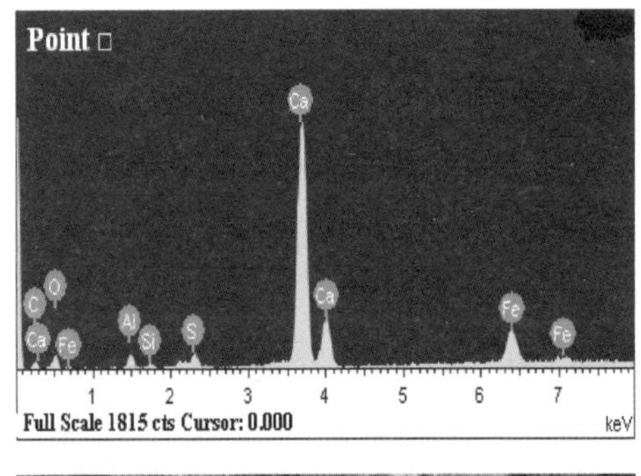

图8-13 水化1年的CLSM试样的SEM-EDX谱图

与Mortar-Ref相似，在Mortar-I_{65}中大量结晶完好、形体规则的AFt晶体水化产物亦清晰可见。在$C\bar{S}A$形成的强碱环境激发作用下，DS_s和BA_{65}颗粒内的活性组分大量溶出，通过化学络合和物理包裹途径被穿插连锁禁锢于AFt结晶相内。AFt晶体与DS_s和BA_{65}颗粒的化学嵌套和完美连锁增加了固体颗粒间的接触角和摩擦角，提高了硬化体系的密实性，从而大幅提升了CLSM材料的整体力学特性和化学稳定性[346-347]。相比而言，Mortar-II_{65}的内部结构显得较为繁杂凌乱，AFt和$CaCO_3$等主产物的结晶度大幅下降，含量亦明显减少，大量未被溶解和水化的DS_s和BA_{65}粗粒，松散无序地分布于CLSM体系内部，清晰可见。正如前面所述，BA_{65}掺入过量会延缓$C\bar{S}A$的水化进程，导致AFt等胶凝产物含量下降，CLSM体系内聚力和黏合度明显减小，因而材料内部多孔、无序，CLSM密实度和力学性能均被严重削弱。

与Mortar-I_{65}和Mortar-II_{65}相比，以BA_{900}为骨料的CLSM试样(Mortar-I_{900}和Mortar-II_{900})的微观结构更加松散和粗糙，大量缝状空隙清晰可见。AFt和$CaCO_3$相结晶度极低，几乎未形成完整的结晶相。正如前面所述，AFt等物相的缺失对CLSM强度发展极端不利，这也是Mortar-I_{900}和Mortar-II_{900}强度大幅削弱的内原因。

BA_{65}和BA_{900}物相的差异是导致CLSM微观形貌和晶体结构明显改变的直接原因。BA_{65}在自然存放过程中，表面侵蚀风化，疏松多孔，在$C\bar{S}A$水化引发的碱($Ca(OH)_2$)激发作用下，液相离子(如Ca^{2+})极易穿透表面疏松层转移至BA_{65}颗粒内部与SiO_2、Al_2O_3和CaO等表面游离的不饱和活性键接触并反应，形成硅酸钙和铝酸钙等胶凝性水化产物[348]，因此，有利于CLSM的强度发展；相比而言，在热煅烧预处理作用(900℃)下，BA_{900}矿物发生熔融和重组，颗粒表面收缩，并在BA_{900}颗粒外围形成一层致密坚硬的玻璃状硬壳，导致液相离子向

BA_{900}内部传递的路径受阻，因而BA_{900}反应活性和水化速度受到明显抑制，AFt和$CaCO_3$晶相含量随之减小，所以，CLSM试样强度性能亦变差。

6. 溶解性有机物的3D-EEM荧光光谱分析

通过3D-EEM荧光光谱分析，对浸提液中的溶解性有机物进行表征，以系统评估CLSM材料的环境安全性和稳定性。CLSM试样浸提液的3D-EEM荧光光谱特征见图8-14。可以看出，不同浸提液均表现出相似的荧光特征，共识别出2个特征荧光峰(Peak A和Peak B)。其中，Peak A位于Ex/Em波长为240～250 nm/395～405 nm，Peak B位于Ex/Em波长为290～300 nm/380～390 nm处。基于Chen等[188]提出的EEM荧光光谱图5区分布标准，Peak A和Peak B均属于类腐殖质荧光物。而经常存在于MBR出水的DOM内[230]或活

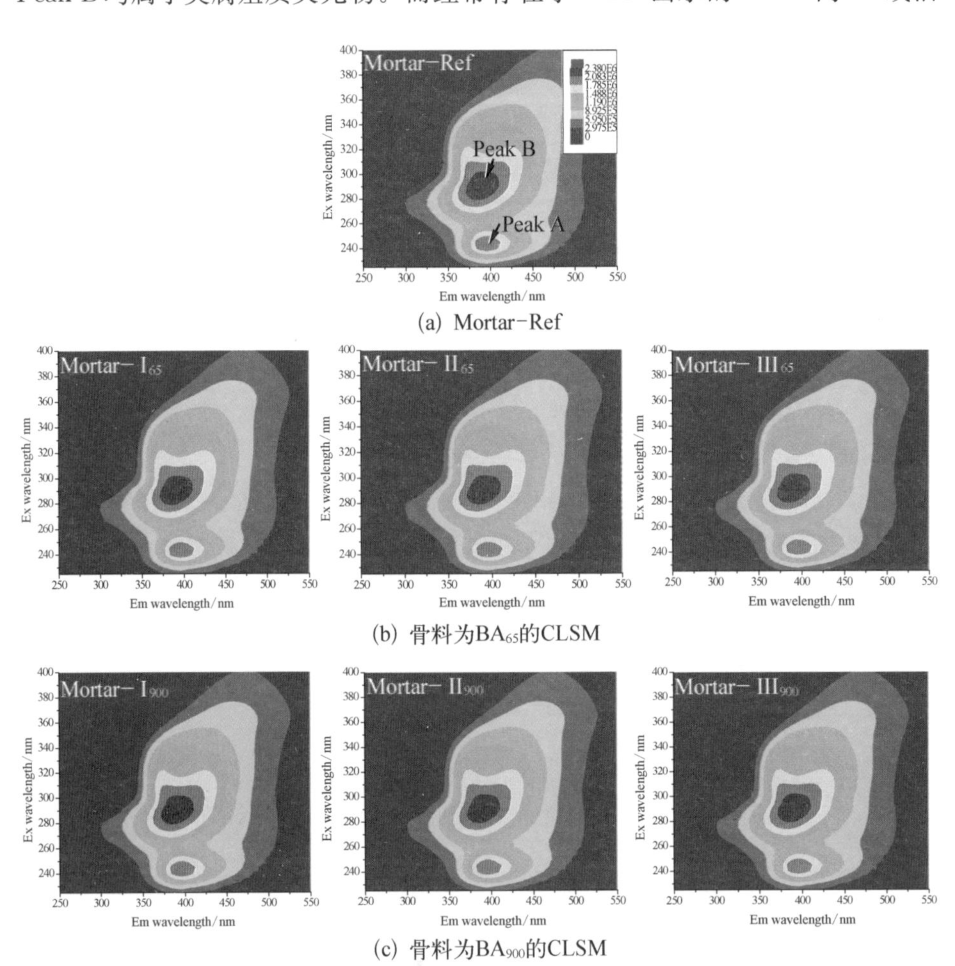

(a) Mortar-Ref

(b) 骨料为BA_{65}的CLSM

(c) 骨料为BA_{900}的CLSM

图8-14 不同CLSM浸提液中溶解性有机物的3D-EEM荧光光谱图

性污泥的 EPS 中[271]的类蛋白物质，在本项目并未被检出，暗示经过 1 年的养护期后，CLSM 内的类蛋白物质已完全矿化降解，并转化为更为稳定的类腐殖质物质。此时，CLSM 体系的有机物降解趋于缓和，因此，力学性能也会随之稳定。

荧光峰位置和荧光强度是表征荧光基团荧光特性的重要参数，峰位置和峰强度的改变是荧光基团化学结构变化或重组的重要标志。然而，由图 8－14 可以看出，不同 CLSM 浸提液的荧光特征高度相似，峰位置和峰强度均未因 BA 物相差异或 DS_s：BA_{65}/BA_{900}：$C\bar{S}A$ 配比不同而发生明显改变，证实了溶解性有机物相似的浸出行为。这与 8.1.3.6 节的结论极为相似，不同 CLSM 试样的浸提液 TOC 基本维持在 365～635 mg/L，波动甚小。此外，AFt 等凝胶相具有强力的固定效应，可以对 CLSM 的重金属实施有效固定。如大量 Cr(III)[349]、Pb[350]和 Zn[342]可以通过同晶置换，取代 AFt 等中 Ca 的位点，形成与 AFt 结构类似的水化结晶相而被封锁固定。Pandey 等[351]的研究也证实，类 AFt 凝胶对 Cu 和 Cd 亦具有良好固定效果。此外，自然风化过程中，BA 中 Al_2O_3 和 $Al(OH)_3$ 的积累也可有效抑制 Zn[335]和 Cu[336]的渗滤。故而，CLSM 的重金属浸出风险降至最小化。

8.3　小　结

(1) BA_{65} 的主要矿物相为石英(SiO_2)、碳酸钙($CaCO_3$)和富铝红柱石(A_3S_2)等；当 1：0.4：3.6<DS_s：BA_{65}：$C\bar{S}A$<1：3.2：0.8 时，CLSM 的28 d 抗压强度均在 3.6～7.8 MPa 之间，为不可开挖型 CLSM，可用于结构工程或非开挖性工程的回填材料。

(2) DS_s 和 BA_{65} 颗粒通过晶体化学途径被包裹和禁锢于 AFt 相内，并在 AFt 相晶体外围形成大量细小“突起”，增强 CLSM 内颗粒间的黏合力和摩擦力；在 $C\bar{S}A$ 水化产物的化学嵌套和物理胶结下，与凝胶产物 AFt、AH_3 和 $CaCO_3$ 相等紧密联结，形成结构致密的凝胶体系，促进 CLSM 强度的获得；重金属通过与 AFt 相中母离子的同晶置换，取代 Ca 和 Al 的位点，形成与 AFt 结构类似的重金属水化结晶相，实现封闭与固定，浸出浓度均明显低于《GB 5085.3—2007》规定阈值。

(3) 热煅烧活化预处理加速 BA_{65} 中 $CaCO_3$ 的高温分解，促进钙黄长石($Ca_2Al_2SiO_7$)、羟磷灰石($Ca_5(PO_4)_3(OH)$)以及少量铝酸一钙(CA)新结晶相形成；以 BA_{65} 为骨料、1.0∶0.1∶0.9<DS_s∶BA_{65}∶$C\bar{S}A$<1.0∶0.8∶0.2 时，CLSM 试样的 1 年 UCS 在 2.0～6.2 MPa 之间；以 BA_{900} 为骨料时，UCS 仅为 0.7～4.6 MPa，较同配比下掺入 BA_{65} 的 CLSM 试样分别削减 26%、29% 和 65%。

(4) BA_{65} 在自然存放过程中，表面侵蚀风化，疏松多孔，故而在 $C\bar{S}A$ 水化引发的碱激发下，液相离子极易穿透表面疏松层转移至颗粒内部与 SiO_2、Al_2O_3 和 CaO 等表面游离的不饱和活性键接触并反应，形成有利于 CLSM 强度发展的胶凝产物；而在热煅烧预处理（900℃）下，BA_{900} 矿物发生熔融和重组，颗粒表面收缩，并在颗粒外围形成致密坚硬的玻璃硬壳，导致液相离子向 BA_{900} 内部传递的路径受阻，因而 BA_{900} 反应活性受到明显抑制，CLSM 强度亦随之变差。

(5) 经过 1 年的养护期后，CLSM 体系内的类蛋白物质完全矿化降解，转化为更为稳定的类腐殖质物质，有机物降解趋于缓和，环境风险降至最小，CLSM 微观和力学性能亦随之稳定。

第9章 污泥卫生填埋场设计优化与工程示范

卫生填埋具有建设周期短、投资省、管理方便、运行简单等特点，目前，仍是我国污泥末端处置的最有效方法之一，如上海老港卫生填埋场目前承担了上海市70%～80%污泥的安全处置任务。尽管卫生填埋并非最有效的污泥处置手段，但无论就应急或末端处置角度而言，卫生填埋均不可或缺。污泥卫生填埋是确保城市污水处理厂正常运行、城市市容环境和居民生活健康发展的重要保障之一。然而，迄今为止，我国还没有专用的污泥卫生填埋场，填埋规范和标准亦是空白。污泥卫生填埋仍然处于工程实验阶段，许多工程问题还未得到解决，如污泥含水率高、渗透性低、流动性大、力学性能极差，施工难度较大，渗滤液和填埋气收集管道堵塞严重，收集效率低下。此外，由于填埋作业的不规范，填埋堆体滑坡等次生灾害和二次污染时有发生，污泥的卫生填埋对施工和操作工艺提出了更高要求和更严标准。

因此，研发和优化卫生填埋施工工艺，构建污泥卫生填埋与施工过程规范集成技术体系是实现污泥卫生填埋安全处置的关键核心。

9.1 填埋气竖井收集系统优化

填埋气体(landfill gas，LFG)是填埋场中的有机物在微生物的作用下降解产生的一种多组分混合气体，主要成分为CH_4和CO_2，其体积百分比分别为45%～60%和40%～60%[352]等。属于可燃性气体，具有易爆性，当CH_4在爆炸极限范围内(体积浓度5%～15%)[180,352]极易发生爆炸危险；并且，其温室效应的作用是CO_2的21～22倍[180,352]。另外，填埋气中含有的其他有害成分，如H_2S、硫醇、氨、苯等，也会对人和其他生物产生危害[176]。但CH_4气体作为填埋气的主要成分有很高的热值，集中收集净化后可作为再生能源加以利用。因此，设置集气井对填埋气有规则的导排，不仅可以防止填埋气的不规则迁移对周边环境造成的危害，而且可以杜绝爆炸等危险，还能对能源有效地回收。

尽管有关生活垃圾填埋场填埋气收集系统的优化研究颇多[353-358]，还是因污泥与垃圾本身较大的特性差异（如白龙港化学污泥在 50～100 kPa 下的渗透系数为 $1.21\times10^{-7}\sim2.07\times10^{-8}$ cm/s[4]，而垃圾在 $10^{-8}\sim10^{-5}$ m^2/Pa/s 之间[359]）而不宜简单引用。目前，有关污泥填埋气集气井优化方面的研究还鲜有报道。因此，本书通过对污泥填埋场集气井收集系统进行优化研究，确定污泥满足填埋的最小渗透系数、集气井有效服务半径和抽气负压随时间的变化规律以及填埋气经济的收集年限，为污泥卫生填埋场和集气井的优化研究提供科学依据和理论指导。

9.1.1 简易模型构建

1. 竖井抽气条件下填埋气压力分布简易模型分析

污泥填埋堆体可看成一种各向同性的多孔介质，故填埋气在堆体中的迁移运动可近似认为符合多空介质的流体力学理论。另外，竖井抽气系统因其结构简单、收集效率高而被广泛应用于生活垃圾填埋场的填埋气收集。因此，本书拟以一级动力学模型和 *Darcy* 定律[359]为理论依据，建立集气井抽气条件下的污泥填埋气一维压力分布简易模型，并进一步确定竖井抽气系统的最佳影响半径。

模型构建的假定条件：① 填埋场面积足够大，其边界不会对抽气效果产生影响[355]，井中气压都等于抽气压力，无穷远处填埋场内的相对压强为 ΔP（填埋场内部的相对压强），填埋场内部竖直方向不存在压力梯度；② 填埋垃圾体内部产气速率达到稳定；③ 集气井定流量抽气，经过一段时间后抽气系统达到稳定状态[355]，即抽气量与影响半径内的污泥产气量达到动态平衡；④ 抽气井周边的填埋气等流速分布，且在进入集气井时的径向流速达到最大值；⑤ 填埋气在堆体内的迁移速度随距抽气井中心距离的增加符合一级动力学衰减规律和 *Darcy* 定律；⑥ 填埋气以抽气井中心为坐标原点建立直角坐标系。填埋气竖井抽气系统如图 9-1 所示。

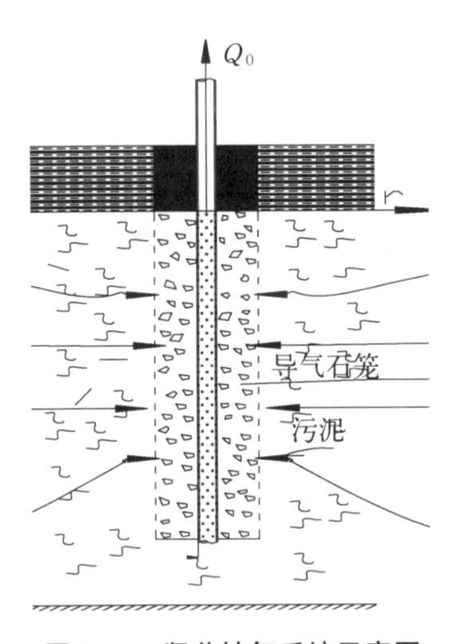

图 9-1 竖井抽气系统示意图

由上述假设条件可知，在负压抽气条件下

填埋气在向集气井迁移的过程中，井周等流速分布，且随半径的增加流动通量近似符合一级动力学衰减规律：

$$V = V_0 \times e^{-k\left(r-\frac{D}{2}\right)} \tag{9-1}$$

式中，V 为填埋气进入抽气井时的迁移速度，m/s；V_0 为填埋气进入集气井时的径向最大流速，m/s；r 为填埋气距集气井中心的距离，m；k 为填埋气的衰减系数；D 为集气井直径，m。

由多孔介质流体力学理论可知，流速通量随 r 的增加亦符合 $Darcy$ 定律：

$$V = K_h \times \frac{\mathrm{d}p}{\mathrm{d}r} \tag{9-2}$$

式中，K_h 为城市污泥水平方向的渗透系数（以下简称渗透系数），$\mathrm{m}^2(\mathrm{Pa}\cdot\mathrm{s})^{-1}$；$\mathrm{d}p/\mathrm{d}r$ 为集气井周边沿水平方向填埋气的压力梯度，Pa/m。

联立上述两式，可建立竖井抽气条件下填埋气压力分布的简易模型如下：

$$V_0 \times e^{-k\left(r-\frac{D}{2}\right)} = K_h \times \frac{\mathrm{d}p}{\mathrm{d}r} \tag{9-3}$$

边界条件：

$$\lim_{r\to+\infty} p(r) = \Delta p + p_0 \tag{9-4}$$

$$\lim_{r\to\frac{D}{2}} p(r) = p_0 - p_{chou} \tag{9-5}$$

$$V_0 = Q/(\pi \times D \times H) \tag{9-6}$$

式中，Δp 为填埋场内部无穷远处的相对压强，Pa；p_0 为大气压强，Pa；p_{chou} 为集气竖井内的抽气负压，Pa；Q 为集气竖井的抽气流量，m^3/s；D 为竖井直径，m；H 为井深，m。

在满足边界条件下，对方程式(9-3)求解，且令 $\Delta p + p_0 = p_a$，$\Delta p + p_{chou} = p_b$，则方程组的解可表达为

$$p(r) = p_a - p_b \times \mathrm{e}^{-\frac{Q}{K_h \times p_b \times (\pi \times D \times H)}\left(r-\frac{D}{2}\right)} \tag{9-7}$$

2. 竖井填埋气收集负荷核算

抽气井影响半径(radius of influence, R_{oi})是填埋气收集系统的重要设计参

数，它是指抽气井收集填埋气的最大作用范围，在该范围以内，填埋气都向抽气井运动而被收集[355]。当抽气流量稳定后，在抽气井的作用范围内污泥产气和抽气达到平衡，并认为影响半径不随填埋深度而变化。则抽气量可以近似表示为

$$Q = \pi \times R_{oi}^2 \times h \times \nu_{填埋气产率} \quad (9-8)$$

[360]

式中，R_{oi} 为影响半径，m；h 为竖井埋深，m；ν 为填埋气产率，kg/(m^3/a)。

9.1.2 结果与讨论

利用已建立的抽气条件下填埋气压力分布模型，对污泥填埋气竖井收集系统进行系统优化设计研究。污泥组成及卫生填埋的相关参数见表 9-1 所示。

表 9-1 污泥组成及卫生填埋的相关参数

参　　数	污泥有机物组成(易降解)	
污泥组成比例，A_m(kg/kg)	0.45[361]	
污泥有机物的平均密度 $\rho_{有机物}$	450 kg/m^3[361]	
填埋深度 h	9 m[4]	
填埋气温度 T	308.15 K	
CH_4 气体密度 ρ_{CH_4}	0.634 4 kg/m^3	
水平渗透系数 K_h	1.04×10^{-7} $m^2(pa\cdot s)^{-1}$	
CH_4 气体体积比 η_{CH_4}	55%	
抽气井直径 D	20 cm	
抽气井井长 H	7.2 m[a]	
污泥含固率 P_{s2}	36%[4]	
污泥密度 ρ_{w2}(含水率 64%)	1.163 kg/L	
$\alpha_{TCH_4}^m$ [361](干重计)	动力学模型	《IPCC 指南》
	13.3 kg/m^3/年	11.1 kg/m^3/年

注：a 为抽气井井长 H 取填埋深度 h 的 80%[355]，即 $H=h\times80\%=9\times80\%=7.2$ m。

1. 渗透系数对竖井影响半径的影响

渗透系数的不同会对集气井的服务半径产生很大的影响，首先，通过对不同

渗透系数在一定的抽气压范围对服务半径的影响分析，确定污泥填埋时合适的渗透系数。取渗透系数 $K_{h1}:K_{h2}:K_{h3}:K_{h4}$ 为 10∶2.5∶1.25∶1 进行研究，如表 9－2。

表 9－2　污泥的渗透系数($m^2(pa\cdot s)^{-1}$)

K_{h1}	K_{h2}	K_{h3}	K_{h4}
1.04×10^{-7}	2.6×10^{-8}	1.3×10^{-8}	1.04×10^{-8}

结合式(9－4)及表 9－1 的相关参数可确定影响半径 R_{oi} 时的抽气量为

$$Q=\pi\times R_{oi}^2\times h\times\left(\frac{a_{TCH_4}^m\times P_{s2}\times\rho_{W1}\times A_m}{\rho_{有机物}\times\rho_{CH_4}\times\eta_{CH_4}}\right)\tag{9-9}$$

$$=0.787R_{oi}^2L/\min$$

将式(9－5)代入式(9－3)并对其关于 r 求导得：

$$\frac{dp(r)}{dr}=\left(\frac{2.9\times10^{-5}(3r^2-0.02r)}{K_h}\right)\times e^{-\frac{2.9\times10^{-5}r^2}{K_h\times p_b}(r-0.01)}\tag{9-10}$$

根据有关研究结果，在影响半径处($r=R_{oi}$)的压力梯度为 dp/dr 为 0.5～1.20 Pa/m[355]。取 $dp/dr=0.8$ Pa/m 时，$p_b=\Delta p+p_{chou}$、影响半径 R_{oi} 与渗透系数的分析结果如图 9－2 所示。其中，Δp 较 p_{chou} 小的多，可认为 $p_b\approx p_{chou}$。由于有关污泥竖井抽气系统优化设计的研究鲜为报道，因此，本项目以垃圾填埋场填埋气主动收集系统所需的负压(2.5～25 kPa)[362]为参考依据，而污泥渗透系数一般较垃圾的小，故所需抽气负压会较大；但过大的负压不仅不利于提高收集效率，还可能将空气引入填埋场内部，抑制厌氧型甲烷菌的活性[353]，同时，也会将污泥吸入导气石笼，致使其堵塞。故在此基础上适当增加抽气负压取值，取 p_b 值取 25～30 kPa 之间。

根据式(9－5)及表 9－2 进行数值模拟，计算不同渗透系数和影响半径下的抽气负压，计算结果如图 9－2。经分析可知，p_b 对污泥渗透系数 K_h 的变化十分敏感，K_h 的减少在相同抽气负压下集气井的服务半径急剧减少。p_b 在 25～30 kPa 之间时，渗透系数为 K_{h1} 时，集气井的服务半径 R_{oi} 在 10～11.5 m 之间；而在 K_{h2} 时的服务半径只有 6～8 m，减少了将近 1 倍；在 K_{h4} 时的服务半径更小，只有 5～6 m，可见过小的 K_h 会严重影响集气井的集气效率。同样，在一定范围的服务半径 R_{oi} 时对于不同的渗透系数抽气负压的范围也相去甚远，其中，

以 K_{h4}时最大，K_{h3}次之，而 K_{h1}最小。

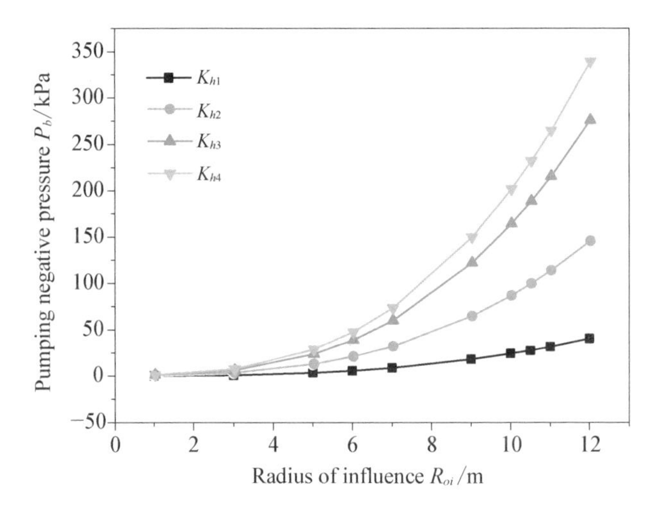

图 9－2　抽气负压、影响半径与渗透系数关系

可见，抽气负压和污泥渗透性是影响集气井影响半径的两大重要因素。提高抽气负压可以有效地提高影响半径，但过高的负压会产生很多问题；而提高污泥渗透性，如降低含水率、添加改性剂[4]等，不仅可以有效地提高收集系统的服务半径，还可降低能耗，增强污泥的强度，提高填埋作业的安全性。

因此，污泥填埋时其渗透系数不应小于 10^{-8} $m^2/(Pa \cdot s)$；这样在填埋初期，抽气负压 p_b取 25～30 kPa 时，集气井的服务半径 R_{oi}可达到 10～11.5 m。

2. 抽气负压随填埋时间的变化预测

随着填埋时间的增加，污泥中有机质的不断消耗，填埋气产量的不断减少，在污泥稳定化过程的不同时期所需抽气负压也将会发生很大变化，如不及时对抽气系统做合理的调整，不仅会影响抽气效率、提高能耗、增加操作成本，还有可能造成收集井的塞，导致整个填埋气收集系统无法正常运行。

本书以朱英[361]对污泥填埋气产率随时间变化规律的研究为基础，结合式(9－6)对抽气负压随产气量的变化进行模拟计算(图 9－3)，结果发现：在渗透系数为 K_{h1}(1.04×10^{-7} $m^2/(Pa \cdot s)$)、服务半径 R_{oi}为 10 m 时，抽气负压随填埋时间的增加整体成指数减少，在起初的 8 年内，抽气负压随时间的减小幅度较大，在第 8 年即从起初的 25 kPa 降低到 5 kPa 以下，这主要是由于污泥中有机质的大量消耗，填埋气产气速率的快速减少所致；从第 8 年起，所需抽气负压变得较小且随时间的变化幅度较为缓和，到第 20 年时接近零，这是因为在此阶段污泥矿化度已经很高，填埋气产率较起初小得多，最后时接近完全矿化，几乎没有填埋气产生。而实际上，随填埋时间的增加，污泥不断地矿化，其渗透性能也较填埋时变大，实际所需的抽气负压也会较理论值要小。

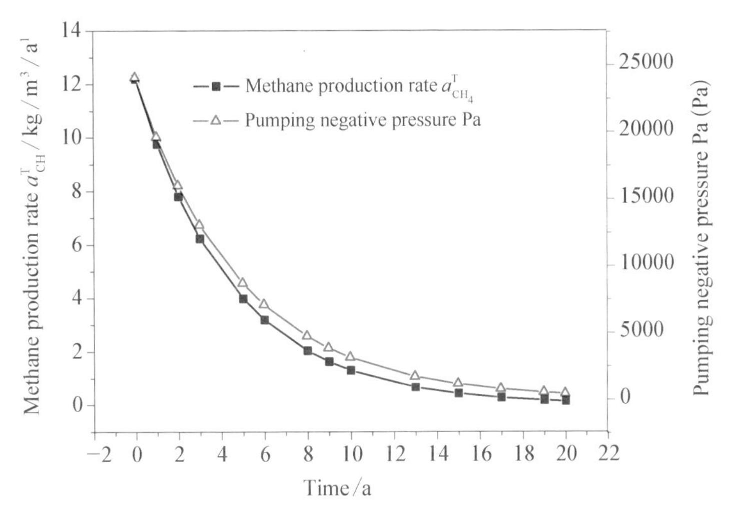

图 9-3　甲烷产气速率、抽气负压随时间的变化关系图

另外，从图 9-3 亦可看出，在起初的 8 年内填埋气产气速率随时间快速减少，但总体产气率较高，平均甲烷产气速率在 5 kg/(m^3 · a)以上；而从第 8 年起，甲烷产气速率随时间变化较为缓和，但总体产气速率较小，如第 8 年时就降为约 2 kg/(m^3 · a)，到第 20 年时几乎为零。因此，从经济、效益和谐统一的角度来看，从第 8 年起对填埋气继续进行收集意义不大。

9.2　卫生填埋示范工程的设计与施工

9.2.1　设计说明

在上海老港卫生填埋场 46#～47# 和 55# 单元构建的规模 20 000 m^3 的污泥生物反应器示范工程(图 9-4)，以规范污泥固化和改性填埋过程的控制条件和设备配置，形成卫生填埋安全处置操作规范，为污泥卫生填埋与资源化再利用提

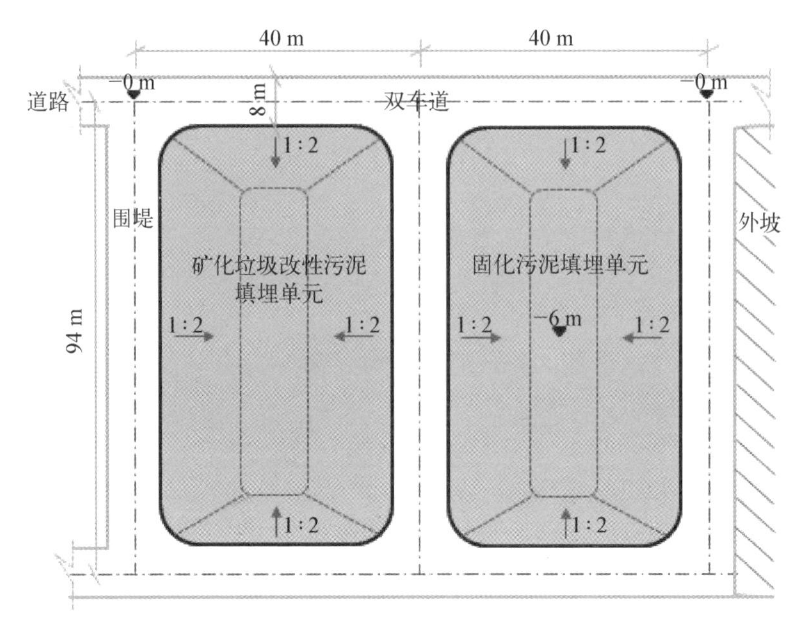

图 9-4　示范工程总平面布置图

供重要的工程技术参数。

9.2.2　填埋库区防渗系统设计

1. 底层防渗系统

(1) 填埋库区场地以≥2%的坡度坡向垃圾坝，并用推土机和压实机对其进行推铺压实，形成压实密度≥93%的压实层(压实层可以为矿化垃圾或黏土层)。

(2) 压实层上方为人工复合防渗层(图 9-5)，其自下向上构成依次为：膜下防渗保护层(400 g/m^{2}针刺短丝土工布)、主防渗层(厚度 1.5 mm、幅宽≥6.5 m)的单糙面 HDPE 土工膜(HDPE 土工膜应焊接牢固，达到强度和防渗漏要求)、膜上保护层(600 g/m^{2}针刺长丝土工布)、渗滤液导流层(粒径为 16～32 mm、厚度 300 mm 的砾石层)、渗滤液防堵层(厚度为 500 mm 的矿化垃圾)以及反滤层(200 g/m^{2}机织长丝土工布)。

(3) 防渗结构层中的砾石应按设计级配进行施工，并不得含有大的长、尖、硬物体，以免穿透保护层，损坏防渗膜。同时砾石中不能含有泥土等杂物。

(4) 土工材料的施工遵照《聚乙烯(PE)土工膜防渗工程技术规范》(SL/

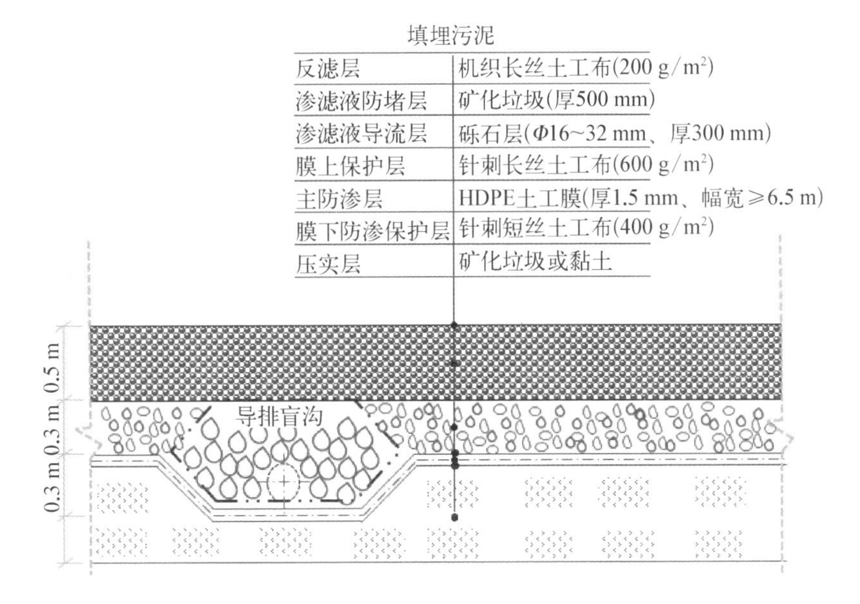

图 9－5　污泥卫生填埋场底面防渗系统

T231—98)、《土工合成材料应用技术规范》(GB 50290—98)执行。

2. 边坡防渗系统

(1) 填埋库区四周边坡坡度均设为 1∶2,铺设防渗层之间需对边坡进行推铺压实,形成压实密度≥93%的压实黏土(垃圾)层(构建底面)。

(2) 压实垃圾层上方铺设边坡防渗层,其构造结构自下向上依次为(图 9－6):膜下防渗保护层(400 g/m^2 针刺短丝土工布)、主防渗层(厚度

1.5 mm、幅宽≥6.5 m 的光面 HDPE 土工膜；HDPE 土工膜铺设时应焊接牢固，达到强度和防渗漏要求）和膜上保护兼排水层（5 mm 厚 HDPE 复合土工排水网格）。

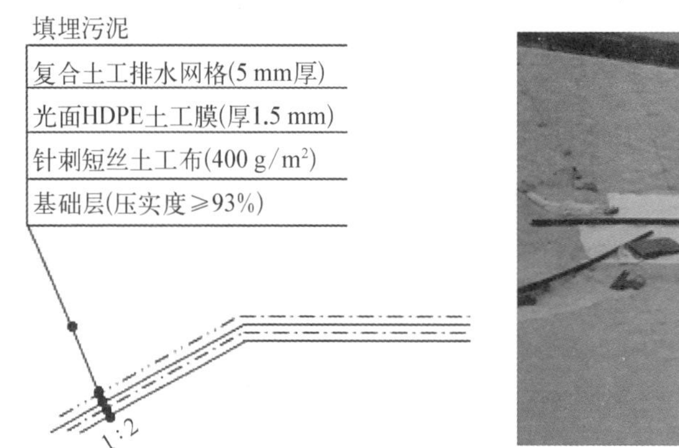

图 9-6 污泥卫生填埋场坡面防渗系统

（3）底面与坡面防渗系统须进行焊接、搭接，连接处按坡面防渗层在上，底面防渗层在下的原则进行；HDPE 土工膜焊接沿坡面方向进行，焊接点必须位于坡脚 1.5 m 范围外（图 9-7）。

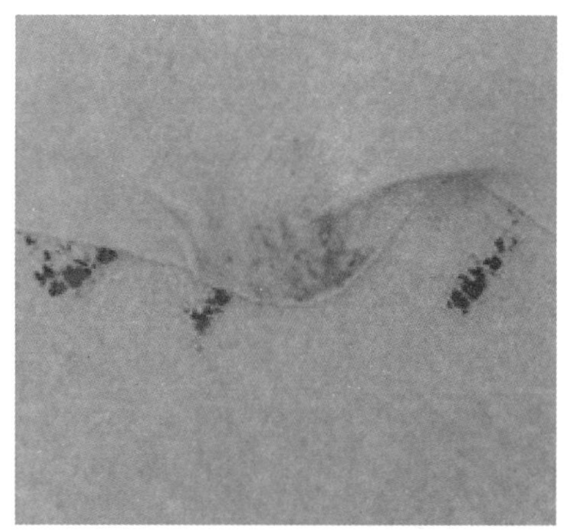

图 9-7 HDPE 土工膜的搭接

（4）填埋库区四周边沿 1.2 m 处设置边坡防渗锚固平台（推荐采用矩形槽覆土锚固法），锚固沟深、宽均为 0.8 m；坡面防渗层在锚固沟中固定并用黏土或矿化垃圾填铺、压实（图 9-8）。

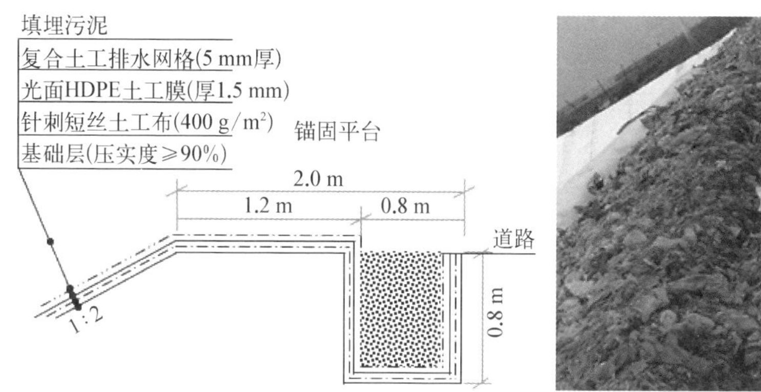

图 9－8　边坡防渗系统的锚固

3. 渗滤液收集系统

（1）渗滤液收集及处理系统包括导流层、盲沟、渗滤液收集斜井、渗滤液提升泵、积液池、调节池、泵房、渗滤液处理设施等。

（2）渗滤液导流层局部设有导排盲沟，盲沟内碎石粒径为 32～100 mm，并按上细下粗的原则进行铺设；导排盲沟中铺设 Φ225 mm 多孔 HDPE 渗滤液收集管，其表面轴向开孔间距为 150 mm，开孔位置应交错分布；收集干管和支管采用斜三通连接，管道采用对插法连接；收集管道和盲沟碎石层表面采用反滤土工布（200 g/m² 机织土工布）包裹（图 9－9）。

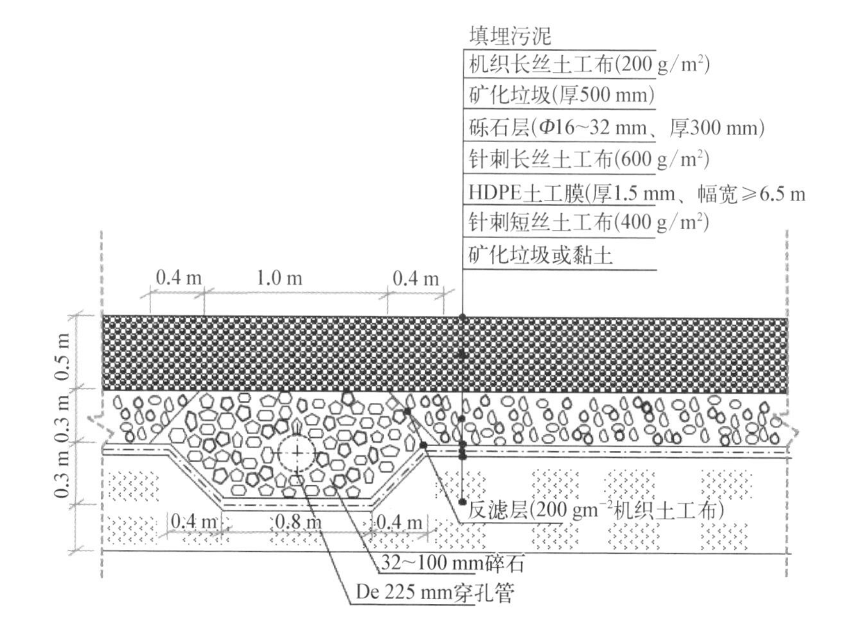

图 9-9　渗滤液导排盲沟

(3) 渗滤液收集斜井(图 9-10)(Φ600 mm 的 HDPE 实壁管,SN12.5)位于库区底面坡度较低的一端,斜井沿坡面铺设并与盲沟相通,渗滤液收集干管与斜

图 9-10　渗滤液收集斜井

井焊接连通；斜井底部安装渗滤液提升泵，渗滤液经提升泵由 Φ63 mm 加强弹性软管越过垃圾主坝进入积液池，提升泵用钢丝、尼龙绳沿斜井固定；渗滤液收集斜井上方设置玻璃钢密封盖用于填埋气的收集，井盖厚度为 38 mm，尺寸 1 500 mm× 1 000 mm。渗滤液收集斜井上方设置玻璃钢密封盖，收集的填埋气体通过导排软管输送到总气体收集井，用于沼气发电。

9.2.3　填埋气导排与收集系统设计

(1) 填埋气导气竖井采用穿孔导气管居中的石笼，导气管管底与渗滤液收集干管相连通，管顶露出改性污泥覆盖层表面 1.0 m。导气竖井由里到外依次为：Φ160 mm 的 HDPE 穿孔花管，0.64 m 厚的级配碎石填埋气导排层(Φ40～50 mm 的碎石层，Φ25～30 mm 的碎石层，Φ10～20 mm 的碎石层)，钢丝格网，200 g/m^2 机织土工布，0.3 m 厚的矿化垃圾(或建筑垃圾)保护层和 200 g/m^2 机织土工布。竖井抽气系统剖面图，见图 9－11 所示。

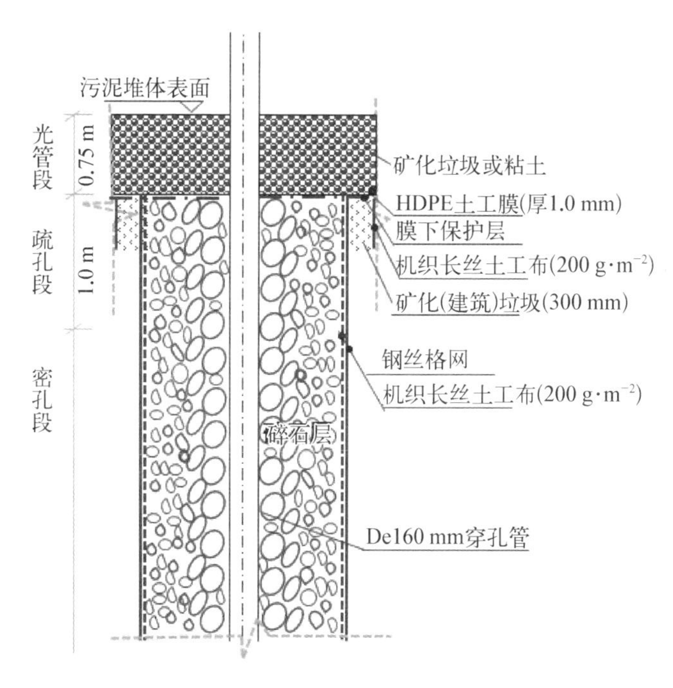

图 9－11　竖井抽气系统剖面图

(2) 导气石笼顶部按照封场覆盖设计结构依次铺设黏土层、光面 HDPE 防渗膜和覆盖土层；HDPE 土工膜与穿孔管通过挤压焊接方式搭接(图 9－12)。

(3) 每个污泥填埋库区设置 3 个导气竖井，导气井间距为 20～25 m(见 9.1

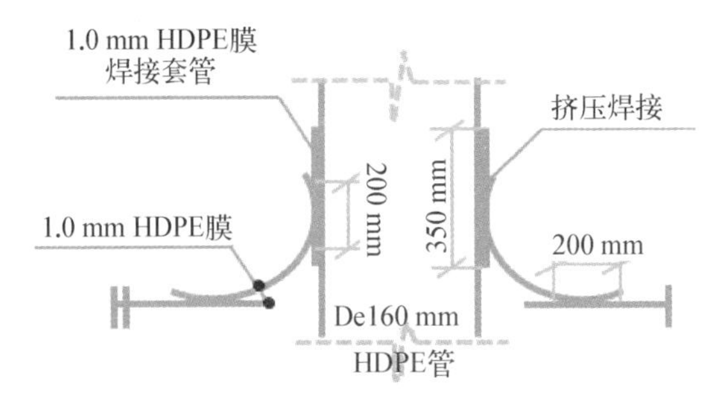

图 9-12 HDPE 土工膜与穿孔管搭接详图

节);各导气竖井出气口由 Φ63 mm 的水平软管相互连通后,集中输送至总气体收集井,再通过 Φ160 mm 的 HDPE 集气干管送至填埋气发电区;填埋气导气井出口和集气干管应安装阀门和甲烷检测端口。竖井抽气系统实物图如图 9-13 所示。

图 9-13 竖井抽气系统实物图

9.2.4 填埋作业施工过程

(1) 填埋采用单元、分层作业,填埋单元作业工序应为卸车、分层摊铺、压实,达到规定高度后进行覆盖、再压实(图9-14)。

图9-14 改性污泥的卸车、摊铺和压实

(2) 每层改性污泥摊铺厚度不宜超过60 cm,且宜从作业单元的边坡底部到顶部摊铺,平面排水坡度应控制在2%左右。

(3) 卫生填埋开始时,应先沿填埋库区轴线筑一条供推土机摊铺污泥的作业平台,填埋作业平台(图9-15)上须铺设防滑钢板路基箱;作业开始后,推土机沿作业平台向两边库区摊铺改性污泥。

图9-15 填埋作业平台

(4) 填埋气导气石笼周边摊铺污泥时,其周边须用脚架固定,推土机应从石笼四周摊铺污泥,直至填埋作业完成(图 9-16)。

图 9-16　竖井抽气系统周边的填埋作业

(5) 每一单元污泥作业堆高宜为 3～4 m,最高不得超过 5 m。

(6) 每一单元作业完成后,应进行覆盖,覆盖层厚度宜根据覆盖材料确定,土覆盖层厚度宜为 20～25 cm。

(7) 填埋场填埋作业达到设计标高后,应及时进行封场和生态环境恢复。

9.2.5　封场覆盖系统设计

(1) 填埋场封场设计应考虑地表径流、排水防渗、填埋气收集与发电、植被类型、填埋场的稳定性以及土地利用等因素。

(2) 封场覆盖系统自下向上依次为:0.3 m 厚的黏土(或矿化垃圾)层(其中可设置水平导气沟)、200 g/m^2 机织土工布的膜下保护层、1.0 mm 厚 HDPE 土工膜以及 0.75 m 厚的覆盖土层(图 9-17 至图 9-18)。

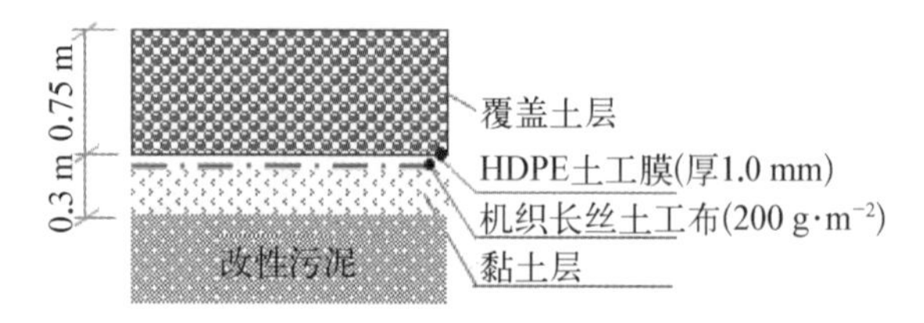

图 9-17　填埋场封场覆盖系统

图9-18　填埋场封场覆盖系统实物图

9.3　改性污泥稳定化进程研究

9.3.1　固化污泥稳定化模拟追踪试验

1. 试验内容与设计

脱水污泥为上海市某污水处理厂的压滤脱水污泥(第3章表3-1)。固化驱水剂采用课题组前期研发的Mg系固化剂(M1),其时由氧化镁基质(轻质氧化镁(MgO)、氯化镁($MgCl_2$))和改性剂(磷酸、SiO_2等))按照一定比例配制而成的

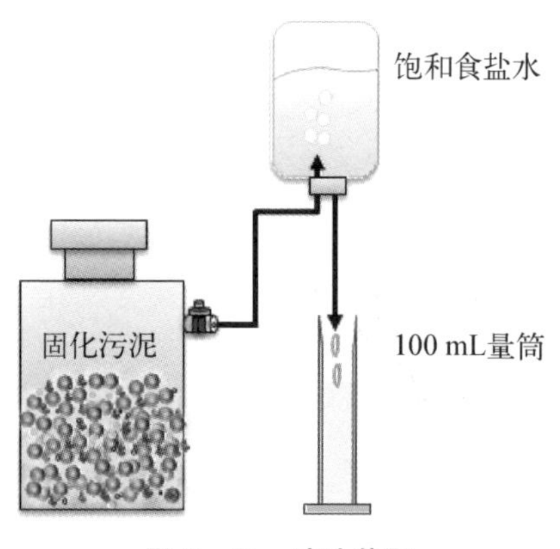

图 9-19 试验装置

气硬性胶凝材料[19,363]。

取湿污泥约(400±1.0)g,分别加入 0 wt.%、1 wt.%、2 wt.%、3 wt.%、5 wt.%和 10 wt.%的 Mg 系固化剂混合搅拌均匀,并放置于体积为 1 L 的小型反应器中密封后(图 9-19),于 37℃恒温室中进行稳定化追踪试验,以考察不同固化剂投加量对污泥稳定化进程的影响。气体体积的测量采用排水集气法,集气瓶内的水为饱和食盐水。

2. Mg 系固化剂投加量对 pH 值的影响

不同 Mg 系固化剂投加量下,污泥厌氧稳定化 1 d 和 35 d 的 pH 值变化如图 9-20 所示。改性污泥第 1 天的 pH 值总体随着固化剂投加量的增加而增加,最高达到 12.35。厌氧消化 35 d 时,污泥的 pH 值与其起初值出现不同程度的差异,投加量为 0 wt.%和 1 wt.%时,pH 值出现小幅度增加,最终维持在 9.11±0.03 范围之内;投加量为 2 wt.%和 3 wt.%时,pH 值却由第 1 天的 9.60±0.18 降至第 35 天的 9.08±0.04;但此时,投添加量高于 5 wt.%的污泥其 pH 值并未发生显著变化,基本维持在原来较高的 pH 水平(10.0~13.0),这不仅会严重制约污泥中厌氧微生物的活性甚至会导致其失活。

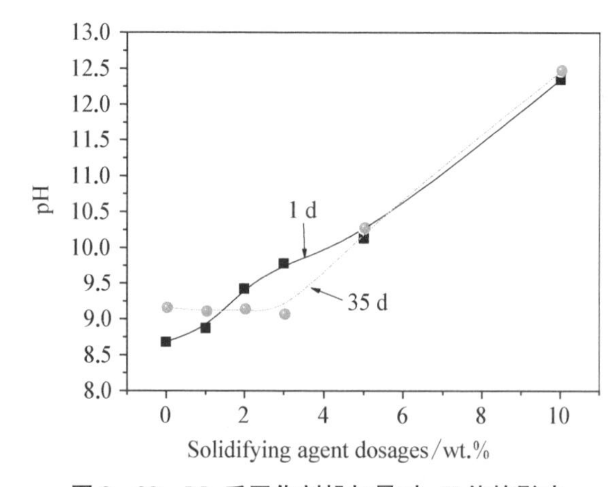

图 9-20 Mg 系固化剂投加量对 pH 值的影响

3. Mg 系固化剂投加量对填埋气组成的影响

在 37℃恒温条件下，对 Mg 系固化剂不同投添加量下的污泥进行厌氧稳定化追踪试验，固化剂对污泥填埋气中 CH_4、CO_2 和 O_2 浓度的影响如图 9－21 所示。

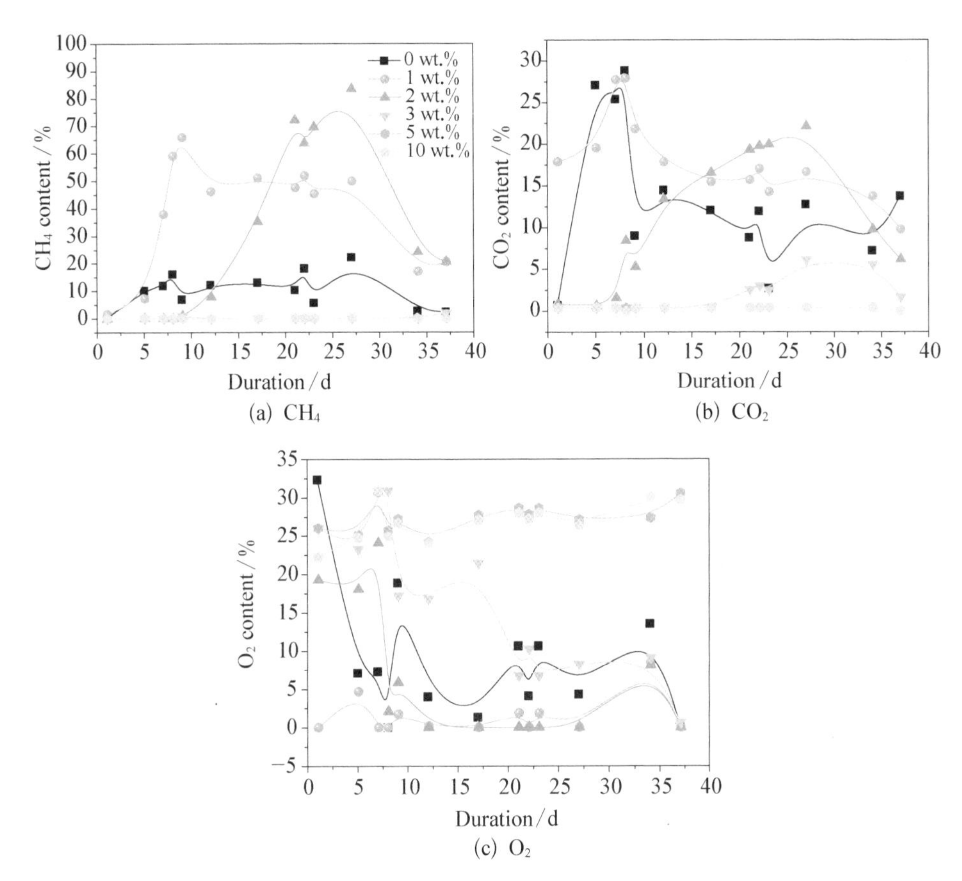

图 9－21　不同固化剂投加量下填埋气的 CH_4(a)、CO_2(b)和 O_2(c)浓度

Mg 固化剂投加量为 1 wt. %和 2 wt. %时对污泥厌氧稳定化具有明显的促进作用，从第 5 天起，投加量 1 wt. %的污泥其 CH_4 浓度迅速增加，在第 10 天达到最高，约为 64. 75%，随后出现小幅度减少，在此后的 20 d 时间内并一直维持在 50%左右，CH_4 浓度的小幅降低可能是由于污泥 pH 值的升高使产甲烷菌的活性受抑制所致(图 9－20)；投加量为 2 wt. %的污泥在初期产气出现了明显延滞，从第 12 天起 CH_4 浓度才开始有轻微增加，较高剂量 Mg 系固化剂的投加会导致污泥 pH 值升高和产甲烷菌活性受到抑制，从而引起厌氧稳定化进程滞后；但随着厌氧稳定化的进行，挥发性脂肪酸的形成部分缓和了固化剂造成的碱性环境，使污泥 pH 值维持在产甲烷菌的适宜范围，产甲烷菌便从最初的适应期进入了旺盛生长期，此时 CH_4浓度也随之升高，并在 20～30 d 出现 80%左右高峰期；而纯污泥的 CH_4浓度并不理想，在整个检测过程中，基本维持在 15%左右；相比之下，3 wt. %、5 wt. %和 10 wt. %剂量下的污泥在整个厌氧消化过程中几乎未检测到 CH_4气体的存在，这可以解释为高剂量固化剂的加入，使污泥初始 pH 值迅速增加，形成了不利于产甲烷菌生存的高 pH 环境，从而导致其生长受到抑制甚至失活。

同时，低浓度 O_2（图 9－21(c)）也表明，1 wt. %和 2 wt. %的 Mg 系固化剂的添加可以加快污泥进入厌氧状态的速度，从而为产甲烷菌的生长提供了早期良好的厌氧环境。而 3 wt. %、5 wt. %和 10 wt. %剂量对产甲烷菌的高度抑制作用，导致其几乎无填埋气产生(图 9－22)，因此整个检测过程中 O_2浓度始终维持在较高的水平，这相反也对产甲烷菌的生长产生了不利的影响。

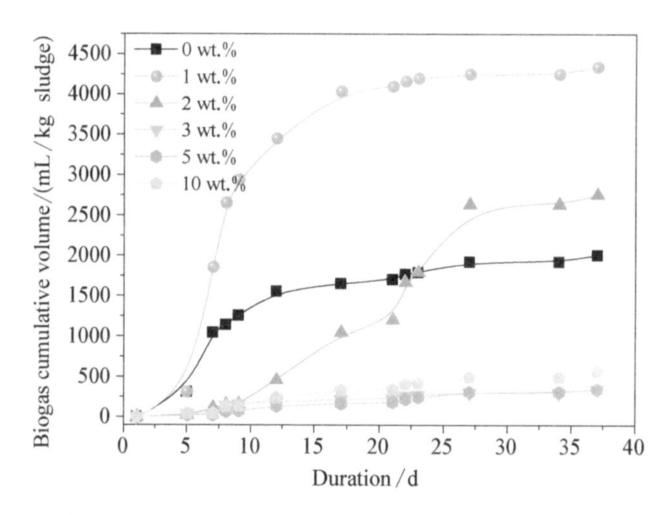

图 9－22　Mg 系固化剂投加量对污泥累积产气量的影响

另外，由图 9－22 可以知，1 wt. %和 2 wt. %的 Mg 系固化剂的投加明显增强了污泥的产气速率，在第 35 天时其累积产气量分别达到了 4 253. 75 mL/kg 污泥和 2 640 mL/kg 污泥，而纯污泥的累积产气量仅为 1 922. 5 mL/kg 污泥，不足投加量为 1 wt. %时累积产气量的 1/2。由此可见，低剂量 Mg 系固化剂的投加可以有效加快污泥厌氧稳定化进程，提高其产 CH_4速率，增加产气量。

4. 热重分析(TG)

图 9－23 给出了不同厌氧稳定化时期的污泥热解曲线，可以看出，随着稳定

化时间的推移，不同 Mg 系固化剂投加量下污泥有机物的降解程度有显著的差异，其中投加量为 1 wt. %时有机物降解速度最快，由于小分子有机物被微生物快速降解，固化污泥第 35 天在 150℃～400℃的热解曲线较第 1 天明显结束得早；随着热解温度的增加，污泥中大分子有机物开始热解，第 1 天的热解曲线明显较第 35 天下降迅速，这表明经过 35 d 的厌氧稳定化污泥中部分大分子有机物已为微生物所降解；当热解温度上升至 700℃时，热解残渣也相应从起初 41. 67 wt. %增加到第 35 天的 48. 87 wt. %。而 Mg 系固化剂投加量为 2 wt. %的污泥其稳定化速率慢于前者，其仅有部分大分子有机物得到降解。随着固化剂投加量的进一步增加，污泥中有机物的降解速率明显减少，当投加量增至 3 wt. %时，第 1 和第 35 天的热解曲线几乎重合，表明有机物在整个厌氧消化过程中几乎未被微生物所利用。可见，当 Mg 系固化剂投加量<3 wt. %时，其对污泥稳定化具有明显的促进作用，而>3 wt. %时，则会对产甲烷菌的生长繁殖和 CH_4气体的产生产生严重阻碍。

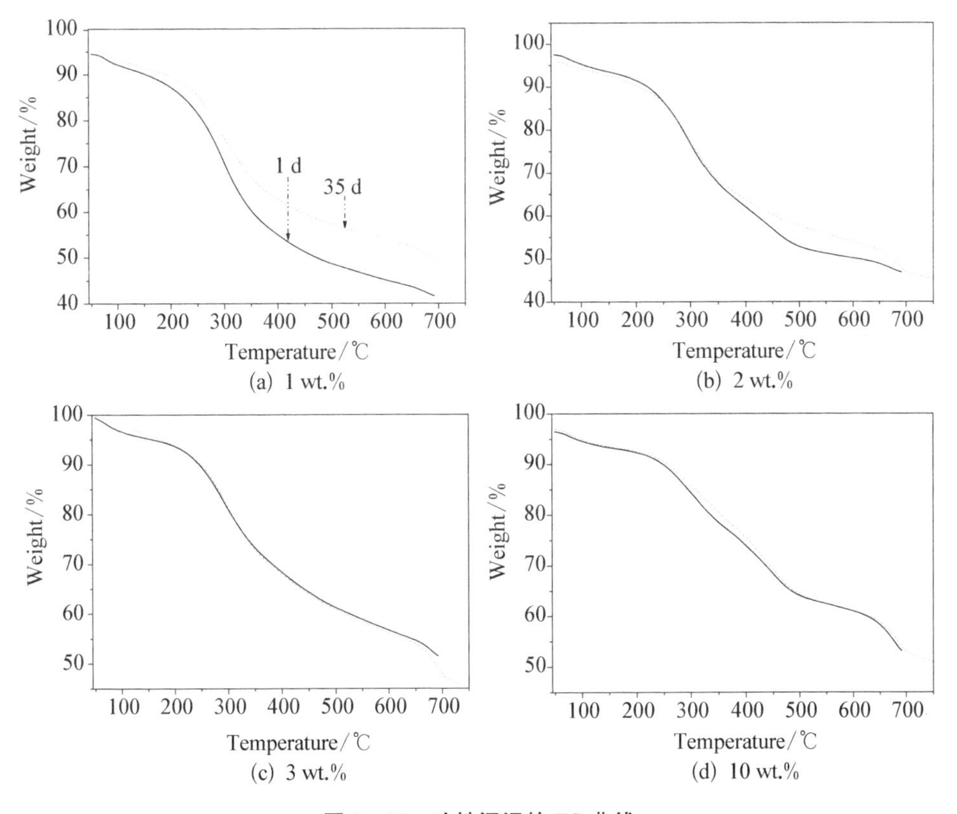

图 9－23　改性污泥的 TG 曲线

5. 元素分析

不同 Mg 系固化剂投加量下污泥的元素组成变化如表 9－3 所示。C、N 和 H 等元素经过 35 d 的厌氧稳定化后，均出现了不同程度的降低，其降解率如图9－24所示。其中，Mg 系固化剂投加量为 1 wt. %的污泥降解速率最快，在第 35 天时 C、N 和 H 的降解率分别达 10.92%、16.52%和 14.69%，这与投加量1 wt. % 的污泥第 1 天和 35 天的热解曲线产生较大的偏离相一致(图 9－23)，也进一步证明 Mg 系固化剂投加量 1 wt. %的污泥中碳氢化合物较其他添加量下发生了大幅的降解；其次是投加量为 2 wt. %时，C、N 和 H 的降解率分别为 5.57%、19.34%和 10.66%；纯污泥中 C、N 和 H 的降解率相对较差，分别为 5.16%、16.92%和 5.45%，其中，C 和 H 的降解率仅为固化剂投加量 1 wt. %时的 30.49%和 37.08%。而固化剂投加量大于 3 wt. %时，固化污泥均表现出了较差的可降解性，其中投加量为 10 wt. %时的降解率最低，C、N 和 H 降解率分别为 0%、1.38%和 0%。

表 9－3　不同固化剂投加量下污泥的元素组成变化

时　间	样　　品	N/wt. %	C/wt. %	H/wt. %	S/wt. %
1 d	纯污泥 (0 wt. %)	6.153	32.370	5.617	0.959
	1 wt. % Mg 系	5.364	31.230	5.507	0.877
	2 wt. % Mg 系	4.706	29.450	5.028	0.805
	3 wt. % Mg 系	4.943	30.880	5.210	0.830
	5 wt. % Mg 系	4.431	27.150	4.571	0.747
	10 wt. % Mg 系	3.559	22.520	3.972	0.624
35 d	纯污泥 (0 wt. %)	5.112	30.700	5.311	1.079
	1 wt. % Mg 系	4.478	27.820	4.698	0.978
	2 wt. % Mg 系	3.796	27.810	4.492	0.894
	3 wt. % Mg 系	4.638	29.060	4.791	0.727
	5 wt. % Mg 系	3.780	27.460	4.415	0.837
	10 wt. % Mg 系	3.510	23.130	4.093	0.642

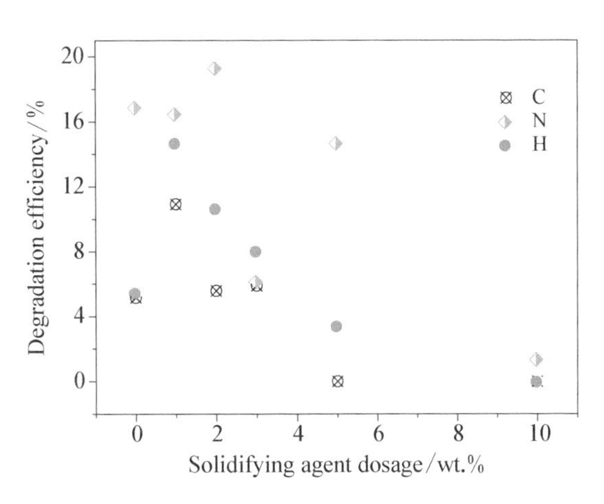

图 9-24　不同固化剂投加量下污泥元素的降解率

9.3.2　改性污泥卫生填埋工程示范与稳定化过程研究

实验室小试可按照研究者的实验设计，更好地控制试验条件，研究污泥降解过程中的各种定量关系。污泥降解是一个缓慢和复杂的过程，影响因素繁多，实验室模拟难以实现所有的现场实际条件，因此，该示范工程的建设，不仅有利于进一步深入优化和验证试验参数，同时，亦有利于深入了解大型填埋场降解规律。

1. 示范工程简介

示范工程周边环境见图 9-25 所示。固化/稳定化污泥卫生填埋中试为在上海老港卫生填埋场 46#～47# 单元和 55# 单元构建的规模 20 000 m^3 的改性污泥生物反应器装置，中试装置构造见图 9-26。该工程由两个相互独立的填埋单元 1# 和 2# 组成，其中 1# 库区为矿化垃圾改性污泥填埋单元（矿化垃圾/污泥比为 1∶1）、2# 库区为固化污泥填埋单元（Mg 系固化剂添加量为污泥湿重的 10 wt.%），两填埋单元之间采用垃圾坝隔开，堤坝上口宽约 1 m。填埋单元平均深 6 m，底部坡度为 2%，边坡坡度为1∶2，单元上口尺寸为 80 m×40 m，底部尺寸为 56 m×16 m。填埋单元底部和四壁铺设 HDPE 防渗膜，膜上下铺设土工布保护层，确保 HDPE 防渗膜在施工工程中不被扎破。

渗滤液导流层局部设有导排盲沟，盲沟内碎石粒径为 32～100 mm，并按上细下粗的原则进行铺设；导排盲沟中铺设 Φ225 mm 多孔 PVC 穿孔收集管，表面轴向开孔间距为 150 mm，开孔交错分布；收集干管和支管采用斜三通连接，管道

图 9-25　示范工程周边环境

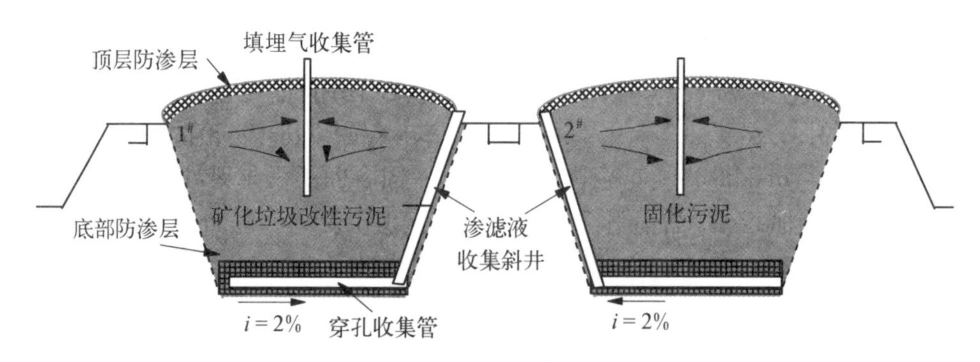

图 9-26　老港污泥中试装置示意图

采用对插法连接。渗滤液的收集导排采用渗滤液收集斜井(Φ600 mm HDPE 实壁管,SN12.5),收集斜井位于库区底面坡度较低的一端,沿坡面铺设并与盲沟相通,渗滤液收集干管与斜井焊接连通;斜井底部安装渗滤液提升泵,渗滤液经提升泵由 Φ63 mm 加强弹性软管越过垃圾主坝进入积液池,提升泵用钢丝、尼龙绳沿斜井固定。

2. 污泥VS的变化

污泥VS随时间的变化关系如图9-27所示。可以看出，稳定化初期Mg系固化剂改性污泥的VS明显高于矿化垃圾改性污泥，50～150 d为秋冬季节，气温较低，改性污泥的降解缓慢，污泥VS分别维持在23.5 wt.%和28.5 wt.%。随着气温的回升，从250 d起两者的降解速率均明显上升，在310 d矿化垃圾改性污泥和固化污泥的VS分别降至20.0 wt.%和26.2 wt.%，Mg系固化剂改性污泥的降解速率明显低于矿化垃圾改性污泥。Mg系固化剂将污泥有机物包裹禁锢在水化晶体内部，因此污泥稳定化进程受到一定程度影响。

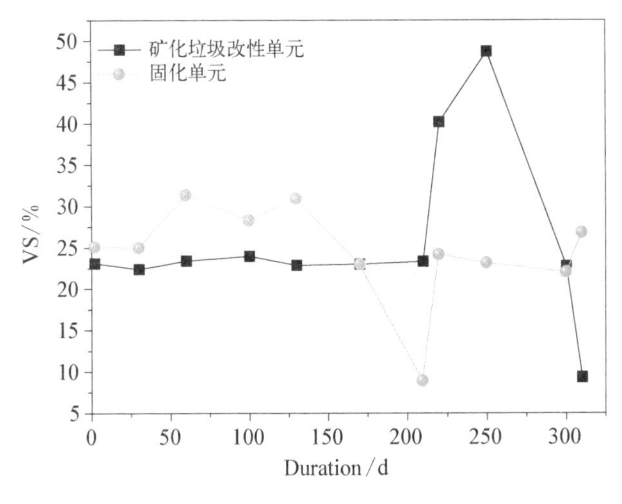

图9-27　污泥VS随时间的变化

3. 渗滤液pH的变化

渗滤液pH随时间的变化如图9-28所示。填埋初期，Mg系固化剂改性污泥的初始pH值约为8.8，矿化垃圾改性污泥的pH值约8.0。随着稳定化时间的推移，固化单元的pH经历小幅下降后，又呈现出轻微的上升趋势，在310 d时维持在约8.4，相比而言，矿化填埋单元的pH波动较小，基本维持在7.4～8.0之间。

产甲烷菌pH值的适应范围通常在6.6～7.5之间，矿化垃圾改性可为污泥稳定化创造较好的pH环境；而以Mg系固化剂为改性剂时，改性污泥的初始pH值偏高，维持在8.0～8.4之间，但在酸化阶段，污泥pH值明显下降，在200 d后出现小幅上升，可能是有机氮化合物在氨化微生物的脱氨基作用下产生的氨对一部分酸产生的中和作用；另外，Mg系固化剂在填埋场内部厌氧环境的

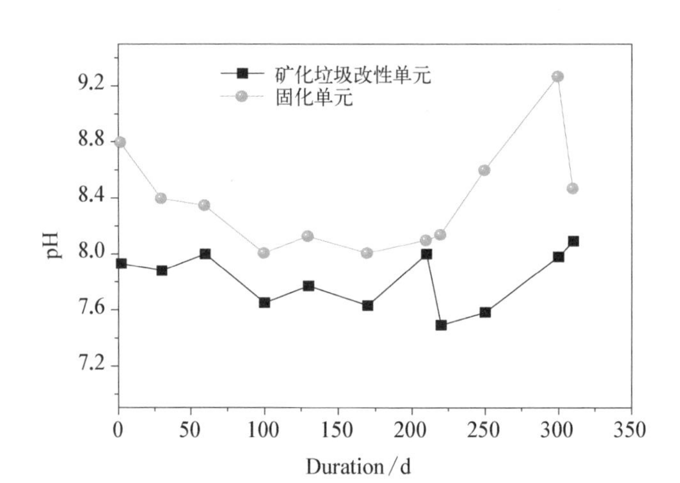

图 9 - 28　渗沥液 pH 值随时间的变化

长期作用下发生解脱，这可能也是导致 pH 反弹的主要原因。

4. 渗滤液 COD 的变化

图 9 - 29 给出了矿化垃圾和 Mg 系固化剂改性填埋单元 COD 随时间的变化关系。由图可知，固化填埋单元渗沥液 COD 在整个监测期间一直维持在较高的浓度范围，约 6 000～7 000 mg/L，即使在第 310 天时，其 COD 浓度依然高达 6 500 mg/L；而矿化垃圾改性单元的渗沥液 COD 较低，在填埋初期约为 2 500 mg/L，随后出现小幅度下降，在第 310 天时，COD 浓度降至 1 000 mg/L 左右。

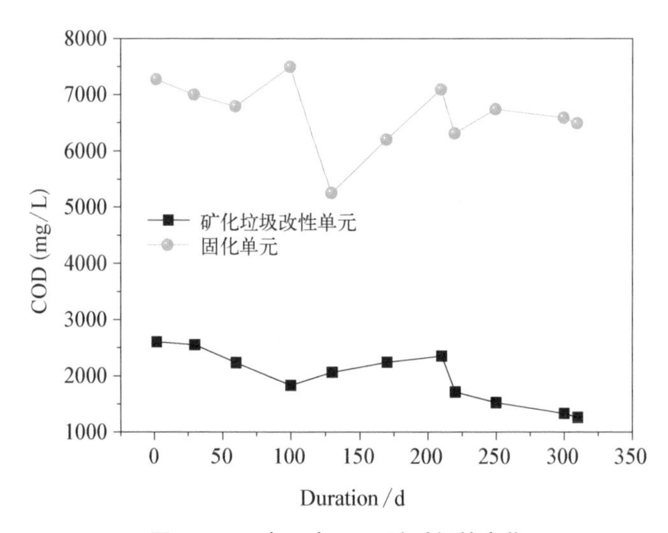

图 9 - 29　渗沥液 COD 随时间的变化

5. 渗滤液 NH_3- N 的变化

图 9 - 30 给出填埋单元渗沥液 NH_3- N 随时间的变化规律。与 COD 变化趋势相似，矿化垃圾改性可以显著降低渗滤液的 NH_3- N 浓度，填埋初期的 NH_3- N 约为 1 000 mg/L，随着填埋时间的延长并出现轻微下降，在第 310 天，NH_3- N 浓度降至约 583 mg/L。相比而言，Mg 系固化剂改性填埋单元渗沥液 NH_3- N 的初始浓度高达 2 500 mg/L，从第 250 天起，NH_3- N 浓度出现大幅升高，并第 310 天达到最大，约为 4 024 mg/L。

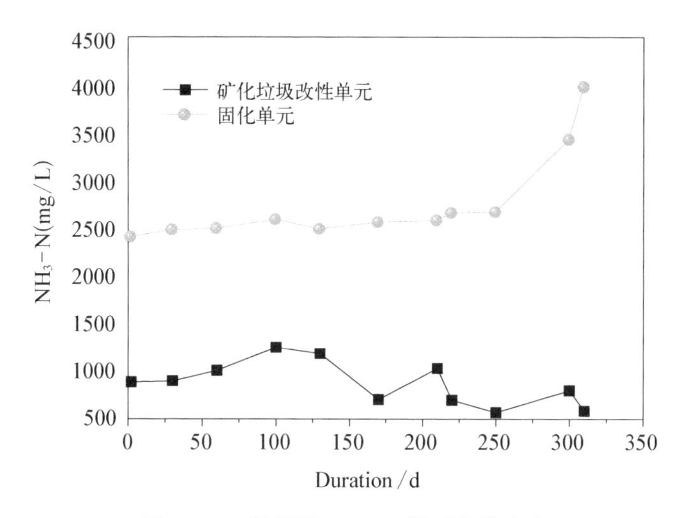

图 9 - 30 渗沥液 NH_3- N 随时间的变化

6. 填埋气中 CH_4 和 CO_2 浓度的变化

图 9 - 31 给出了填埋单元填埋气中 CH_4 和 CO_2 含量随填埋时间的变化规律。由图 9 - 31(a)可知，矿化垃圾改性单元由于封场时间较晚(第 70～90 天左右封场)，仅在第 100 天检出低浓度 CH_4，约为 10%。填埋单元的长期开发式暴露导致大量空气进入填埋堆体，厌氧环境无法形成，产甲烷菌酶活性严重抑制，稳定化速率严重滞后。封场覆盖后，O_2 被快速消耗，填埋堆体逐渐步入厌氧状态，产甲烷菌便从起初的适应期进入了旺盛生长期，此时 CH_4 浓度随之升高。在第 170 天左右，填埋气收集系统中 CH_4 浓度达到最大，约为 80%，此后维持在该水平。

对于固化单元，填埋气中 CH_4 浓度在 25 d 内从封场初期的 5% 上升到了最大值的 75%～80%，随后基本维持不变。这一发现表明，尽管 Mg 系固化剂对污泥渗沥液的 pH 值有显著的不利影响，但填埋场作为一个较大的缓冲体可以有

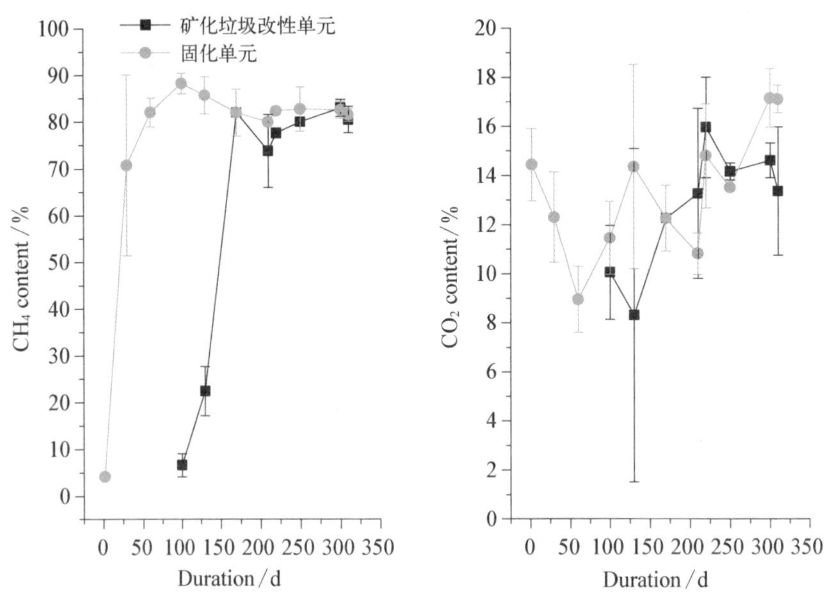

图 9-31　填埋气组成随时间的变化

效地改善甲烷菌的生存环境，从而抵消 Mg 系固化剂的碱性效应对产甲烷菌活性的抑制和危害作用，这也是固化污泥始终保持较高 CH_4产量的主要原因。

图 9-31(b)描述了填埋气中 CO_2浓度随填埋时间的变化规律，可以看出，填埋初期，矿化垃圾改性单元的 CO_2浓度约为 8%，随着时间的推移，从第 150 天起，CO_2浓度基本维持在 15%左右，表明该填埋单元开始进入了污泥厌氧产 CH_4阶段，这与 CH_4浓度的变化趋势基本吻合。相比而言，固化单元 CO_2浓度有明显不同，其从填埋初期即维持在 15%左右，随后基本维持不变，表明 Mg 系固化剂不会对污泥稳定化进程产生明显不利影响，这与两填埋单元 CH_4浓度的变化规律基本一致。

7. 污泥稳定化时间的预测

污泥在填埋场内的降解是物理、化学和生化反应综合作用的结果，其中生化反应占主导作用，所以可从微生物作用规律推导理论模型。研究表明：污泥填埋后，VS 含量即呈指数形式衰减，污染物的溶出为一级反应过程：

$$C_t = C_0 e^{-kt} \quad (9-11)$$

式中，C_t，模拟填埋场污染物浓度；C_0，污染物初始浓度；k，衰减系数；t，模拟填埋场封场后的时间。

以土壤中 VS 含量上限 100 mg/g(10 wt. %)，作为污泥中 VS 降解的下限，根据实测数据，对测得的污泥 VS 含量与时间的关系进行了拟合，得到污泥 VS 与时间的定量化数学关系，并根据拟合关系式对 VS 含量达到 10 wt. %所需时间进行了预测，如表 9-4 所示。利用拟合关系式可以预测任何时间填埋污泥的 VS 含量，指导污泥填埋实践。由表 9-4 可以看出，矿化垃圾改性污泥的稳定化时间约为 2.2 年，而固化污泥填埋单元的较长，约为 3.4 年。

表 9-4　改性污泥稳定化时间预测

污泥种类	拟合公式	相关系数 R^2	时间范围/d	衰减系数	<100 mg/g
矿化单元	$y=24.8791e^{-0.0012t}$	0.105 58	$310 \geqslant t \geqslant 2$	0.001 2	2.2 年
固化单元	$y=26.206e^{-0.000807t}$	0.222 3	$310 \geqslant t \geqslant 100$	0.000 807	3.4 年

注：y 表示 VS 含量(mg/g)。

9.4　小　　结

(1) 以 *Darcy* 定律为理论基础，优化和构建污泥填埋气竖井收集系统。污泥填埋时渗透系数应$\geqslant 10^{-8}$ $m^2/(Pa \cdot s)$，抽气负压 p_b 取 25～30 kPa 时，填埋气收集竖井的影响半径 R_{oi} 约为 10～11.5 m。

(2) 建设 2 座万 t 级改性污泥卫生填埋示范工程，通过填埋库区防渗、渗滤液收集、填埋气导排与收集、填埋作业施工过程以及封场覆盖等设计优化，确定了改性污泥卫生填埋施工工艺，形成改性污泥安全卫生填埋集成技术新体系。

(3) 以 Mg 系固化剂为污泥改性剂，开展固化污泥稳定化模拟追踪试验。投加量为 1 wt. %对污泥稳定化具有明显促进作用，35 d 的累积产气量达 4 253.75 mL/kg污泥，而纯污泥仅 1 922.5 mL/kg 污泥；投加量>3 wt. %时，污泥稳定化过程受到严重阻碍，几乎无 CH_4 生成。热重分析表明，投加量为 1 wt. %的污泥中大分子有机物降解速率最快，其热解残渣从第 1 天的 41.67 wt. %增至第 35 天的 48.87 wt. %。而投加量>3 wt. %时，第 1 和 35 天的热重曲线几乎重合。元素分析亦证实，固化剂投加量为 1 wt. %时，35 d 后的 C、N 和 H 降解率分别达 10.92%、16.52%和 14.69%；投加量>3 wt. %时，污泥均表现出较差的可降解性，投加量越高，元素降解率越低。

(4) 卫生填埋示范工程揭示，矿化垃圾作为污泥改性剂可明显加速污泥稳定化进程，在 310 d 矿化垃圾改性污泥的 VS 可降至约 20.0 wt.%，而固化污泥的 VS 约为 26.2 wt.%；矿化垃圾有效降低渗沥液 COD 和 NH_3-N 浓度，而固化单元的 COD 和 NH_3-N 浓度始终维持在较高的水平；以 VS 为稳定化指标的矿化预测结果显示，矿化垃圾改性污泥的稳定化时间约为 2.2 a，而固化污泥稳定化时间相对较长，约为 3.4 a。

第10章 结论与展望

10.1 结　　论

本书针对污泥“含水率高、脱水性能差、资源化难度大”等技术难题，以课题组最新前沿成果为基础，紧密围绕“污泥调理深度脱水与规模化生态资源利用”这一科学目标，系统开展基于末端处理处置的技术研发工作，以期为污泥的安全管理和无害化消纳奠定理论基础、提供技术支撑。主要研究内容与结论如下：

(1) 采用 RSM 法和 CDD 试验设计对 Fenton 氧化强化脱水条件进行优化，获得的最佳脱水条件为：H_2O_2 178 mg/gVSS、Fe^{2+} 211 mg/gVSS、初始 pH 3.8；ANOVA 分析揭示脱水效率受 H_2O_2 影响最为显著(t - value＝2.854，p＝0.017)，其次为 Fe^{2+} 和初始 pH。Fenton 氧化可快速降解包裹在污泥胶体外层的 EPS 生物高聚物，削弱细胞黏附力，促进污泥颗粒的失稳和破解，为结合水的析出与释放提供通道。SDBS - NaOH 耦合预处理亦可有效加速污泥 VSS 和 TSS 溶解，提高液相 SCOD 浓度；当 SDBS 和 NaOH 投加量分别为 0.02 和 0.25 g/g DS 时脱水性能最好，污泥滤饼含水率可降至 72 wt.%，减量化率达 42.9%。

(2) Fe(II)/$S_2O_8^{2-}$ 氧化能显著改善污泥脱水性能，当 $S_2O_8^{2-}$ 和 Fe(II)投加量分别为 1.2 mmol/g VSS、1.5 mmol/g VSS、pH 为 3.0～8.5 时调理效果最佳，经 1 min 预处理后，污泥 CST 即可由起初的 210 s 减少至 18 s，削减 88.8%；Fe(II)/$S_2O_8^{2-}$ 氧化受污泥源影响甚微，1 min 预处理之后，Sample 1、Sample 2 和 Sample 3 的模化 CST 分别从初始的 13.79、11.90 和 23.45 s・L/g TSS 快速下降至 2.73、1.62 和 4.39 s・L/g TSS，减小 80.2%、86.4%和 81.3%；EPS 和污泥黏度是影响脱水效率的重要因素。CST 与黏度呈显著正相关性(R_p＝0.883，

$p=0.00$)，黏度越高，污泥脱水难度越大；EPS 黏聚于胶体和微生物细胞表面，高度亲水，EPS 含量越高，污泥与液相黏附力越大，则 EPS 结合水越多。Fe(II)/$S_2O_8^{2-}$ 体系通过形成强活性 SO_4^-·，促进 EPS 特征官能团的破坏和高聚物骨架间结合键的断裂，造成胶体失稳破解和细胞结构溶融，促进细胞结合水和胞内物质的游离与释放。此外，SO_4^-·还可通过破坏 EPS 防护层，阻碍厌氧消化过程中 EPS 的分泌和再生，加速微生物细胞的破裂与失活，抑制厌氧消化进程，降低 H_2S 生成；水解过程导致大量细小荷电胶体和生物高聚物分离与释放，造成固液分离效率变差和模化 CST 回升；当[Fe(II)]≥1.0 mmol/g VSS、[$S_2O_8^{2-}$]≥0.8 mmol/g VSS 时，H_2S 累积产量削减 34.6%～60.5%。

(3) 热处理不利于污泥脱水，当预处理温度从 25℃增至 80℃时，CST 从(3 119.2±92.5)s 急剧增至(7 074.7±631.9)s，脱水性能严重恶化；低温热(25℃～80℃)-Fe(II)/$S_2O_8^{2-}$ 氧化耦合条件下，CST 削减率可在 5 min 之内达到 94.2%～96.6%；耦合预处理通过自由基降解途径或产生于 Fe(II)/$S_2O_8^{2-}$ 体系的 Fe(II)和 Fe(III)的电中和作用，减小热处理下形成的负电性高聚物的核电量，降低颗粒 Zeta 电位。Zeta 电位越低，胶体静电斥力越小，可压缩性越强，污泥团聚和固液分离性能越好。热处理可加速污泥絮体破解和微生物细胞溶融，促进 B-EPS 和胞内类络氨酸与类色氨酸蛋白荧光物的溶解和向 S-EPS 转移；而耦合预处理不仅可促进 B-EPS 和胞内类蛋高聚物的降解与释放，还可借助 SO_4^-·的强攻击效应降解污泥固有和被释放的 S-EPS，实现 S-EPS 和 B-EPS 同步矿化。EPS 遭到破坏，絮体结构彻底瓦解，污泥颗粒和微生物细胞支离破碎，EPS 结合水、间隙水和胞内水获得释放，污泥脱水性能明显改善。3D-EEM 分析进一步表明，EPS 内的类络氨酸和类色氨酸蛋白荧光物对污泥脱水起主控效应，类蛋白荧光物的降解是脱水性能获得提升的核心机制。

(4) 电化学(5～25 V)-Fe(II)/$S_2O_8^{2-}$ 氧化耦合作用的最佳脱水条件为：电压 5 V、[Fe(II)]=0.5 mmol/g VSS、[$S_2O_8^{2-}$]=0.4 mmol/g VSS，此时，水分脱除率为 96.7%，滤饼含固率达 17.5 wt.%。污泥脱水性能与 LB-EPS 和 TB-EPS 中的 PN、PS 和 T-EPS 密切相关(LB-EPS：R_p 分别为 -0.491($p=0.015$)、-0.403($p=0.050$)和 -0.459($p=0.024$)；TB-EPS：R_p 分别为 -0.640($p<0.001$)、-0.606($p=0.002$)和 -0.631($p<0.001$))，但与 S-EPS 相关性较差(R_p 分别为 -0.106($p=0.624$)、0.228($p=0.172$)和 0.110($p=0.609$))；沉降性能受 S-EPS 中 PN($R_p=-0.789$，$p<0.001$)、PS($R_p=-0.584$，$p=0.003$)和 T-EPS(PN+PS)($R_p=-0.774$，$p<0.001$)影响显著，

但与 LB－EPS 或 TB－EPS 无关；VSS 与 TB－EPS 的 T－EPS 高度相关(R_p＝0.510，p＝0.011)，“骨架”TB－EPS 的溶解是污泥破损与减量的直接原因；UV－Vis 光谱分析证实了耦合预处理对 LB－EPS 和 TB－EPS 内特征官能团(COOH、C＝O 和 C＝C 等)的高效降解；低电压(5 V)下，棒状微生物清晰可见，细胞体结构完整，与 TB－EPS 紧密结合，TB－EPS 为絮体稳定、细胞完整提供庇护；电渗析效应和 Fe(II)/$S_2O_8^{2-}$ 氧化导致 TB－EPS 彻底崩溃，大量细胞体游离、暴露，并被攻击破裂，EPS 结合水和细胞结合水获得释放。

(5) 通过水热合成-低温焙烧开发出以 $12CaO \cdot 7Al_2O_3$ 为主分的铝基胶凝固化驱水剂(AS)。以 AS 为骨料、10 wt.％ $CaSO_4$ 为促凝剂时，污泥经 5 d 养护，含水率即可降至 60 wt.％；7 d 后，UCS 可达(51.32±2.9)kPa；XRD、SEM 和 TG－DSC 分析显示针状或蜂窝状 $CaAl_2Si_2O_8 \cdot 4H_2O$ 和 $CaCO_3$ 的结晶是污泥强度获得的重要机理。$CaAl_2Si_2O_8 \cdot 4H_2O$ 具有强凝结和绑定性能，可交叉填充于污泥间隙，胶结禁锢污泥颗粒，形成结构致密、质地坚硬的固化体，促进强度发展。以 AS 为改性剂、PC 为骨料对污泥进行固化/稳定化试验，AS/PC 复掺比为 4∶6、投加量 10 wt.％时，固化试样的 28 d UCS 最大，约为 157.2 kPa；而以纯 PC 为固化剂时，UCS 仅为 25.1 kPa；AS 可加速 PC 内 Si、Al 等的溶解和高晶度棱镜状 AFt 晶相的形成，AFt 覆盖于污泥表面，消除有害有机物的干扰和阻碍，为 PC 水化创造安全环境。AS 的掺入对污泥 ANC 影响甚小，含不同 AS/PC 配比的固化试样均具有良好的抗强酸侵蚀能力。重金属(Pb、Cr、Cd 和 Ni)浸出毒性明显低于《危险废物鉴别标准　浸出毒性鉴别》(GB 5085.3—2007)规定的阈值，环境危害极小。重金属通过共沉淀反应、同晶置换作用、与特定有机物的络合或 C－S－H 脱钙作用形成的硅酸盐水化物的胶合以及表面吸附和物理绑定等途径获得固定。

(6) 当 1∶0.4∶3.6＜DS_s∶BA_{65}∶$C\bar{S}A$＜1∶3.2∶0.8 时，CLSM 的 28 d UCS 在 3.6～7.8 MPa 之间，为不可开挖型 CLSM；DS_s 和 BA_{65} 通过晶体化学途径被包裹和禁锢于 AFt 内，并在 AFt 表面形成细小“突起”，增强颗粒间黏合力和摩擦力，促进材料强度获得；重金属通过与 AFt 中母离子(Ca^{2+} 等)的同晶置换，取代 Ca^{2+} 等位点，形成重金属水化结晶相，实现自封。热煅烧预处理加速 BA_{65} 中 $CaCO_3$ 等高温分解，促进 $Ca_2Al_2SiO_7$、$Ca_5(PO_4)_3(OH)$ 以及 CA 的形成；以 BA_{65} 为骨料、1.0∶0.1∶0.9＜DS_s∶BA_{65}∶$C\bar{S}A$＜1.0∶0.8∶0.2 时，CLSM 的 1 年 UCS 在 2.0～6.2 MPa 之间；而 BA_{900} 为骨料时，UCS 仅为 0.7～4.6 MPa。在自然存放过程中，BA_{65} 表面侵蚀风化，疏松多孔，在 $C\bar{S}A$ 的碱

($Ca(OH)_2$)激发作用下，液相离子穿透表面疏松层转至 BA_{65} 内部与 SiO_2、Al_2O_3 和 CaO 等表面游离的不饱和活性键接触并反应，形成有利于强度发展的胶凝产物；而在热煅烧作用(900℃)下，BA_{900} 发生熔融重组，颗粒表面收缩，并在外围形成致密的玻璃状硬壳，导致液相离子向 BA_{900} 内部传递的路径受阻，因而反应活性和水化速度受到抑制，CLSM 强度随之变差。

(7) 以 *Darcy* 定律为理论基础，优化污泥填埋气竖井收集系统，确定收集竖井的影响半径 R_{oi} 为 10～11.5 m。建设 2 座万 t 级污泥卫生填埋示范工程，通过填埋库区防渗、渗滤液收集、填埋气导排与收集、填埋作业施工过程以及封场覆盖等的设计优化，系统构建污泥安全卫生填埋集成工艺技术新体系。示范工程监测数据显示，矿化垃圾作为改性剂可明显加速污泥稳定化进程，有效降低渗沥液 COD 和 NH_3-N 浓度。以 VS 为稳定化指标的矿化预测结果显示，矿化垃圾改性污泥的稳定化时间约为 2.2 年，而固化污泥稳定化时间相对较长，约为 3.4 年。

10.2 进一步工作的方向

本项目的研究工作虽然取得了初步的成功，但是，依然任重道远，尚有许多有待进一步深入进行的研究工作：

(1) 在 Fe(II)/$S_2O_8^{2-}$ 氧化及其衍生耦合污泥强化脱水方面，未深入剖析微生物菌落及组成对脱水效率的影响，以后将借助共聚焦扫描电子显微镜(CLSM)、FISH 等分子生物学手段，继续开展深入研究，以丰富其技术原理。

(2) 本项目重点开展了污泥脱水、固化/稳定化等预处理技术的研究与开发工作。在污泥生物质能源回收方面的研究相对薄弱，基于此，今后将在污泥厌氧强化预处理与生物质能源回收方面开展研究，为初步构建完整的污泥脱水、能源化、资源化、固化-卫生填埋产业技术体系提供基础数据。

(3) 新型微生物燃料电池(MFCs)阴极材料用于污泥高效处理与资源化利用研究已有文章发表，而有关“干电池式”生物降解-化学强化-蓄电产能三位一体“能量自平衡”式污泥处理与全量能源化新技术研发工作并未开展。今后，将以此为依托，开展“能量自平衡”式污泥处理与全量能源化新技术的研发，探索生物质内金属非金属间原位内电解对好氧与厌氧的作用原理，揭示化学电能与生物电能的产生、组织与导出机制，通过外援协同作用加速生物质内生物化学电能和生物电能的诱导与输出，实现污泥的高效降解和潜在能量的全量释放，初步形成污泥原位化学强化-蓄电产能的“能量自平衡”式生物质处理与全量能源化利用技术理论新体系。

参考文献

[1] Low E W, et al. Uncoupling of metabolism to reduce biomass production in the activated sludge process[J]. Water Research, 2000, 34: 3204 - 3212.

[2] 杨怡,等.珠海市污水处理厂污泥处理处置探讨[J].给水排水,2007, 33(3): 37 - 41.

[3] 曹国凭,林伟,李文洁.城市污泥的处理方法及填埋技术的应用[J].水利科技与经济, 2006, 12(11): 758 - 761.

[4] 张华.污泥改性及其在填埋场中的稳定化过程研究 [D].上海:同济大学环境科学与工程学院,2007.

[5] 高健磊,闫怡新,吴建平,等.城市污水处理厂污泥脱水性能研究[J].环境科学与技术,2008, 31(2): 108 - 111.

[6] Lee C H, Liu J C. Sludge dewaterability and floc structure in dual polymer conditioning[J]. Advances in Environmental Research, 2001, 5(2): 129 - 136.

[7] Watanabe Y, Kubo K, Sato S. Application of amphoteric polyelectrolytes for sludge dewatering[J]. Langmuir, 1999, 15(12): 4157 - 4164.

[8] Yu Q, et al. Influence of microwave irradiation on sludge dewaterability[J]. Chemical Engineering Journal, 2009, 155: 88 - 93.

[9] Feng X, et al. Dewaterability of waste activated sludge with ultrasound conditioning [J]. Bioresource Technology, 2009, 100(3): 1074 - 1081.

[10] Neyens E, et al. Hot acid hydrolysis as a potential treatment of thickened sewage sludge[J]. Journal of Hazardous Materials, 2003, 98(1 - 3): 275 - 293.

[11] Bougrier C, et al. Effect of ultrasonic, thermal and ozone pre-treatments on waste activated sludge solubilisation and anaerobic biodegradability[J]. Chemical Engineering and Processing: Process Intensification, 2006, 45: 711 - 718.

[12] Diak J, Ormeci B, Proux C. Freeze-thaw treatment of RBC sludge from a remote mining exploration facility in subarctic Canada[J]. Water Science and Technology, 2011, 63(6): 1309 - 1313.

[13] Lu M C, et al. Dewatering of activated sludge by Fenton's reagent[J]. Advances in Environmetal Research, 2003, 7(3): 667 - 670.

[14] Neyens E, Baeyens J. A review of classic Fenton's peroxidation as an advanced oxidation technique[J]. Journal of Hazardous Materials, 2003, 98: 33 - 50.

[15] Tony M A, et al. Conditioning of aluminium-based water treatment sludge with Fenton's reagent: effectiveness and optimising study to improve dewaterability[J]. Chemosphere, 2008, 72(4): 673 - 677.

[16] Devlin D C, et al. The effect of acid pretreatment on the anaerobic digestion and dewatering of waste activated sludge[J]. Bioresource Technology, 2011, 102: 4076 - 4082.

[17] Li H, Jin Y Y, Nie Y F. Application of alkaline treatment for sludge decrement and humic acid recovery[J]. Bioresource Technology, 2009, 100(24): 6278 - 6283.

[18] Neyens E, Baeyens J, Creemers C. Alkaline thermal sludge hydrolysis[J]. Journal of Hazardous Materials, 2003, 97(1 - 3): 295 - 314.

[19] Ma J L, et al. Effect of magnesium oxychloride cement on stabilization/solidification of sewage sludge[J]. Construction and Building Materials, 2010, 24(1): 79 - 83.

[20] 李国强. 污泥处置的技术路线选择[J]. 科技中国,2007: 38 - 41.

[21] Abad E, et al. Priority organic pollutant assessment of sludges for agricultural purposes[J]. Chemosphere, 2005, 61: 1358 - 1369.

[22] Tyagi V K, Lo S L. Microwave irradiation: A sustainable way for sludge treatment and resource recovery[J]. Renewable and Sustainable Energy Reviews, 2013, 18: 288 - 305.

[23] Theodoratos P, et al. The use of municipal sewage sludge for the stabilization of soil contaminated by mining activities[J]. Journal of Hazardous Materials, 2000, B77: 177 - 191.

[24] Lasheen M R, Ammar N S. Assessment of metals speciation in sewage sludge and stabilized sludge from different Wastewater Treatment Plants, Greater Cairo, Egypt [J]. Journal of Hazardous Materials, 2009, 164: 740 - 749.

[25] Xu G R, Zou J L, Li G B. Stabilization of heavy metals in ceramsite made with sewage sludge[J]. Journal of Hazardous Materials, 2008, 152: 56 - 61.

[26] Kandpal G, et al. Effect of metal spiking on different chemical pools and chemically extractable fractions of heavy metals in sewage sludge[J]. Journal of Hazardous Materials, 2004, 106B: 133 - 137.

[27] Shi W S, et al. Immobilization of heavy metals in sewage sludge by using subcritical water technology[J]. Bioresource Technology, 2013, 137: 18 - 24.

[28] Song F, et al. Leaching behavior of heavy metals from sewage sludge solidified by cement-based binders[J]. Chemosphere, 2013, 92(4): 344 - 350.

[29] Xu J Q, et al. Effects of municipal sewage sludge stabilized by fly ash on the growth of Manilagrass and transfer of heavy metals[J]. Journal of Hazardous Materials, 2012, 217 - 218: 58 - 66.

[30] Méndez A, et al. Effects of sewage sludge biochar on plant metal availability after application to a Mediterranean soil Original[J]. Chemosphere, 2012, 89(11): 1354 - 1359.

[31] Agrafioti E, et al. Biochar production by sewage sludge pyrolysis[J]. Journal of Analytical and Applied Pyrolysis, 2013, 101: 72 - 78.

[32] Chen H X, Ma X W, Dai H J. Reuse of water purification sludge as raw material in cement production[J]. Comment & Concrete Composites, 2010, 32(6): 436 - 439.

[33] Tang P, Zhao Y C, Xia F Y. Thermal behaviors and heavy metal vaporization of phosphatized tannery sludge in incineration process[J]. Journal of Environmental Sciences, 2008, 20: 1146 - 1152.

[34] Chen C L, et al. The assistance of microwave process in sludge stabilization with sodium sulfide and sodium phosphate[J]. Journal of Hazardous Materials, 2007, 147: 930 - 937.

[35] Chen Q Y, et al. Influence of carbonation on the acid neutralization capacity of cements and cement-solidified/stabilized electroplating sludge[J]. Chemosphere, 2009, 74: 758 - 764.

[36] Ruiz M C, Irabien A. Environmental behavior of cement-based stabilized foundry sludge products incorporating additives[J]. Journal of Hazardous Materials, 2004, B109: 45 - 52.

[37] USA EPA. Standards for the use or disposal of sewage sludge[N]. Federal Register, 1993: 9248 - 9415.

[38] EU. Council Directive on the protection of the environment, and in particular of the soil, when sewage sludge is used in agriculture[J]. Offical Journal of the European Communities, 1986, 4(7): 6 - 12.

[39] Tsang K R, Vesilind P A. Moisture distribution in sludges[J]. Water Science and Technology, 1990, 22(12): 135 - 142.

[40] Gao W. Freezing as a combined wastewater sludge pretreatment and conditioning method[J]. Desalination, 2011, 268: 170 - 173.

[41] Lee D J. Moisture distribution and removal efficiency of waste activated sludges[J]. Water Science and Technology, 1996, 33(12): 269 - 272.

[42] Yen P S, L D J. Errors in bound water measurements using centrifugal settling method [J]. Water Research, 2001, 35(16): 4004 - 4009.

[43] Deng W Y, et al. Moisture distribution in sludges based on different testing methods [J]. Journal of Environmental Sciences, 2011, 23(5): 875 - 880.

[44] Colin F, Gazbar S. Distribution of water in sludges in relation to the mechanical dewatering[J]. Water Research, 1995, 29(8): 2000 - 2005.

[45] Smith J K, Vesilind P A. Dilatometric measurement of bound water in wastewater sludge[J]. Water Research, 1995, 29(12): 2621 - 2626.

[46] Frolund B, et al. Extraction of extracellular polymers from activated sludge using a cation exchange resin[J]. Water Research, 1996, 30: 1749 - 1758.

[47] Poxon T L, Darby J L. Extracellular polyanions in digested sludge: measurement and relationship to sludge dewaterability[J]. Water Research, 1997, 31(4): 749 - 758.

[48] Adav S S, Lee D J, Tay J H. Extracellular polymeric substances and structural stability of aerobic granule[J]. Water Research, 2008, 42(4 - 7): 1644 - 1650.

[49] Wingender J, Neu TR, Flemming HC. Microbial extracellular polymeric substances: characterization, structure and function[M]. Berlin, Heidelberg: Springer-Verlag, 1999.

[50] Liu H, Fang H H P. Extraction of extracellular polymeric substances (EPS) of sludges[J]. Journal of Biotechnology, 2002, 95: 249 - 256.

[51] Henriques I D S, Love N G. The role of extracellular polymeric substances in the toxicity response of activated sludge bacteria to chemical toxins[J]. Water Research, 2007, 41: 4177 - 4185.

[52] Hessler C M, et al. The influence of capsular extracellular polymeric substances on the interaction between TiO_2 nanoparticles and planktonic bacteria[J]. Water Research, 2012, 46: 4687 - 4696.

[53] Mu H, et al. Response of Anaerobic Granular Sludge to a Shock Load of Zinc Oxide Nanoparticles during Biological Wastewater Treatment[J]. Environmental Science & Technology, 2012, 46: 5997 - 6003.

[54] Neyens E, et al. Advanced sludge treatment affects extracellular polymeric substances to improve activated sludge dewatering[J]. Journal of Hazardous Materials, 2004, 106 (2 - 3): 83 - 92.

[55] Park C, Novak J T. Characterization of activated sludge exocellular polymers using several cation-associated extraction methods[J]. Water Research, 2007, 41(8): 1679 - 1688.

[56] Yu G H, et al. Stratification structure of sludge flocs with implications to

dewaterability[J]. Environmental Science & Technology, 2008, 42: 7944 - 949.

[57] Shao L M, et al. Effect of proteins, polysaccharides, and particle sizes on sludge dewaterability[J]. Journal of Environmental Sciences, 2009, 21: 83 - 88.

[58] Jin B, Wilén B M, Lant P. Impacts of morphological, physical and chemical properties of sludge flocs on dewaterability of activated sludge[J]. Chemical Engineering Journal, 2004, 98: 115 - 126.

[59] Li X Y, Yang S F. Influence of loosely bound extracellular polymeric substances (EPS) on the flocculation, sedimentation and dewaterability of activated sludge[J]. Water Research, 2007, 41: 1022 - 1030.

[60] Ye F X, Peng G, Li Y. Influences of influent carbon source on extracellular polymeric substances (EPS) and physicochemical properties of activated sludge [J]. Chemosphere, 2011, 84(9): 1250 - 1255.

[61] Yu G H, He P J, Shao L M. Novel insights into sludge dewaterability by fluorescence excitation-emission matrix combined with parallel factor analysis[J]. Water Research, 2010, 44: 797 - 806.

[62] Yuan H P, Zhu N W, Song F Y. Dewaterability characteristics of sludge conditioned with surfactants pretreatment by electrolysis[J]. Bioresource Technology, 2011, 102: 2308 - 2315.

[63] Mikkelsen L H, Keiding K. Physico-chemical characteristics of full scale sewage sludges with implications to dewatering[J]. Water Research, 2002, 36: 2451 - 2462.

[64] Yang S F, Li X Y. Influences of extracellular polymeric substances (EPS) on the characteristics of activated sludge under non-steady-state conditions [J]. Process Biochemistry, 2009, 44: 91 - 96.

[65] Wang X H, et al. Floc destruction and its impact on dewatering properties in the process of using flat-sheet membrane for simultaneous thickening and digestion of waste activated sludge[J]. Bioresource Technology, 2009, 100: 1937 - 1942.

[66] Peng G, Ye F X, Li Y. Investigation of extracellular polymeric substances (EPS) and physicochemical properties of activate sludge from different municipal and industrial wastewater treatment plants[J]. Environmental Technology, 2012, 33(8): 857 - 863.

[67] Ye F X, Liu X W, Li Y. Effects of potassium ferrate on extracellular polymeric substances (EPS) and physicochemical properties of excess activated sludge [J]. Journal of Hazardous Materials, 2012, 199 - 200: 158 - 163.

[68] Xu H C, et al. Effect of ultrasonic pretreatment on anaerobic digestion and its sludge dewaterability[J]. Journal of Environmental Sciences, 2011, 23(9): 1472 - 1478.

[69] Shao L M, et al. Enhanced anaerobic digestion and sludge dewaterability by alkaline

pretreatment and its mechanism[J]. Journal of Environmental Sciences, 2012, 24(10): 1731 - 1738.

[70] 刘阳，张捍民，杨凤林. 活性污泥中微生物胞外聚合物(EPS)影响膜污染机理研究[J]. 高校化学工程学报，2008, 22(2): 332 - 338.

[71] Higgins M J, Novak J T. The effect of cations on the settling and dewatering of activated sludges[J]. Water Environment Research, 1997, 6: 225 - 232.

[72] Turovskiy I S, Mathai P K M. Wastewater sludge processing [M]. New Jersey: John Wiley & Sons, Inc. 2006.

[73] Ning X, et al. Effects of tannery sludge incineration slag pretreatment on sludge dewaterability[J]. Chemical Engineering Journal, 2013, 221: 1 - 7.

[74] Raynaud M, et al. Compression dewatering of municipal activated sludge: Effects of salt and pH[J]. Water Research, 2012, 46: 4448 - 4456.

[75] Chen D, Yang J. Effects of explosive explosion shockwave pretreatment on sludge dewaterability[J]. Bioresource Technology, 2012, 119: 35 - 40.

[76] Horan N J, Eccles C R. Purification and characterization of extracellular polysaccharide from activated sludges [J]. Water Research, 1986, 20 (11): 1427 - 1432.

[77] Thapa K B, Qi Y, Hoadley A F A. Interaction of polyelectrolyte with digested sewage sludge and lignite in sludge dewatering[J]. Colloids and Surfaces A: Physicochemical and Engineering Aspects, 2009, 334: 66 - 73.

[78] 王浩宇，等. 好氧污泥颗粒化过程中 Zeta 电位与 EPS 的变化特性[J]. 环境科学，2012, 33(5): 1614 - 1620.

[79] Wilén B M, Jin B, Lant P. The influence of key chemical constituents in activated sludge on surface and flocculating properties[J]. Water Research, 2003, 37: 2127 - 2139.

[80] Wang J L, Kang J. The characteristics of anaerobic ammonium oxidation (ANAMMOX) by granular sludge from an EGSB reactor[J]. Process Biochemistry, 2005, 40: 1973 - 1978.

[81] Liao B Q, et al. Surface properties of sludge and their role in bioflocculation and settleability[J]. Water Research, 2001, 35: 339 - 350.

[82] Zhang L L, et al. Role of extracellular protein in the formation and stability of aerobic granules[J]. Enzyme and Microbial Technology, 2007, 41: 551 - 557.

[83] Zhu L, et al. Role and significance of extracellular polymeric substances on the property of aerobic granule[J]. Bioresource Technology, 2012, 107: 46 - 54.

[84] 鹿雯. 胞外聚合物 EPS 对污泥理化性质影响研究[J]. 环境科学与管理，2007, 32(5):

27 - 30.

[85] Sheng G P, Yu H Q, Li X Y. Extracellular polymeric substances (EPS) of microbial aggregates in biological wastewater treatment systems: A review[J]. Biotechnology Advances, 2010, 28(6): 882 - 894.

[86] Guan B H, et al. Improvement of activated sludge dewaterability by mild thermal treatment in $CaCl_2$ solution[J]. Water Research, 2012, 46: 425 - 432.

[87] Tixier N, Guibaud G, B M. Determination of some rheological parameters for the characterization of activated sludge[J]. Bioresource Technology, 2003, 90: 215 - 220.

[88] Pevere A, et al. Effects of physico-chemical factors on the viscosity evolution of anaerobic granular sludge[J]. Biochemical Engineering Journal, 2009, 43: 231 - 238.

[89] Eshtiaghi N, et al. Clear model fluids to emulate the rheological properties of thickened digested sludge[J]. Water Research, 2012, 46: 3014 - 3022.

[90] Pevere A, et al. Viscosity evolution of anaerobic granular sludge[J]. Biochemical Engineering Journal, 2006, 27: 315 - 322.

[91] Pevere A, et al. Effect of Na^+ and Ca^{2+} on the aggregation properties of sieved anaerobic granular sludge [J]. Colloids and Surfaces A: Physicochemical and Engineering Aspects, 2007, 306: 142 - 149.

[92] Wolny L, Wolski P, Zawieja I. Rheological parameters of dewatered sewage sludge after conditioning[J]. Desalination, 2008, 222: 382 - 387.

[93] Yen P S, et al. Network strength and dewaterability of flocculated activated sludge[J]. Water Research, 2002, 36: 539 - 550.

[94] Dentel S K, Abu-Orf M M. Laboratory and full-scale studies of liquid stream viscosity and streaming current for characterization and monitoring of dewaterability[J]. Water Research, 1995, 29(12): 2663 - 2672.

[95] Khongnakorn W, et al. Rheological properties of sMBR sludge under unsteady state conditions[J]. Desalination, 2010, 250: 824 - 828.

[96] Tixier N, Guibaud G, Baudu M. Effect of pH and ionic environment changes on interparticle interactions affecting activated sludge flocs: a rheological approach[J]. Environmental Technology, 2003, 24: 971 - 978.

[97] 李婷. 絮凝调理对市政污泥的理化性质和流变性的影响研究 [D]. 北京：北京林业大学环境科学与工程学院，2012.

[98] Liu F W, et al. Improvement of sludge dewaterability and removal of sludge-borne metals by bioleaching at optimum pH[J]. Journal of Hazardous Materials, 2012, 221 - 222(30): 170 - 177.

[99] Wang L L, et al. pH dependence of structure and surface properties of microbial EPS

[J]. Environmental Science & Technology, 2011, 46: 737 - 744.

[100] Zhang Z Q, Xia S Q, Zhang J. Enhanced dewatering of waste sludge with microbial flocculant TJ - F1 as a novel conditioner[J]. Water Research, 2010, 44: 3087 - 3092.

[101] Liu H, et al. Conditioning of sewage sludge by Fenton's reagent combined with skeleton builders[J]. Chemosphere, 2012, 88: 235 - 239.

[102] 董辉,王国华,孙晓蓉. 影响污水污泥脱水性能因素的探讨[J]. 上海建设科技,2005, 6: 27 - 28.

[103] Houghton J I, Quarmby J, Stephenson T. The impact of digestion on sludge dewaterability[J]. Institution of Chemical Engineers, 2000, 78: 153 - 159.

[104] Jin B, Wilén B M, Lant P. A comprehensive insight into floc characteristics and their impact on compressibility and settleability of activated sludge [J]. Chemical Engineering Journal, 2003, 95: 221 - 234.

[105] Zhao P, et al. Study on pore characteristics of flocs and sludge dewaterability based on fractal methods (Pore characteristics of flocs and sludge dewatering)[J]. Applied Thermal Engineering, 2013, 58(1 - 2): 217 - 223.

[106] Mahmoud A, et al. Electro-dewatering of wastewater sludge: Influence of the operating conditions and their interactions effects[J]. Water Research, 2011, 45: 2795 - 2810.

[107] Sakohara S, Ochiai E, Kusaka T. Dewatering of activated sludge by thermosensitive polymers[J]. Separation and Purification Technology, 2007, 56(3): 296 - 302.

[108] 王星,赵天涛,赵由才. 污泥处理与资源化利用丛书——污泥生物处理技术 [M]. 北京: 冶金工业出版社,2010.

[109] 王鑫. 调理剂对生活污泥脱水性能影响的研究 [D]. 湖南: 中南大学资源加工与生物工程学院,2012.

[110] Neygens E, Baeyens J. A review of themal sludge pre-treatment processes to improve dewaterability[J]. Journal of Hazardous Materials, 2003, B98: 51 - 67.

[111] Donoso-Bravo A, et al. Assessment of the influence of thermal pre-treatment time on the macromolecular composition and anaerobic biodegradability of sewage sludge[J]. Bioresource Technology, 2011, 102: 660 - 666.

[112] 荀锐,王伟,乔玮. 水热改性污泥的水分布特征与脱水性能研究[J]. 环境科学,2009, 30(3): 851 - 856.

[113] Bougrier C, Delgenes J P, Carrere H. Effects of thermal treatments on five different waste activated sludge samples solubilisation, physical properties and anaerobic digestion[J]. Chemical Engineering Journal, 2008, 139(2): 236 - 244.

[114] Rani U R, et al. Low temperature thermo-chemical pretreatment of dairy waste

activated sludge for anaerobic digestion process[J]. Bioresource Technology, 2012, 103: 415-424.

[115] Appels L, et al. Influence of low temperature thermal pre-treatment on sludge solubilisation, heavy metal release and anaerobic digestion [J]. Bioresource Technology, 2010, 101: 5743-5748.

[116] Abelleira J, et al. Advanced thermal hydrolysis of secondary sewage sludge: A novel process combining thermal hydrolysis and hydrogen peroxide addition[J]. Resources, Conservation and Recycling, 2012, 59: 52-57.

[117] Passos F, García J, Ferrer I. Impact of low temperature pretreatment on the anaerobic digestion of microalgal biomass[J]. Bioresource Technology, 2013, 138: 79-86.

[118] Shehu M S, Manan Z A, Alwi S R W. Optimization of thermo-alkaline disintegration of sewage sludge for enhanced biogas yield[J]. Bioresource Technology, 2012, 114: 69-74.

[119] Us E, Perendeci N A. Improvement of methane production from greenhouse residues: Optimization of thermal and H_2SO_4 pretreatment process by experimental design[J]. Chemical Engineering Journal, 2012, 181-182: 120-131.

[120] Pilli S, et al. Ultrasonic pretreatment of sludge: A review [J]. Ultrasonics Sonochemistry, 2011, 18: 1-18.

[121] Liu C, et al. Effect of low power ultrasonic radiation on anaerobic biodegradability of sewage sludge[J]. Bioresource Technology, 2009, 100: 6217-6222.

[122] Saha M, Eskicioglu C, Marin J. Microwave, ultrasonic and chemo-mechanical pretreatments for enhancing methane potential of pulp mill wastewater treatment sludge[J]. Bioresource Technology, 2011, 102: 7815-7826.

[123] Li H, et al. Effects of ultrasonic disintegration on sludge microbial activity and dewaterability[J]. Journal of Hazardous Materials, 2009, 161: 1421-1426.

[124] Ruiz-Hernando M, Labanda J, Llorens J. Effect of ultrasonic waves on the rheological features of secondary sludge[J]. Biochemical Engineering Journal, 2010, 52: 131-136.

[125] Yin X, et al. Ultrasonic treatment on activated sewage sludge from petro-plant for reduction[J]. Ultrasound, 2006, 44: 397-399.

[126] Zhang G M, Wan T. Sludge conditioning by sonication and sonication-chemical methods[J]. Procedia Environmental Sciences, 2012, 16: 368-377.

[127] De La Rochebrochard S, et al. Low frequency ultrasound-assisted leaching of sewage sludge for toxic metal removal, dewatering and fertilizing properties preservation[J].

Ultrasonics Sonochemistry，2013，20：109－117.

［128］ Cui X F，et al. Effects of primary sludge particulate (PSP) entrapment on ultrasonic (20 kHz) disinfection of Escherichia coli［J］. Water Research，2011，45：3300－3308.

［129］ Gallipoli A，Braguglia C M. High-frequency ultrasound treatment of sludge: Combined effect of surfactants removal and floc disintegration［J］. Ultrasonics Sonochemistry，2012，19：864－871.

［130］ Borrely S I，Cruz A C，Mastro N L. Radiation processing of sewage sludge. A Review［J］. Progress in Nuclear Energy，1998，33(1)：3－21.

［131］ Haque K E. Microwave energy for mineral treatment processes［J］. Minerals & Metallurgical Processing，1999，57：1－24.

［132］ Chang C J，Tyagi V K，L S L. Effects of microwave and alkali induced pretreatment on sludge solubilization and subsequent aerobic digestion［J］. Bioresource Technology，2011，102：7633－7640.

［133］ 田禹，方琳，黄君礼. 微波辐射预处理对污泥结构及脱水性能的影响［J］. 中国环境科学，2006，26(4)：459－463.

［134］ 方琳. 微波能作用下污泥脱水和高温热解的效能与机制［D］. 哈尔滨：哈尔滨工业大学市政环境工程学院，2007.

［135］ 乔伟，王伟，黎攀. 城市污水污泥微波热水解特性研究［J］. 环境科学，2008，29(1)：152－157.

［136］ Wojciechowska E. Application of microwaves for sewage sludge conditioning［J］. Water Research，2005，39：4749－4754.

［137］ Yu Q，et al. Physical and chemical properties of waste-activated sludge after microwave treatment［J］. Water Research，2010，44：2841－2849.

［138］ Beszédes S，et al. Comparison of the effects of microwave irradiation with different intensities on the biodegradability of sludge from the dairy- and meat-industry［J］. Bioresource Technology，2011，102：814－821.

［139］ Ahn J H，Shin S G，Hwang S. Effect of microwave irradiation on the disintegration and acidogenesis of municipal secondary sludge［J］. Chemical Engineering Journal，2009，153：145－150.

［140］ Eskicioglu C，et al. Synergetic pretreatment of sewage sludge by microwave irradiation in presence of H_2O_2 for enhanced anaerobic digestion［J］. Water Research，2008，42：4674－4682.

［141］ Jang J H. Ahn J H. Effect of microwave pretreatment in presence of NaOH on mesophilic anaerobic digestion of thickened waste activated sludge［J］. Bioresource

Technology, 2013, 131: 437 - 442.

[142] Hu K, et al. Conditioning of wastewater sludge using freezing and thawing: Role of curing[J]. Water Research, 2011, 45: 5969 - 5976.

[143] Wang Q H, et al. Enhancement of dewaterability of thickened waste activated sludge by freezing and thawing treatment[J]. Journal of Environmental Science and Health Part A-toxic/hazardous Substances & Environmental Engineering, 2001, 36(7): 1361 - 1371.

[144] Jean D S, Lee D J, Wu J C S. Separation of oil from oily sludge by freezing and thawing[J]. Water Research, 1999, 33(7): 1756 - 1759.

[145] Montusiewicz A, et al. Freezing/thawing effects on anaerobic digestion of mixed sewage sludge[J]. Bioresource Technology, 2010, 101: 3466 - 3473.

[146] Knocke W R, Trahern P. Freeze-thaw conditioning of chemical and biological sludges [J]. Water Research, 1989, 23(1): 35 - 42.

[147] Curvers D, et al. Modelling the electro-osmotically enhanced pressure dewatering of activated sludge [J]. Chemical Engineering & Technology, 2007, 62(8): 2267 - 2276.

[148] Yang G C C, Chen M C, Yeh C F. Dewatering of a biological industrial sludge by electrokinetics-assisted filter press[J]. Separation and Purification Technology, 2011, 79: 177 - 182.

[149] Yu X Y, et al. Influence of Filter Cloth on the Cathode on the Electroosmotic Dewatering of Activated Sludge[J]. Chinese Journal of Chemical Engineering, 2010, 18(4): 562 - 568.

[150] Ibeid S, Elektorowicz M, Oleszkiewicz J A. Modification of activated sludge properties caused by application of continuous and intermittent current[J]. Water Research, 2013, 47: 903 - 910.

[151] Yuan H P, et al. Enhancement of waste activated sludge dewaterability by electrochemical pretreatment[J]. Journal of Hazardous Materials, 2011, 187: 82 - 88.

[152] Yuan H P, et al. New sludge pretreatment method to improve dewaterability of waste activated sludge[J]. Bioresource Technology, 2011, 102(10): 5659 - 5664.

[153] Gharibi H, et al. Performance evaluation of a bipolar electrolysis/electrocoagulation (EL/EC) reactor to enhance the sludge dewaterability[J]. Chemosphere, 2013, 90: 1487 - 1494.

[154] Raat M H M, et al. Full scale electrokinetic dewatering of waste sludge[J]. Colloids and Surfaces A: Physicochemical and Engineering Aspects, 2002, 210: 231 - 241.

[155] Chang M C, et al. Conditioning characteristics of kaolin sludge with different cationic

polyelectrolytes[J]. Colloids and Surfaces A: Physicochemical and Engineering Aspects, 1998, 139: 75-80.

[156] Zhong H S, et al. A sludge concentrated dehydration method[P]. EP 2239236 A1, WO 2009/082886, 2010.

[157] Mori Y, Azuchi M. Polymeric flocculant and method of sludge dehydration. EP 1 327 641 A1, WO 01/046281, 2003.

[158] 周贞英,等. 电化学处理改善剩余污泥脱水性能[J]. 环境科学学报,2011, 31(10): 2199-2203.

[159] Lu M C, et al. Influence of pH on the dewatering of activated sludge by Fenton's reagent[J]. Water Science and Technology, 2001, 44(10): 327-332.

[160] Buyukkamaci N. Biological sludge conditioning by Fenton's reagent[J]. Process Biochemistry, 2004, 39(11): 1503-1506.

[161] Tony M A, Q Z Y, M T A, Exploitation of Fenton and Fenton-like reagents as alternative conditioners for alum sludge conditioning[J]. Journal of Environmental Sciences, 2009, 21: 101-105.

[162] Pei H Y, Hu W R, Liu Q H. Effect of protease and cellulase on the characteristic of activated sludge[J]. Journal of Hazardous Materials, 2010, 178(1-3): 397-403.

[163] Barjenbruch M, Kopplow O. Enzymatic, mechanical and thermal pre-treatment of surplus sludge[J]. Advances in Enviromental Research, 2003, 7: 715-720.

[164] Novak J T, Sadler M E, Murthy S N. Mechanisms of floc destruction during anaerobic and aerobic digestion and the effect on conditioning and dewatering of biosolids[J]. Water Research, 2003, 37: 36-44.

[165] 吴朝军,等. 一种造纸污泥脱水复合生物酶处理剂及处理方法[P]. 中国发明专利,2013.

[166] Diet J N, Moszkowicz P, Sorrentino D. Behaviour of ordinary Portland cement during the stabilization/solidification of synthetic heavy metal sludge: macroscopic and microscopic aspects[J]. Waste Management, 1998, 18(1): 17-24.

[167] 马建立,等. 污水厂污泥碱式胶凝稳定化研究[J]. 环境科学,2009, 30(3): 845-850.

[168] 郑修军,等. 污泥固化材料优选试验研究[J]. 岩土力学,2008, 29(增刊): 571-574.

[169] Valls S, Vázquez E. Stabilization and solidification of sewage sludge with Portland cement[J]. Cement and Concrete Research, 2000, 30(10): 1671-1678.

[170] Malliou O, et al. Properties of stabilized/solidified admixtures of cement and sewage sludge[J]. Cement & Concrete Composites, 2007, 29(1): 55-61.

[171] Katsioti M, et al. The effect of bentonite/cement mortar for the stabilization/solidification of sewage sludge containing heavy metals[J]. Cement & Concrete

Composites，2008，30(10)：1013－1019.

[172] 曹永华. 市政污泥的固化填埋处理研究 [D]. 天津：天津大学建筑工程学院，2007.

[173] 白慧玲. 城市污泥处置与利用综述[J]. 山西建筑，2008，34(20)：81－82.

[174] 张建江，孙晓蓉，张金艳. 城市污水处理厂污泥处置及利用途径浅析[J]. 天津科技，2007：80－82.

[175] 曾祥文，王海霞. 我国污水处理厂污泥处置的回顾与展望[J]. 工业安全与环保，2007，33(7)：20－22.

[176] 刘媛媛，张芹芹. 城市污泥基本特性与安全处置[J]. 水科学与工程技术，2008，4：63－66.

[177] 李淑展，施周，谢敏. 脱水污泥/固化酶/高岭土制作垃圾填埋场防渗材料[J]. 中国给水排水，2008，24(15)：24－27.

[178] 徐勤. 污泥填埋的工程化应用研究[J]. 环境卫生工程，2006，14(4)：50－51.

[179] 马建立，赵由才，张华. 城市污水处理厂不同性状污泥填埋工艺的试验研究[J]. 给水排水，2007，33(10)：50－53.

[180] 王进安，等. 垃圾填埋场填埋气回收处理与利用[J]. 环境科学研究，2006，19(6)：77－80.

[181] Domínguez L，Rodríguez M，Prats D. Effect of different extraction methods on bound EPS from MBR sludges. Part I：influence of extraction methods over three-dimensional EEM fluorescence spectroscopy fingerprint[J]. Desalination，2010，261(1－2)：19－26.

[182] Li H S，et al. The influence of additives (Ca^{2+}，Al^{3+}，and Fe^{3+}) on the interaction energy and loosely bound extracellular polymeric substances (EPS) of activated sludge and their flocculation mechanisms [J]. Bioresource Technology，2012，114：188－194.

[183] Wos M，Pollard P. Sensitive and meaningful measures of bacterial metabolic activity using NADH fluorescence[J]. Water Research，2006，40：2084－2092.

[184] 欧阳二明，张锡辉，王伟. 城市水体有机污染类型的三维荧光光谱分析法[J]. 水资源保护，2007，23 (3)：56－59.

[185] Liu T，et al. Characterization of organic membrane foulants in a submerged membrane bioreactor with pre-ozonation using three-dimensional excitation emission matrix fluorescence spectroscopy[J]. Water Research，2011，45：2111－2121.

[186] Sheng G P，Yu H Q. Characterization of extracellular polymeric substances of aerobic and anaerobic sludge using three-dimensional excitation and emission matrix fluorescence spectroscopy[J]. Water Research，2006，40：1233－1239.

[187] Li W H，et al. Characterizing the extracellular and intracellular fluorescent products

of activated sludge in a sequencing batch reactor[J]. Water Research, 2008, 42: 3173 - 3181.

[188] Chen W, et al. Fluorescence excitation-emission matrix regional integration to quantify spectra for dissolved organic matter [J]. Environmental Science & Technology, 2003, 37: 5701 - 5710.

[189] APHA, Standard Methods for the Examination of Water and Wastewater[M]. 20th ed. A. P. H. Association, 1998.

[190] Dubois M, et al. Colorimetric method for determination of sugars and related substances[J]. Analytical Chemistry, 1956, 28(3): 350 - 356.

[191] Lotito A M, Iaconi C D, Lotito V. Physical characterisation of the sludge produced in a sequencing batch biofilter granular reactor [J]. Water Research, 2012, 46: 5316 - 5326.

[192] Kwon J H, et al. Acidic and hydrogen peroxide treatment of polyaluminum chloride (PACL) sludge from water treatment[J]. Water Science and Technology, 2004, 50 (9): 99 - 105.

[193] Wang X, et al. Optimization of methane fermentation from effluent of bio-hydrogen fermentation process using response surface methodology [J]. Bioresource Technology, 2008, 99(10): 4292 - 4299.

[194] Mohajeri S, et al. Statistical optimization of process parameters for landfill leachate treatment using electro-Fenton technique[J]. Journal of Hazardous Materials, 2010, 176: 749 - 758.

[195] Benatti C T, Tavares C R, Guedes T A. Optimization of Fenton's oxidation of chemical laboratory wastewaters using the response surface methodology[J]. Journal of Environmental Management, 2006, 80(1): 66 - 74.

[196] Kshirsagar A C, Singhal R S. Optimization of starch oleate derivatives from native corn and hydrolyzed corn starch by response surface methodology[J]. Carbohydrate Polymers, 2007, 69(3): 455 - 461.

[197] Yuan H P, Zhu N W, Song L J. Conditioning of sewage sludge with electrolysis: effectiveness and optimizing study to improve dewaterability [J]. Bioresource Technology, 2010, 101(12): 4285 - 4290.

[198] Ahmad A L, Ismail S, Bhatia S. Optimization of coagulation-flocculation process for palm oil mill effluent using response surface methodology[J]. Environmental Science & Technology, 2005, 39(8): 2828 - 2834.

[199] Mustranta A, Viikari L. Dewatering of activated sludge by an oxidative treatment[J]. Water Science and Technology, 1993, 28(1): 213 - 221.

[200] Rastogi A, Ai-Abed S R, Dionysiou D D. Sulfate radical-based ferrous peroxymonosulfate oxidative system for PCBs degradation in aqueous and sediment systems[J]. Applied Catalysis B: Environmental, 2009, 85(3-4): 171-179.

[201] Badawy M I, Ali M E M. Fenton's peroxidation and coagulation processes for the treatment of combined industrial and domestic wastewater[J]. Journal of Hazardous Materials, 2006, 136(3): 961-966.

[202] Liu X M, et al. Contribution of extracellular polymeric substances (EPS) to the sludge aggregation[J]. Environmental Science & Technology, 2010, 44(11): 4355-4360.

[203] Badireddy A R, et al. Role of extracellular polymeric substances in bioflocculation of activated sludge microorganisms under glucose-controlled conditions[J]. Water Research, 2010, 44(15): 4505-4516.

[204] Stumm W, Morgan J J. Aquatic Chemistry: Chemical Equilibria and Rates in Natural Waters[M]. 3rd ed. New York: Wiley, 1996.

[205] Zhen G Y, et al. Effects of calcined aluminum salts on the advanced dewatering and solidification/stabilization of sewage sludge[J]. Journal of Environmental Sciences, 2011, 23(7): 1225-1232.

[206] 盛宇星,曹宏斌,李玉平,等.预处理对废弃活性污泥中细胞破碎和有机物质溶出的影响[J].化工学报,2008, 59(6): 1496-1501.

[207] 何玉凤,杨凤林,胡绍伟.碱处理促进剩余污泥高温水解的试验研究[J].环境科学,2008, 29(8): 2260-2265.

[208] Zhang P, Chen Y, Huang T E A. Waste activated sludge hydrolysis and short-chain fatty acids accumulation in the presence of SDBS in semi-continuous flow reactors: Effect of solids retention time and temperature[J]. Chemical Engineering Journal, 2009, 148: 348-353.

[209] 周群英,高廷耀.环境工程微生物学[M].北京:高等教育出版社,2000.

[210] 杨虹,王芬,季民.超声与碱耦合作用破解剩余污泥的效能分析[J].环境污染治理技术与设备,2006, 7(5): 78-81.

[211] 王治军,王伟.剩余污泥的热水解试验[J].中国环境科学,2005, 25(增刊): 56-60.

[212] Ye F, Liu X, Li Y. Effects of potassium ferrate on extracellular polymeric substances (EPS) and physicochemical properties of excess activated sludge[J]. Journal of Hazardous Materials, 2012, 199-200: 158-163.

[213] Vicente F, et al. Kinetic study of diuron oxidation and mineralization by persulphate: Effects of temperature, oxidant concentration and iron dosage method[J]. Chemical Engineering Journal, 2011, 170: 127-135.

[214] Saien J, et al. Homogeneous and heterogeneous AOPs for rapid degradation of Triton X-100 in aqueous media via UV light, nano titania hydrogen peroxide and potassium persulfate[J]. Chemical Engineering Journal, 2011, 167: 172-182.

[215] Yan J C, et al. Degradation of sulfamonomethoxine with Fe_3O_4 magnetic nanoparticles as heterogeneous activator of persulfate[J]. Journal of Hazardous Materials, 2011, 186(2-3): 1398-1404.

[216] Oh S Y, Kang S G, Chiu P C. Degradation of 2, 4-dinitrotoluene by persulfate activated with zero-valent iron[J]. Science of the Total Environment, 2010, 408(16): 3464-3468.

[217] Oh S Y, et al. Oxidation of polyvinyl alcohol by persulfate activated with heat, Fe^{2+}, and zero-valent iron[J]. Journal of Hazardous Materials, 2009, 168(1): 346-351.

[218] Wang Y R, Chu W. Degradation of 2,4,5-trichlorophenoxyacetic acid by a novel Electro-Fe(II)/Oxone process using iron sheet as the sacrificial anode[J]. Water Research, 2011, 45(13): 3883-3889.

[219] Romero A, et al. Diuron abatement using activated persulphate: effect of pH, Fe(II) and oxidant dosage[J]. Chemical Engineering Journal, 2010, 162(1): 257-265.

[220] Liang C J, et al. Persulfate oxidation for in situ remediation of TCE. I. Activated by ferrous ion with and without a persulfate-thiosulfate redox couple[J]. Chemosphere, 2004, 55(9): 1213-1223.

[221] Liang C J, Wang Z S, Bruell C J. Influence of pH on persulfate oxidation of TCE at ambient temperatures[J]. Chemosphere, 2007, 66(1): 106-113.

[222] Yen C H, et al. Application of persulfate to remediate petroleum hydrocarbon-contaminated soil: Feasibility and comparison with common oxidants[J]. Journal of Hazardous Materials, 2011, 186(2-3): 2097-2102.

[223] Chen K F, et al. Methyl tert-butyl ether (MTBE) degradation by ferrous ion-activated persulfate oxidation: feasibility and kinetics studies[J]. Water Environment Research, 2009, 81(7): 687-694.

[224] Kolthoff I M, Miller I K. The chemistry of persulfate. I. The kinetics and mechanism of the decomposition of the persulfate ion in aqueous medium[J]. Journal of the American Chemical Society, 1951, 73: 3055-3059.

[225] Liang C J, Su H W. Identification of Sulfate and Hydroxyl Radicals in Thermally Activated Persulfate[J]. Industrial & Engineering Chemistry Research, 2009, 48: 5558-5562.

[226] Buxton G V, Bydder M, Salmon G A. The reactivity of chlorine atoms in aqueous solution. Part II. The equilibrium $SO_4^- \cdot + Cl^-$ reversible arrow $Cl \cdot + SO_4^{2-}$.

Physical Chemistry Chemical Physics, 1999, 1(2): 269 - 273.

[227] Figueroa S, Vazquez L, Alvarez-Gallegos A. Decolorizing textile wastewater with Fenton's reagent electrogenerated with a solar photovoltaic cell[J]. Water Research, 2009, 43(2): 283 - 294.

[228] Yang S, et al. Activated carbon catalyzed persulfate oxidation of Azo dye acid orange 7 at ambient temperature[J]. Journal of Hazardous Materials, 2011, 186: 659 - 666.

[229] Anipsitakis G P, Dionysiou D D. Radical generation by the interaction of transition metals with common oxidants[J]. Environmental Science & Technology, 2004, 38(13): 3705 - 3712.

[230] Wang Z W, Wu Z C, Tang S J. Characterization of dissolved organic matter in a submerged membrane bioreactor by using three-dimensional excitation and emission matrix fluorescence spectroscopy[J]. Water Research, 2009, 43: 1533 - 1540.

[231] Wang L, et al. Effects of Ni^{2+} on the characteristics of bulking activated sludge[J]. Journal of Hazardous Materials, 2010, 181: 460 - 467.

[232] Houghton J I, Quarmby J, Stephenson T. Municipal wastewater sludge dewaterability and the presence of microbial extracellular polymer[J]. Water Science and Technology, 2001, 44(2 - 3): 373 - 379.

[233] Ye F X, Peng G, Li Y. Influences of influent carbon source on extracellular polymeric substances (EPS) and physicochemical properties of activated sludge [J]. Chemosphere, 2011, 84(9): 1250 - 1255.

[234] Sanin F D, Vesilind P A. Effect of centrifugation on the removal of extracellular polymers and physical properties of activated sludge [J]. Water Science and Technology, 1994, 30(8): 117 - 127.

[235] Nagaoka H, Ueda S, Miya A. Influence of bacterial extracellular polymers on the membrane separation activated sludge process[J]. Water Science and Technology, 1996, 34(9): 165 - 172.

[236] Forster C F. The rheological and physico-chemical characteristics of sewage sludges [J]. Enzyme and Microbial Technology, 2002, 30: 340 - 345.

[237] Zhen G Y, et al. Enhanced dewaterability of sewage sludge in the presence of Fe(II)-activated persulfate oxidation[J]. Bioresource Technology, 2012, 116: 259 - 265.

[238] Jin B, Wilén B M, Lant P. Impacts of morphological, physical and chemical properties of sludge flocs on dewaterability of activated sludge [J]. Chemical Engineering Journal, 2004, 98: 115 - 126.

[239] Wilen B M, et al. Microbial community structure in activated sludge floc analysed by fluorescence in situ hybridization and its relation to floc stability[J]. Water Research,

2008, 42(8-9): 2300-2308.

[240] Tokumura M, et al. Photo-Fenton process for excess sludge disintegration[J]. Process Biochemistry, 2007, 42: 627-633.

[241] Kim T H, et al. Disintegration of excess activated sludge by hydrogen peroxide oxidation[J]. Desalination, 2009, 246: 275-284.

[242] Adav Sunil S, Lee D J, Tay J H. Extracellular polymeric substances and structural stability of aerobic granule[J]. Water Research, 2008, 42: 1644-1650.

[243] Vesilind P A, Hsu C C. Limits of sludge dewaterability[J]. Water Science and Technology, 1997, 36: 87-91.

[244] Yamashita Y, Tanoue E. Chemical characterization of protein-like fluorophores in DOM in relation to aromatic amino acids[J]. Marine Chemistry, 2003, 82(3-4): 255-271.

[245] Baker A. Fluorescence excitation-emission matrix characterization of some sewage-impacted rivers[J]. Environmental Science & Technology, 2001, 35(5): 948-953.

[246] Coble P G. Characterization of marine and terrestrial DOM in seawater using excitation-emission matrix spectroscopy[J]. Marine Chemistry, 1996, 51: 325-346.

[247] Mobed J J, et al. Fluorescence characterization of IHSS humic substances: total luminescence spectra with absorbance correction[J]. Environmental Science & Technology, 1996, 30(10): 3061-3065.

[248] Katsiris N, Kouzeli-katsiri A. Bound water content of biological sludges in relation to filtration and dewatering[J]. Water Research, 1987, 21: 1319-1327.

[249] Liu Y, Fang H H P. Influences of extracellular polymeric substances (EPS) on flocculation, settling, and dewatering of activated sludge[J]. Critical Reviews in Environmental Science & Technology, 2003, 33: 237-273.

[250] Su L H, Zhao Y C. Chemical reduction of odour in fresh sewage sludge in the presence of ferric hydroxide[J]. Environmental Technology, 2013, 34(1-4): 165-72.

[251] Zhen G Y, et al. Novel insights into enhanced dewaterability of waste activated sludge by Fe(II)-activated persulfate oxidation[J]. Bioresource Technology, 2012, 119: 7-14.

[252] Zhang X H, et al. Effect of potassium ferrate (K_2FeO_4) on sludge dewaterability under different pH conditions[J]. Chemical Engineering Journal, 2012, 210: 467-474.

[253] Tomei M C, Rita S, Mininni G. Performance of sequential anaerobic/aerobic digestion applied to municipal sewage sludge[J]. Journal of Environmental

Management, 2011, 92: 1867 - 1873.

[254] Braguglia C M, Gianico A, Mininni G. Comparison between ozone and ultrasound disintegration on sludge anaerobic digestion [J]. Journal of Environmental Management, 2012, 95: S139 - S143.

[255] Ferrer I, Vázquez F, Font X. Long term operation of a thermophilic anaerobic reactor: Process stability and efficiency at decreasing sludge retention time[J]. Bioresource Technology, 2010, 101: 2972 - 2980.

[256] Carrere H, et al. Improving methane production during the codigestion of waste-activated sludge and fatty wastewater: Impact of thermo-alkaline pretreatment on batch and semi-continuous processes[J]. Chemical Engineering Journal, 2012, 210: 404 - 409.

[257] Dhar B R, et al. Pretreatment of municipal waste activated sludge for volatile sulfur compounds control in anaerobic digestion[J]. Bioresource Technology, 2011, 102: 3776 - 3782.

[258] Liu X, et al. Effect of thermal pretreatment on the physical and chemical properties of municipal biomass waste[J]. Waste Management, 2012, 32: 249 - 255.

[259] Wilson C A, Novak J T. Hydrolysis of macromolecular components of primary and secondary wastewater sludge by thermal hydrolytic pretreatment[J]. Water Research, 2009, 43(18): 4489 - 4498.

[260] Wang X, et al. The EPS characteristics of sludge in an aerobic granule membrane bioreactor[J]. Bioresource Technology, 2010, 101(21): 8046 - 8050.

[261] Audrey P, et al. Sludge disintegration during heat treatment at low temperature: a better understanding of involved mechanisms with a multiparametric approach[J]. Biochemical Engineering Journal, 2011, 54(3): 178 - 184.

[262] Laurent J, et al. Effects of thermal hydrolysis on activated sludge solubilization, surface properties and heavy metals biosorption[J]. Chemical Engineering Journal, 2011, 166: 841 - 849.

[263] Yang S Y, et al. Degradation efficiencies of azo dye Acid Orange 7 by the interaction of heat, UV and anions with common oxidants: Persulfate, peroxymonosulfate and hydrogen peroxide[J]. Journal of Hazardous Materials, 2010, 179: 552 - 558.

[264] 杨照荣，等. 热激活过硫酸盐降解卡马西平和奥卡西平复合污染的研究[J]. 环境科学学报，2013, 33(1): 98 - 104.

[265] Laurent J, et al. Fate of cadmium in activated sludge after changing its physico-chemical properties by thermal treatment[J]. Chemosphere, 2009, 77: 771 - 777.

[266] Zita A, Hermansson M. Effect of ionic strength on bacterial adhesion and stability of

flocs in a wastewater activated sludge system [J]. Applied Environmental Microbiology, 1994, 60: 3041 - 3048.

[267] 蔡文良,等.嘉陵江重庆段DOM三维荧光光谱的平行因子分析[J].环境科学研究,2012,25(3):276 - 281.

[268] Gulnaz O, Kaya A, Dincer S. The reuse of dried activated sludge for adsorption of reactive dye[J]. Journal of Hazardous Materials, 2006, B134: 190 - 196.

[269] Tuan P A, Sillanpää M. Migration of ions and organic matter during electro-dewatering of anaerobic sludge[J]. Journal of Hazardous Materials, 2010, 173: 54 - 61.

[270] Bala Subramanian S, et al. Extracellular polymeric substances (EPS) producing bacterial strains of municipal wastewater sludge: isolation, molecular identification, EPS characterization and performance for sludge settling and dewatering[J]. Water Research, 2010, 44: 2253 - 2266.

[271] Zhen G Y, et al. Synergetic pretreatment of waste activated sludge by Fe(II) - activated persulfate oxidation under mild temperature for enhanced dewaterability[J]. Bioresource Technology, 2012, 124: 29 - 36.

[272] More T T, et al. Bacterial polymer production using pre-treated sludge as raw material and its flocculation and dewatering potential[J]. Bioresource Technology, 2012. 121: 425 - 431.

[273] El-Hadj T B, et al. Effect of ultrasound pretreatment in mesophilic and thermophilic anaerobic digestion with emphasis on naphthalene and pyrene removal[J]. Water Research, 2007, 41(1): 87 - 94.

[274] Su X Y, et al. New insights into membrane fouling based on characterization of cake sludge and bulk sludge: An especial attention to sludge aggregation[J]. Bioresource Technology, 2013, 128: 586 - 592.

[275] Chen J, et al. Spectroscopic characterization of the structural and functional properties of natural organic matter fractions[J]. Chemosphere, 2002, 48: 59 - 68.

[276] Zbytniewski R, Buszewski B. Characterization of natural organic matter (NOM) derived from sewage sludge compost. Part 1: chemical and sepectroscopic properties [J]. Bioresource Technology, 2005, 96: 471 - 478.

[277] Vergnoux A, et al. Effects of forest fires on water extractable organic matter and humic substances from Mediterranean soils: UV - Vis and fluorescence spectroscopy approaches[J]. Geoderma, 2011, 160: 434 - 443.

[278] Iwai H, et al. Characterization of seawater extractable organic matter from bark compost by TMAH - py - GC/MS[J]. Journal of Analytical and Applied Pyrolysis,

2013：99：9 - 15.

[279] Ying W，et al. Extracellular Polymeric Substances（EPS）in a Hybrid Growth Membrane Bioreactor（HG - MBR）：Viscoelastic and Adherence Characteristics[J]. Environmental Science & Technology，2010，44：8636 - 8643.

[280] Asavapisit S，Chotklang D. Solidification of electroplating sludge using alkali-activated pulverized fuel ash as cementitious binder[J]. Cement and Concrete Research，2004，34：349 - 353.

[281] Samaras P，et al. Investigation of sewage sludge stabilization potential by the addition of fly ash and lime[J]. Journal of Hazardous Materials，2008，154（1 - 3）：1052 - 1059.

[282] Pimraksa K，Hanjitsuwan S，Chindaprasirt P. Synthesis of belite cement from lignite fly ash[J]. Ceramics International，2009，35(6)：2415 - 2425.

[283] Glasser F P，Zhang L N. High-performance cement matrices based on calcium s ulfoaluminate-belite compositions[J]. Cement and Concrete Research，2001，31(12)：1881 - 1886.

[284] Salihoglu G，et al. Properties of steel foundry electric arc furnace dust solidified/stabilized with Portland cement[J]. Journal of Environmental Management，2007，85(1)：190 - 197.

[285] Koenig A，Key J N，Wan I M. Physical properties of dewatered wastewater sludge for landfilling[J]. Water Science and Technology，1996，34(3 - 4)：533 - 540.

[286] 李相国，等. 垃圾焚烧炉渣活性激发及对水泥性能的影响[J]. 武汉理工大学学报，2012，34(6)：1 - 5.

[287] Antionhos S，Papageorgiou A，Tsimas S. Activation of fly ash cementitious systems in the presence of quicklime. Part II：Nature of hydration products，porosity and microstructure development[J]. Cement and Concrete Research，2006，36(12)：2123 - 2131.

[288] Mercury J M R，et al. Calcium aluminates hydration in presence of amorphous SiO_2 at temperatures below 90℃[J]. Journal of Solid State Chemistry，2006，179(10)：2988 - 2997.

[289] Antionhos S，Tsimas S. Activation of fly ash cementitious systems in the presence of quicklime Part I：Compressive strength and pozzolanic reaction rate[J]. Cement and Concrete Research，2004，34(5)：769 - 779.

[290] Arce R，et al. Stabilization/solidification of an alkyd paint waste by carbonation of waste-lime based formulations[J]. Journal of Hazardous Materials，2010，177(1 - 3)：428 - 436.

[291] Cheilas A, et al. Impact of hardening conditions on to stabilized/solidified products of cement-sewage sludge-jarosite/alunite[J]. Cement & Concrete Composites, 2007, 29(4): 263 - 269.

[292] Moszkowicz P, et al. Pollutants leaching behaviour from solidified wastes: a selection of adapted various models[J]. Talanta, 1998, 46(3): 375 - 383.

[293] Saraswathy V, Song H-W. Evaluation of corrosion resistance of Portland pozzolana cement and fly ash blended cements in pre-cracked reinforced concrete slabs under accelerated testing conditions[J]. Materials Chemistry and Physics, 2007, 104: 356 - 361.

[294] Mangialardi T, et al. Optimization of the solidification/stabilization process of MSW fly ash in cementitious matrices[J]. Journal of Hazardous Materials, 1999, B70: 53 - 70.

[295] 史俊. 城市污水污泥处理处置系统的技术经济分析与评价(下)[J]. 给水排水,2009, 35(8): 56 - 59.

[296] Minocha A K, Jain N, Verma C L. Effect of organic materials on the solidification of heavy metal sludge[J]. Construction and Building Materials, 2003, 17(2): 77 - 81.

[297] Koleva D A, et al. Microstructural analysis of plain and reinforced mortars under chloride-induced deterioration[J]. Cement and Concrete Research, 2007, 37(4): 604 - 617.

[298] Lampris C, Stegemann J A, Cheeseman C R. Solidification/stabilisation of air pollution control residues using Portland cement: Physical properties and chloride leaching[J]. Waste Management, 2009, 29(3): 1067 - 1075.

[299] Guo X L, Shi H S, Dick W A. Compressive strength and microstructural characteristics of class C fly ash geopolymer[J]. Cement & Concrete Composites, 2010, 32(2): 142 - 147.

[300] Gu P, et al. Early strength development, hydration of ordinary Portland Cement/Calcium Aluminate Cement Pastes[J]. Advanced Cement-Based Materials, 1997, 6(2): 53 - 58.

[301] 姜奉华,李宗贵. Q相- $CaO \cdot Al_2O_3$ - $12CaO \cdot 7Al_2O_3$ 系列新型水泥水化性能研究[J]. 山东建材学院学报,1999, 13(4): 354 - 356.

[302] 杨南如,等. 钙矾石的形成和稳定条件[J]. 硅酸盐学报,1984, 12(2): 155 - 165.

[303] Luz C A, et al. Use of sulfoaluminate cement and bottom ash in the solidification/stabilization of galvanic sludge[J]. Journal of Hazardous Materials, 2006, 136(3): 837 - 845.

[304] 王志娟,宋远明,徐惠忠. 固硫灰渣水化浆体中钙矾石稳定性[J]. 硅酸盐通报,2009,

28(6)：12267 - 12270.

[305] Malviya R, Chaudhary R. Factors affecting hazardous waste solidification/ stabilization：A review[J]. Journal of Hazardous Materials, 2006, 137(1)：267 - 276.

[306] Winnefeld F, Lothenbach B. Hydration of calcium sulfoaluminate cements-Experimental findings and thermodynamic modeling [J]. Cement and Concrete Research, 2010, 40：1239 - 1247.

[307] Zhou Q, Milestone N B, Hayes M. An alternative to Portland Cement for waste encapsulation — The calcium sulfoaluminate cement system[J]. Journal of Hazardous Materials, 2006, 136(1)：120 - 129.

[308] Quina M J, Bordado J C M, Quinta-Ferreira R M. The influence of pH on the leaching behaviour of inorganic components from municipal solid waste APC residues[J]. Waste Management, 2009, 29(9)：2483 - 2493.

[309] Cappuyns V, Swennen R. The application of pH (stat) leaching tests to assess the pH-dependent release of trace metals from soils, sediments and waste materials[J]. Journal of Hazardous Materials, 2008, 158(1)：185 - 195.

[310] Liu Z H, et al. Utilization of the sludge derived from dyestuff-making wastewater coagulation for unfired bricks[J]. Construction and Building Materials, 2011, 25：1699 - 1706.

[311] Martínez-García C, et al. Sludge valorization from wastewater treatment plant to its application on the ceramic industry[J]. Journal of Environmental Management, 2012, 95：S343 - S348.

[312] Kim Y T, Do T H. Effect of bottom ash particle size on strength development in composite geomaterial[J]. Engineering Geology, 2012, 139 - 140：85 - 91.

[313] Yan S Q, K S-C. Properties of wastepaper sludge in geopolymer mortars for masonry applications[J]. Journal of Environmental Management, 2012, 112：27 - 32.

[314] Toraldo E, et al. Use of stabilized bottom ash for bound layers of road pavements[J]. Journal of Environmental Management, 2013, 121：117 - 123.

[315] Herek L C S, et al. Characterization of ceramic bricks incorporated with textile laundry sludge[J]. Ceramics International, 2012, 38：951 - 959.

[316] Li Q, et al. Synthesis of geopolymer composites from blends of CFBC fly and bottom ashes[J]. Fuel, 2012, 97：366 - 372.

[317] Gabr M A, Bowders J J. Controlled low-strength material using fly ash and AMD sludge[J]. Journal of Hazardous Materials, 2000, 76：251 - 263.

[318] Katz A, Kovler K. Utilization of industrial by-products for the production of controlled low strength materials (CLSM) [J]. Waste Management, 2004, 24：

501 - 512.

[319] 郄曙光，张宏，王智远. 可控性低强度回填材料性能研究[J]. 内蒙古公路与运输，2012，4：10 - 13.

[320] ACI R. Controlled Low Strength Materials [Z]. American Concrete Institute, Farmington Hills, MI, USA, 1999.

[321] Razak H A, Naganathan S, Hamid S N A. Performance appraisal of industrial waste incineration bottom ash as controlled low-strength material[J]. Journal of Hazardous Materials, 2009, 172: 862 - 867.

[322] 张土乔，王直民，黄亚东. 控制性低强度材料(CLSM)在管沟回填中的应用[J]. 中国给水排水，2006，22(6)：87 - 91.

[323] Lachemi M, et al. Properties of controlled low-strength materials incorporating cement kiln dust and slag[J]. Cement & Concrete Composites, 2010, 32: 623 - 629.

[324] Shon C S, et al. Potential use of stockpiled circulating fluidized bed combustion ashes in controlled low strength material (CLSM) mixture[J]. Construction and Building Materials, 2010, 24: 839 - 847.

[325] Gastaldi D, Canonico F, Boccaleri E. Ettringite and calcium sulfoaluminate cement: investigation of water content by near-infrared spectroscopy[J]. Journal of Materials Science, 2009, 44: 5788 - 5794.

[326] Naganathan S, Razak H A, Hamid S N A. Effect of kaolin addition on the performance of controlled low-strength material using industrial waste incineration bottom ash[J]. Waste Management & Research, 2010, 28: 848 - 860.

[327] 张宏，凌建明，钱劲松. 可控性低强度材料(CLSM)研究进展[J]. 华东公路，2011，6：49 - 54.

[328] Coumes C C D, et al. Calcium sulfoaluminate cement blended with OPC: A potential binder to encapsulate low-level radioactive slurries of complex chemistry[J]. Cement and Concrete Research, 2009, 39: 740 - 747.

[329] Saikia N, et al. Assessment of Pb-slag, MSWI bottom ash and boiler and fly ash for using as a fine aggregate in cement mortar[J]. Journal of Hazardous Materials, 2008, 154: 766 - 777.

[330] Dayananda H S, Lokesh K S, Byrappa K. Chemical fixation of electroplating sludge and microstructural analysis of stabilised matrix using fly ash and cement [J]. Materials Research Innovations, 2009, 13(1): 54 - 63.

[331] Barnett S J, et al. XRD, EDX and IR analysis of solid solutions between thaumasite and ettringite[J]. Cement and Concrete Research, 2002, 32(5): 719 - 730.

[332] Perkins R B, Palmer C D. Solubility of ettringite ($Ca_6[Al(OH)_6]_2(SO_4)_3 \cdot 26H_2O$)

at 5－75℃[J]. Geochimica et Cosmochimica Acta, 1999, 63: 1969－1980.

[333] Bertolini L, et al. MSWI ashes as mineral additions in concrete[J]. Cement and Concrete Research, 2004, 34: 1899－1906.

[334] Cheng T W, et al. Treatment and recycling of incinerated ash using thermal plasma technology[J]. Waste Management, 2002, 22: 485－490.

[335] Yao J, et al. Effect of weathering on the mobility of zinc in municipal solid waste incinerator bottom ash[J]. Fuel, 2012, 93: 99－104.

[336] Yao J, et al. Effect of weathering treatment on the fractionation and leaching behavior of copper in municipal solid waste incinerator bottom ash[J]. Chemosphere, 2010, 81: 571－576.

[337] Sabir B B, Wild S, Bai J. Metakaolin and calcined clays as pozzolans for concrete: a review[J]. Cement and Concrete Research, 2001, 23: 41－54.

[338] Bauluz B, et al. TEM study of mineral transformations in fired carbonated clays: relevance to brick making[J]. Clay Minerals, 2004, 39: 333－344.

[339] Patel H, Pandey S. Evaluation of physical stability and leachability of Portland Pozzolona Cement (PPC) solidified chemical sludge generated from textile wastewater treatment plants[J]. Journal of Hazardous Materials, 2012, 207－208: 56－64.

[340] Asavapisit S, Fowler G, Cheeseman C R. Solution chemistry during cement hydration in the presence of metal hydroxide wastes[J]. Cement and Concrete Research, 1997, 27: 1249－1260.

[341] Palomo A, Palacios M. Alkali-activated cementitious materials: alternative matrices for the immobilization of hazardous wastes. Part II: Stabilization of chromium and lead[J]. Cement and Concrete Research, 2002, 33: 289－295.

[342] Qian G R, et al. Properties of MSW fly ash-calcium sulfoaluminate cement matrix and stabilization/solidification on heavy metals[J]. Journal of Hazardous Materials, 2008, 152: 196－203.

[343] Shan C C, et al. Solidification of MSWI ash at low temperature of 100℃ [J]. Industrial & Engineering Chemistry Research, 2012, 51: 9540－9545.

[344] Collepardi M. A state-of-the-art review on delayed ettringite attack on concrete[J]. Cement & Concrete Composities, 2003, 25: 401－407.

[345] Antemir A, et al. Long-term performance of aged waste forms treated by stabilization/solidification[J]. Journal of Hazardous Materials, 2010, 181: 65－73.

[346] Toya T, et al. Preparation and properties of glass-ceramics from wastes (Kira) of silica sand and kaolin clay refining[J]. Journal of the European Ceramic Society, 2004, 24: 2367－2372.

[347] Xu G R, Zou J L, Li G B. Ceramsite obtained from water and wastewater sludge and its characteristics affected by (Fe_2O_3 + CaO + MgO)/(SiO_2 + Al_2O_3)[J]. Water Research., 2009, 43: 2885 - 2893.

[348] 李江山,等.垃圾焚烧飞灰水泥固化体强度稳定性研究[J].岩土力学,2013, 34(3): 751 - 756.

[349] Dermatas D, Meng X G. Utilization of fly ash for stabilization/solidification of heavy metal contaminated soils[J]. Engineering Geology, 2003, 70: 377 - 394.

[350] Erdem M, Özverdi A. Environmental risk assessment and stabilization/ solidification of zinc extraction residue: II. Stabilization/solidification[J]. Hydrometallurgy, 2011, 105(3 - 4): 270 - 276.

[351] Pandey B, Kinrade S D, Catalan L J J. Effects of carbonation on the leachability and compressive strength of cement-solidified and geopolymer-solidified synthetic metal wastes[J]. Journal of Environmental Management, 2012, 101: 59 - 67.

[352] 黄毅,何强.我国垃圾填埋气的产生和利用状况研究[J].四川理工学院学报(自然科学版),2008, 21(1): 119 - 120.

[353] Nastev M, et al. Gas production and migration in landfills and geological materials [J]. Journal of Contaminant Hydrology, 2001, 52: 187 - 211.

[354] 黄正华,曾苏.垃圾填埋气体收集现场试验与工程设计参数确定[J].中国沼气,2004, 22 (1): 11 - 13.

[355] 彭绪亚,刘国涛,余毅.垃圾填埋场填埋气竖井收集系统设计优化[J].环境污染治理技术与设备,2003, 4(3): 6 - 8.

[356] 许雪松,等.垃圾填埋气体收集及其工程设计[J].环境工程,2008, 26(4): 82 - 85.

[357] 刘磊,等.垃圾填埋气体抽排影响半径的预测[J].化工学报,2008, 59(3): 751 - 755.

[358] Yu L, et al. Gas flow to a vertical gas extraction well in deformable MSW landfills [J]. Journal of Hazardous Materials, 2009, 168(2 - 3): 1404 - 1416.

[359] 魏海云,詹良通,陈云敏.城市生活垃圾的气体渗透性试验研究[J].岩石力学与工程学报,2007, 26(7): 1408 - 1415.

[360] 赵由才,朱青山.城市生活垃圾卫生填埋场技术与管理手册[M].北京:化学工业出版社,1999.

[361] 朱英.卫生填埋场中污泥降解与稳定化过程研究[D].上海:同济大学环境科学与工程学院,2008.

[362] 李传统,J. D. Herbell,现代固体废物综合处理技术[M].南京:东南大学出版社,2008.

[363] 赵由才,宋玉.城市与工业污泥化学调理与软框压滤深度脱水技术[J].工业水处理,2011, 9: 64 - 67.

后记

本书是根据笔者的博士论文撰写而成，是在导师赵由才教授的悉心指导下完成的，值此书出版之际，特向赵老师表示衷心的感谢和最深刻的敬意。赵老师严谨的治学态度、幽默的语言风格、渊博的知识、开阔的视野、追求创新的精神、宽广博大的胸怀和高尚的人格魅力始终是我敬仰和学习的楷模，赵老师对科学的执着追求和诲人不倦的敬业精神将令我受益终生。

感谢课题组的柴晓利老师、牛冬杰老师对我科研工作的关心和悉心指导；感谢课题组(325)的师兄弟姐妹们在试验研究、论文撰写过程中给予的大力支持，特别是蒋家超、赵天涛、韩丹、梅娟、宋玉、曹先燕、汪宝英、牛静、苏良湖、郝永霞、孙旭、卓桂华、刘大江、仝欢欢、许辰、曹楠楠、李慧、李强、米琼、何冬伟、左敏瑜、王冬扬、余昭辉、赵欣、黄晟、邱端阳等；感谢我的同窗好友范鹏、胡鸿、雷小虎、刘强等在我上海的学习和生活中给予的帮助和鼓励；感谢上海老港废弃物处置场的黄仁华、周海燕、王林、徐勤等领导在示范工程建设、施工和运行过程中给予的鼎力协助。

感谢日本东北大学工学部环境科学研究科李玉友教授在我博士联合培养期间给予的鼓励与帮助，李老师严谨的治学态度和诲人不倦的敬业精神使我受益匪浅；感谢JSPS博士后乔伟老师在我试验探索和开展过程中给予的指导；感谢李玉友教授研究室的胡勇、刘媛、杜静茹、汤超、张彦隆、覃余、北條俊昌、蒋红与等，在我留日期间在生活和科研上给予的关心和帮助。

感谢我的祖母刘金荣、叔叔、婶婶、姑姑、姑父，感谢你们在我20年求学长征路上给予的无私奉献和无微不至的关怀，是你们让我感受到真爱之伟大、家庭之温馨；感谢我的弟弟妹妹们，感谢你们给我带来的每一分快乐；最后，我还要特别感谢我的爱人陆雪琴，儿子甄子陆和岳父母，感谢爱人始终如一的支持、温馨的呵护、细心的照顾和时刻的鞭策，人生的道路上有你们陪伴真好！

甄广印